古代日本の国家と土地支配

松田行彦著

吉川弘文館

目次

凡例

本書で引用する史料は、特に断らない限り、以下の諸書による。

・養老令の引用は、条文番号・条文名を含め、井上光貞等編『日本思想大系3律令』（岩波書店、一九七六年）により、引用条文の該当頁数を本文中に注記した。なお、細字双行は、のちに述べる土地売券の四至記載等を含め、〈 〉で表記した。

・唐令の引用は、仁井田陞『唐令拾遺』（東方文化学院、一九三三年、のち東京大学出版会復刊、一九六六年）、および仁井田陞著・池田温編集代表『唐令拾遺補』（東京大学出版会、一九七七年）による。『拾遺』・『拾遺補』と略称し、該当頁数を記した。

・天聖令の引用は、天一閣博物館・中国社会科学院歴史研究所天聖令整理課題組校証『天一閣蔵明鈔本天聖令校証附唐令復原研究』（北京、中華書局、二〇〇六年）による。

・唐律・養老律の引用は、条文番号・条文名を含め、律令研究会編『訳注日本律令一～十』（東京堂出版、一九七五年～一九九六年）による。引用条文が掲載されている巻数・頁数は、例えば二巻三〇六頁であれば、二―三〇六と略記した。

・六国史の引用は、井上光貞等編『日本古典文学大系日本書紀上・下』（岩波書店、一九六五年・一九六七年）、井上光貞等編『新日本古典文学大系続日本紀一～五』（岩波書店、一九八九年～一九九八年）を除き、新訂増補国史大系本

（吉川弘文館）による。

・『令集解』・『類聚三代格』等も新訂増補国史大系本によるが、『延喜式』は『訳注日本史料延喜式上・中・下』（集英社、二〇〇〇年〜二〇一七年）の条文番号・条文名・頁数による。なお、『令集解』からの引用は、例えば7a／三六二とあれば、7が行数、細字双行の右がa、左がb、スラッシュ下の数字が該当頁数を指す。

・『万葉集』の引用は、『日本古典文学全集万葉集』（小学館、一九七三年）による。

・古文書・売券類の引用は、東京大学史料編纂所『大日本古文書』（東京大学出版会）による。『大日本古文書』家わけ『東大寺文書』、同『編年文書』からの引用は、『東南院』・『大日古』と略称し、巻数と頁数を略記した。なお、常時、宮内庁正倉院事務所編『正倉院古文書影印集成一〜八』（八木書店、一九八八年〜一九九四年）を参照した。竹内理三編『平安遺文』（東京堂出版、一九六三年〜一九七四年）からの引用は、巻数と文書番号を略記した。

・正倉院文書・木簡等のデータベースは、東京大学史料編纂所・SOMODA（大阪市立大学）・奈良文化財研究所・国立歴史民俗博物館・明治大学等の各種データベース、『平安遺文』は、『CD―ROM版平安遺文』（東京堂出版、一九九八年）・東京大学史料編纂所、中国史料は、台湾中央研究院二五史データベースをそれぞれ参照した。

序章　問題の所在と本書の構成

はじめに

日本古代史において、これまでは土地と人間の関係は経済的土地所有関係として論じられてきた。しかし、土地と人間の関係を考える場合、経済的関係だけでなく、人と国家との関係を無視することは許されない。本書の問題関心は、古代の日本社会において、人々がそこで生まれ、そこで生産し、そこで生活していた、土地という〝場〟をめぐる諸関係を復原し、国家がそこにどのように関与したのかを、法と実体の両側面から明らかにしたい、ということにある。

右の視点からすると、岸本美緒氏の「土地を売ること、人を売ること――「所有」をめぐる比較の試み」は、題名からしてはなはだ魅惑的な論考である。(1) この作品で岸本氏は、土地や人を「所有」すること、「売る」ことの多種多様な在り方を提示し、近代ヨーロッパ的な「所有権」概念がすべてではなく、アジアやイスラーム社会の「所有」観念が相互にどのように関連していたかを考えるための論理を構築しようとしている。氏によれば、多くの社会に共通の所有観念があり、その観念は所有に関わる難題に取り組むため、様々な社会の人々が選び取った「戦略」の結果であるとする。その一例として、氏は「国家的土地所有」観念を挙げた。日本古代史においては、「国家的土地所有」

はしばしば「アジア的専制」の一表現と考えられてきたが、岸本氏によれば、実際には地主権力の抑制、地税の確保、小農民の保護など、様々な課題に対応しうる汎用性のある概念であるとする。つまり、岸本氏の使用している「国家的土地所有」とは経済的関係ではない。本書の基本的視点もまた、人と国家との関係こそが、土地と人間を考える上での要点である、というところにある。

一 「主」・在地社会・国家

私がこれまで分析を加えてきた国家的土地支配に関する問題も、右のような問題関心から取り上げたものである。例えば、古代日本において墾田などが売買されるとき、国・郡などの公的行政機関が土地売券などの文書作成に関与する。これまで、土地売買において律令制国家の行政機構が介入するのは当然のこととされてきた。そして、一般的には土地売券などの文書の本質は公権力による承認にあり、権利移転の証拠として利用されると考えられている。つまり、A↓Bへの権利移転に文書作成の契機があったとするのが古文書学上の定義である(2)。だが、古代の土地売券は個人間の文書ではなく、売買に際して基本的に個人が公的行政機関に差し出す文書様式である「解《げ》」として作成するのが一般的であり、国家と個々の人格との間の問題として成立している。古代土地売券は個人「解」の様式で作成されるのであるから、私人間の土地売買を上級権力が安堵するという中世文書から遡及して理解できないことは明らかであろう。率直に考えて、本来私法的行為であるはずの売買という行為に公的行政機関が関与するのはなぜなのか。また、なぜ関与できるのか。そして、その強制力は何に由来するのか。この根本的な問題を解決することによって、古代土地売券作成の本質的意義を見いだしたい。

さらに、土地売券の多くは国司・郡司だけでなく、郷長や「保長」、あるいは「保子」・「証人」として複数の人物が署名している。この場合、彼らの署名は公的行政機関の「承認」行為の一環としてのそれか、あるいは在地社会の「公」的秩序を体現する人格としてのそれか。すなわち、土地売買などの問題を考えるとき、人と土地、つまり人と物との関係だけで所有移転が完結するのか、人と物との関係をどのように相互に調整するのかという、在地社会における人と人との関係を考慮しなくてよいのか。そして、当然のことながら、「主」として律令制国家に掌握された人格と土地の関係は、実体的にはどのようなものとして実在したのか。近代ヨーロッパ的な「所有権」概念における所有権とか私有権と呼べるものであるのか、それとも、そのような「物差し」では計れないものであるのか。とどのつまり、「主」・在地社会・国家三者相互の関係はどのようであるのか、ということが本書で取り上げるべき第一の課題となる。その場合、在地社会に対する国家の関与は律令という法を介して行われるので、次に律令法について考える必要が出てくるであろう。

二　律令法と班田収授制

律令法と国家的土地制度である班田収授制との関係を考えるためには、律令法の中で土地に関する条文を規定した編目である田令を分析する必要がある。その際、日本令だけなく、日本令独自の問題を分析する前提として中国令との制度比較を行う必要がある。それゆえ、第一に行わなければならないことは、唐田令の内在的論理を抽出することである。従来の土地制度史研究は、唐田令と日本田令との形式的側面の比較や、日本田令は唐田令の語句をどのように継受したかを中心的論点として考察してきた(3)。しかし、個々の条文の形式面や語句の解釈にとらわれることなく、巨視的に唐田令の条文構成がどのようであったかを分析する必要がある。(4) その場合、天聖令の問題を無視することはできない。二〇世紀末に寧波天一閣博物館で「官品令」と題された文献が発見され、それが北宋天聖令であることが明らかになり、そこには田令も存在した。天聖令の田令には宋代の令文七条の後に、唐令＝開元二十五（七三七）年令が引載されており、条文配列は養老令のそれとほぼ同じであった。(5) 宋令を媒介にして唐田令すべての条文を配列しなおすことが現実的課題となったのである。このことを踏まえた上で、条文配列がどのような論理構成で成り立っているかを解明することが必要である。第二は、日本田令の条文構成の問題である。開元二十五年田令の出現は、日本田令が唐田令を前提とし、唐田令の論理の枠内でどのように条文構成を考えたかを解明するという課題を課すことになった。その際、重要なことは、日本田令の条文配列が唐田令のそれと同じであることは、唐田令の論理構成と日本田令のそれとが同じであることを保証するとは限らないことである。これまでは、この事実を自覚することなく、条文構成の問題が論じられてきた。唐田令の内在的論理を見極めた上で、唐田令の論理の枠内で条文構成を考えなければならなかった日本田令のそれは、どのような論理で構成されていたかを解明しなければならない。

こうした律令法の分析を踏まえた上で、班田収授制の制度的特徴の問題を考えなければならない。その場合、班田収授制の基本的制度を規定した田令六年一班条、および口分田の班給基準に関する田令口分条を分析することが最初の課題となる。細部の問題を捨象すれば、班田収授制における班給と収公の問題を考えることだからである。さらに、班田収授制は、均田制と異なり、一定期間の受田資格制限は存在するものの、課丁ではない女性や子供、さらには奴婢をも含む、基本的に男女全員に給田する土地制度である。つまり、班田収授制は均田制とは異なる給田制度を採用した。なぜそのようにしたのか。また、班給と収公に表象される、国家の土地に対する規制力は何を基盤に成立しているのか。大宝令の条文を復原することによって、班田収授制初期の制度的本質を理解することは、なぜ班田収授制が均田制と異なる土地制度を構築したのかという問題にせまる上で、避けてとおることのできない問題である。本書では、大宝田令の条文を復原することを通じて、班田収授制という制度を導入したときの理念を明らかにすることにしたい。

三　本書の構成

以上を踏まえ、第一部「日本古代における国家的土地支配」には、日本古代における在地社会の土地慣行を復原するとともに、その土地に住む人々に対し、律令制国家がどのように関与したのかに関する論考を集めた。各章の課題について、いま簡潔にコメントすれば、次のとおりである。

第一章「判と「毀」」は、「毀」の注記がなされた古代土地売券を中心に分析することにより、分散して存在する個々の土地売券を売券群として捉え、そこに古代独自の論理が存在することを抽出する、新たな方法論的分析視角を提唱した。律令制下の墾田地の占定は、特定の土地の田主権を有する人格を掌握する「公験」の発給によって実現され、墾田に対する国家の所有権的モメントは、人格の国家的編成を前提に成立していた。土地売券に現れる田主権の個別的移動が公法的関係に媒介されなければならなかった基盤もそこにあった。

第二章「無券文」は、古代日本においては、親族間での「本券」なしの相続、および「券文」なしの相続、さらには「無券文」による土地売買が行われていた事実を明らかにした。一般に、「国家的土地所有」下における田地の私的所有化の指標は「私功」と「相伝」にあるとされる。[6] しかし、親族間において「本券」や「券文」を作成しないで相続や売買が行われていた地の「相伝」は、その地の所有の出発点となる特定の人格が誰であるかを明らかにする以外に証明することはできない。その人格とは、戸籍に登載され国家的に掌握された人格にほかならない。

第三章「「常地」を切る」は、法制史料や土地売券などに現れる「常地」という語を分析することを課題とした。「常地」は近代的所有次元の「私有」に近い歴史用語であり、「国家的土地所有」下において、「私功」と「相伝」に基づいて形成された「私有」地と考えられてきたからである。しかし、「常地」は法的にも実体的にも私的土地所有権の指標となる概念ではなかった。「常地」を切るとは、売買のたびごとに「田主」または「地主」として国家的に掌握された人格と土地との関係を切ることであった。それは、律令法的所有次元とは異なる、人格の土地に対する現実的・実体的支配を前提に、在地社会に形成された概念であった。

第四章「古代日本の「本主」」は、中世史の側から提唱された本主権説を[7]、古代史の立場から検証することを課題とした新稿である。本主権説は、本主が大地の最初の開墾主体であるので、売却地に対する本主（≠売り主）の「取り戻し」権が留保されているという考え方である。「取り戻し」現象を理解するためのキーワードである「本主」という語に即し、「本主」という人格の土地に対する関係・性格を、法と実体の両側面から分析した結果、古代における「本主」は、人と物との一体観念を表すような概念として使用されてはいなかった。ただ、九世紀以降、当該時点において自らの所有の正当性を主張するための根拠となる人格として「本主」という語が使用されはじめ、この「本主」概念が中世社会に通じる観念的「あるべき本来の主」という「本主」概念を生み出す先蹤となったと推測される。

第五章「田籍と田図」は、土地支配の具体的内容を析出することによって、国家的土地支配の歴史的特質を解明することを課題とした。国家の土地支配における基本的台帳とされる田籍・田図を素材として分析した結果、国家的土地支配は、貴族や有力者による大土地支配が繰り広げられる中で成立し、それは田図による律令制国家の土地掌握を内容とした。田図や四証図籍の成立は、貴族や有力者の山野支配や墾田開発による百姓の経営の圧迫と、それに対する国家的規制との相克の結果であった。それは、律令法という法による土地支配と実体との相克と言い換えてもいいかもしれない。第二部で律令法そのものの分析が必要となる所以である。

以上、第一部における分析結果は、日本古代における国家的土地支配は、「国家的土地所有」というよりも、人格の国家的編成が前提であり、人格の掌握によって成り立っていたことを浮き彫りにした。

第二部「唐日田令の条文構成と大宝田令諸条の復原」には、たんに各種の土地に関する条文を個々に分析するだけでなく、唐日田令がそれぞれどのような論理構成で成り立っているかを巨視的に分析した論考と、班田収授制の制度的本質を理解する上で必須となる、大宝田令諸条の復原に関する論考を収めた。

第一章「唐開元二十五年田令の復原と条文構成」は、宋令を媒介にして開元二十五年田令すべての条文を配列しなおし、論理構成がどのようであったかを解明することを課題とした。唐田令の条文構成に関しては、編目の論理性を重視する考え方と、歴史性を考慮すべきであるとする考え方が並列していた。本章は、それらの説を止揚することを目指し、田積・給田・収授を中心とする諸規定が、歴史性を踏まえきわめて論理整合的に構成されていることを明らかにした。

「付　天一閣蔵明鈔本天聖田令復原録文」は、前章の内容を理解する上で必須となる、唐日田令の比較対照表である。本来は虎尾俊哉氏作成の「田令対照表」との異同を記すべきであるが、紙幅の関係上果たせなかった。(8)

第二章「日本田令の構成史的位置」は、第一章での唐田令の分析結果を踏まえ、日本田令の条文構成を解明することを課題とした新稿である。日本田令は、一見すると条文配列は忠実に唐田令を継受しているようにみせながら、内容は大幅に改編しているケースが大半であった。さらに、日本田令で独自に設けられた条文の中には、これまで考えられてきた以上に、在地社会における固有の共同体秩序を配慮して定立されている条文があることも判明した。

第三章「大宝田令六年一班条」は、文字どおり班田収授制の基本的制度を規定した大宝田令六年一班条の復原を課題とした。大宝令の母法とされる永徽令がほとんど散逸して存在しない現在、大宝令の条文を復原するためには、同令の唯一の注釈である「古記」の論理を正確に読解することが必須となる。本章は、それまでの論考において数系列・班数呼称の問題が未整理のまま復原案が提示されてきたことに問題があると考え、それらの問題を論理整合的に解決することによって、新たな大宝田令六年一班条の復原案を提示した。

第四章「大宝田令口分条の「五年以下不レ給」」は、基本的班給基準を規定した、口分条の大宝令での存在形態を復原することを課題とした。本条には、六歳以上受田制の法的根拠とされてきた「五年以下不レ給」規定が存在する。本章は、通説的位置を占める虎尾俊哉氏の説[9]、その批判説である明石一紀氏の説[10]ともに、田令授田条に引載された「古記」の注釈の読解に難点があり、大宝令の「五年以下不レ給」規定は養老令とは異なるという新たな復原案を提唱した。

第三章と第四章は、私がはじめて公表した執筆年次の最も古い論文である。論争史的内容が主であり、その後の研究の進展にともなって私自身の考えが変化したところもある。それゆえ、初稿発表時の補訂は極力避け、〔付記〕で班田収授制の成立に関連させて、現在における私見を述べることにした。

以上、第二部における分析結果は、日本田令は、唐田令を前提に、唐田令の論理の枠内で条文構成を考えねばならなかったが、その論理構成は、ことに給田規定に関しては従来考えられてきた以上に大きく異なるものであった。それゆえ、唐田令をただたんに「焼き直し」たものでも、「読み替え」たものでもなかった。それは、唐とは異なる発展段階にある古代の日本社会を反映し、在地の土地慣行だけでは完結しえない問題に対して、人を国家的に掌握することによって土地を把握する体制を構築しようとしたものであった。したがってそれは、律令法の中に古代の日本社会の特質が反映していることを意味している。

なお、前述した部分および第一部第四章・第二部第二章を除き、既発表の未熟な拙稿に関しては、いずれも研究の進展によって部分的改稿を施している。

註

（1） 岸本氏のこの論考は、初め「土地を売ること、人を売ること――比較の視座から見た所有権」と題して要約が公表され（『日本中東学会年報』一九―一、二〇〇三年）、翌年、同氏等編『イスラーム研究叢書❹比較史のアジア 所有・契約・市場・公正』（東京大学出版会、二〇〇四年）に収録された。
日本においては、「国家的土地所有」概念は戦前期以来の土地国有（王有）論や国家的土地管理論に置き換えられて理解されてきたと考えられる。だが、はたして「国家的土地所有」概念は単純に土地国有（王有）や国家的土地管理に置き換えられるそれであろうか。この問題の検証は、必ずしも厳密に行われないまま今日に至っている。日本における「国家的土地所有」概念の受容のされ方については、『戦後歴史学用語事典』（東京堂出版、二〇一二年）で私見を述べた。

なお、日本古代史において、古代の地域社会を国家による認識の在り方と地域の側からの双方から分析した業績に、坂江渉『日本古代国家の農民規範と地域社会』（思文閣出版、二〇一六年）がある。
（2） 相田二郎『日本の古文書上巻中篇第一部』（岩波書店、一九四九年）、石母田正「古代官僚制」（『日本古代国家論』岩波書店、一九七三年、のち『石母田正著作集第三巻』岩波書店、一九八九年、三七七頁）、佐藤進一『〔新版〕古文書学入門』（法政大学出版局、一九九七年）。
（3） この点に関しては多くの業績があるが、自覚的に唐日田令を比較しようとしている試みに、服部一隆『班田収授法の復原的研究』（吉川弘文館、二〇一二年）、三谷芳幸『律令国家と土地支配』（吉川弘文館、二〇一三年）がある。
（4） 菊池英夫「唐令復原研究序説――特に戸令・田令にふれて」（『東洋史研究』三一巻四号、一九七三年）、石上英一「日本律令法の法体系分析の方法試論」（『東洋文化』六八号、一九八八年）、同「貢納と力役――古代村落史研究と租税収奪体系・序論」（『日本村落史講座4政治Ⅰ』雄山閣出版、一九九〇年）、同『律令国家と社会構造』（名著刊行会、一九九六年）。

（5） 兼田信一郎「戴建国氏発見の天一閣所蔵北宋天聖田令について」（『上智史学』四四号、一九九九年）。戴氏論文の原題は「天一閣蔵明鈔本《官品令考》」（『歴史研究』一九九九年三期）である。兼田「戴建国『唐開25年令・田令研究』」（『マテシス・ウニウェルサリス』三巻二号、獨協大学外国語学部言語学科、二〇〇二年）。戴氏論文の原題は「唐《開元二十五年令・田令》考」であり、現在は『中国法制史考証甲篇第四巻』（中国社会科学出版社、二〇〇三年、初出は二〇〇〇年）に収録されている。なお、天聖令発見の意義については、坂上康俊「律令国家の法と社会」（『日本史講座2律令国家の展開』東京大学出版会、二〇〇四年、一四頁）参照。

（6） 石母田正『日本の古代国家』（岩波書店、一九七一年、のち『石母田正著作集第三巻』岩波書店、一九八九年、二六一頁）、吉村武彦「土地政策の基本的性格――公田・公地制の展開」、同「律令制国家と土地所有」（『日本古代の社会と国家』岩波書店、一九九六年、初出はそれぞれ一九七二年、一九七五年）、吉田晶『日本古代村落史序説』（塙書房、一九八〇年）。

（7） 笠松宏至「中世闕所地給与に関する一考察」、同「中世の政治社会思想」（『日本中世法史論』東京大学出版会、一九七九年、初出はそれぞれ一九六〇年、一九七六年）、同『徳政令』（岩波新書、一九八二年）、勝俣鎮夫「地発と徳政一揆」（『戦国法成立史論』東京大学出版会、一九七九年）。

（8） 虎尾『班田収授法の研究』（吉川弘文館、一九六一年）。

（9） 虎尾、前掲、註（8）著書、同『日本古代土地法史論』（吉川弘文館、一九八一年）。

（10） 明石「班田基準についての一考察――六歳受田制説批判」（竹内理三編『古代天皇制と社会構造』校倉書房、一九八〇年）、同「田令口分条の「不給」規定」（『日本歴史』四一五号、一九八二年）。

第一部　日本古代における国家的土地支配

第一章　判と「毀」

はじめに

八世紀中葉以降散見するようになる古代土地売券は、土地所有や律令制「崩壊」期における在地社会の構造を明らかにするための貴重な史料として、様々な視角から分析されてきた。最近においては、あらためて売券そのものの史料的性格や機能・作成過程についての考察も行われはじめている。売券を利用した研究や、売券そのものを分析した研究をあげれば、枚挙にいとまがない[1]。

だがそれらは、分散して存在する個々の売券を、個別的に内容分析するにとどまっており、なぜ売券が「公券」という形態で作成されたのか、という基礎的な問題すら、いまだほとんど明らかにされていない。さらに、日本古代においては、現代古文書学が到達した一般的理解では説明できない売券群が存在する。その中で特に象徴的なものは、文書面に「毀」の注記がなされた売券である。従来、「毀」の注記に関しては次のような中世史料を素材として理解されてきた。

譲与　処分所領事

合五段者〈在左京五条六坊五坪、西辺置一段天、次二段、□五条六坊四坪南辺三段〉

（事実書き省略）

康和四年六月廿四日　尼序妙[2]

この譲状には尼序妙のものと思われる手印（墨）が捺してある。彼女は養子に譲与した先祖相伝の私領を取り戻し、その際助力をえた類親僧の妻に、康和四（一一〇二）年、あらためてその私領を譲与した。ところが、本文書には譲与した五段のうちの二段を除く、残りの三段の部分が抹消されていた。しかし、この文書の裏には、それと対応する次のような裏書きが記されていた。

於件四坪三段者、出本方（ママ）便補了、法師丸渡出挙中者。

長治三年二月十八日

これは譲状の表に記された三段を、長治三（一一〇六）年、出挙のかたとして法師丸に渡したという意であると思われる。この裏書きを記した際に、表の四坪三段に当たる部分を抹消したと考えられる。このように、所領の一部を売買・譲与などによって権利を移転する場合、売り主または譲り主は、彼の側に残った売券の売却または譲与した部分を抹消した。それには「面《オモテ》ヲ毀《コボ》ツ」という様式と、右にみたように裏面に記す「裏ヲ毀ツ」という様式の二様の方法があった[3]。ところが、同じく「毀」たれた売券であっても古代におけるそれは、以上のような一般的理解では説明できない。

添下郡司解　申売買墾田立券文事

合墾田五段陸拾歩（四至記載省略）

（事実書き省略）

売人

相売人
買人
大同元年十二月一日
（異筆、以下同じ）
「毀」
（郡司署名略）
「国判立券参通〈一通留国、一通置郡、一通給今主〉
大同二年五月三日
（国司署名略）」(4)

大同元（八〇六）年十二月、添下郡は管轄官司である大和国に立券申請した。そこには上毛野朝臣弟魚子が所有する墾田を、陽侯忌寸広城に売却したことが記されていた。添下郡司解を受けた大和国は、翌大同二年五月三日付で判を下して立券している。この売券の示す内容が右に尽くされているとすれば、それは八・九世紀に一般的に見られる郡司解→「国判立券」売券の一例証にすぎない。ところが、この売券の中央上部余白には、明らかに事実書きとは異筆の「毀」字が大書されている。しかも事実書きと郡司の署名部分には添下郡印が捺されているのに対し、国司の署名部分そして「毀」字の上には、大和国印が捺されている。この売券は、国判を受けた大同二年五月三日以降のいずれかの時点で、国という公的行政機関によって「毀」字が注され、かつ「今主」＝買い主側に渡ったということになる。さらに、売券面に記された「毀」字は、この文書全体の機能を否定していると思われる。とすれば、売券それ自体を破り捨てる方が自然ではないか。だがこの文書は、明らかに保存・伝来を前提に「毀」字が注されている。「毀」字を注することは、当該段階ではなくその前段階の売買事実を否定することであると思われる。にもかかわらずこの売券が伝来していることは、その背景に中世以降とは異なる古代売買特有の構造があったことになる。それは、日本古代において売券が「公券」として作成されたことと密接な関係があると思われる。

中世における「面ヲ毀ツ」「裏ヲ毀ツ」という様式は、当然のことながら古代土地売券の「毀」字を注するという様式から派生したものであろう。だが、そのような連続的側面とともに、機能上における断絶の側面が存在したこともまた明らかである。両者の「毀」の性格の相違は、古代・中世の土地所有の構造的差異に基づいていたと考えられる。それゆえ、本章の課題は、「毀」に焦点を定めて考察することによって、中世以降とは異なる古代土地所有の構造的特質を明らかにすることにある。

ここで問題となるのが「国家的土地所有」概念の位置づけである。現在の「国家的土地所有」論は、「国家的土地所有」を生産関係の基礎とする考え方が一般的である。例えば、石母田正氏が国家—公民の関係を生産関係として措定せざるをえなかったのも、右のような伝統的理解にとらわれていたからであると考えられる。(5) だが、そもそも前近代社会において、近代社会と同様に、生産手段の所有関係が生産関係を決定するということは自明のことであろうか。それ自身、証明を要する課題であろう。(6) 「国家的土地所有」と生産関係との関係を追及するためには、「国家的土地所有」の内実を明らかにすることが最優先課題となる。そうでなければ無前提な土地国有論や国家的土地管理論で土地所有を論ずることと何ら変わらなくなってしまう。本章が「所有」という語を避け、「国家的土地支配」とした所以である。

一　「毀」の売券の二類型と古代土地売券の特質

1　「国判立券」と「毀」

「毀」を注する行為は、「はじめに」で述べたように、当該段階の土地所有の特質と密接に関連していた。さらに、「毀」字と国判部分に国印が捺されていた事実は、両者が不可分なものとして存在していたことを物語る。本節第1項は、まず国判と「毀」の関係の意味を明らかにすることから始めることにしたい。

A　相替家立券文事
　　合壱区　地参段　墾田肆段壱佰歩
（事実書き省略）
　　　　弘仁七年十一月廿一日
「以貞観十四年　相替
十二月十三日与　証
沽実行王、以同
十五年六月廿六
日立国判、仍毀
了」

郡判

（郡司署名略）[7]

弘仁七（八一六）年小（雄）豊王は、添下郡春日郷の家地・墾田を「以二便宜一」という理由で石川朝臣円足の京家と相替した。この事実について刀祢らが覆勘したところ、「所レ陳有レ実」であったのでこの券文が作成され、郡判が下されている。ところが、この文書の中央上部余白には、別筆で「以二貞観十四年十二月十三日一与二沽実行王一、以二同十五年六月廿六日一立二国判一、仍毀了」と追記されており、しかもそこには大和国印が捺されていた。この追筆記載に関しては、関連するもう一通の売券が存在する。[8]

B　謹解　申売買立家□（地券文事カ）

合家壱区、地参段、墾田肆段壱百歩（注略）

（事実書き省略）

貞観十四年十二月十三日

相売人

買人

保証刀祢

「山階寺僧恩正処分已了　（署名略）

貞観十九年

正文処分已了」

「郡司

（署名略）

「貞観十五年六月廿六日　」

国判立券壱通〈主料〉

（署名略）　」

この売券はAの追筆記載「以二貞観十四年十二月十三日一与二沽実行王一」に該当する事実を示す。円足の子孫と思われる石川朝臣瀧雄は、家地・墾田等を実行王に売却し、券文を立てることを請うた。[9] 立券申請に応じて保証刀祢らが「所レ陳有レ実」として署名を加えた。さらに郡司のメンバー四名が署名を加えた上、「貞観十五年六月廿六日」付で国が判を下して立券している。このように、Bの国判立券の日付「貞観十五年六月廿六日」は、Aの追筆記載「以二同（貞観―引用者）十五年六月廿六日一立二国判一、仍毀了」と内容的に一致する。したがって、論理的にも実体的にも新たな田主権者の券文Bに国判が下された段階で、かつての田主権者の券文Aに「毀」の注記がなされたことになる。しかも、注記の上には国印が捺されていた。このことは、「はじめに」で分析した「添下郡司解」で、国判と「毀」の注記の上に国印が捺されていた事実と完全に一致する。これら二つの事実を考え合わせるならば、「毀」の注記は国の有する権能に基づく行為であり、それは新たな田主権者の券文に判を下すことと一連の行政行為であったと明確に結論することができる。

さらに、国判と「毀」の関係の意味を考える上で看過することができない史料群が存在する。東寺文書の中の左京七条一坊の家地に関する「手継券文」がそれである。[10] いま問題となる六通の文書を整理して示せば、表1のとおりである。

Aのa1は、山背大海当氏が延喜十二年七月十七日付で七条一坊十五坪の家地・建物等を源朝臣理に売却した売券で

表１　左京七条一坊「手継券文」

文書	年　月　日	内　　容	条令	職　　判	大日本古文書巻—頁数
E	正暦 4(993). 6.20 「七条令解」	紀　滋忠 ↑ 男吉志忠兼 ⇡ （故吉志安国）		《職判ナシ》 ↓	東寺文書之二—633（現，京都府立京都学・歴彩館蔵）
D	天元 2(979).10. 2 「七条令解」	吉志安国 ↑ 穴太（草名） ⇡ （親母，阿公子）		〈毀ナシ〉 《職判ナシ》 ⇣	同　上—634（現，平安博物館蔵）
C	天暦 3(949). 4. 9 「七条令解」	檜前阿公子 ↑ 安部良子		〈毀ナシ〉 職　　判 ↓	同　上—636（同上）
B	延長 7(929). 6.29 「七条令解」	安部良子 ↑ 源市童子（理男）	署名	毀（職印） 職　　判 ↓	同　上—637（同上）
A	a1 延喜12(912). 7.17 「七条令解」	源　　理 ↑ 山背大海当氏	署名	毀（職印） 職　　判 ↓	同　上—640（現，天理図書館蔵）
	a2 延喜19(919). 4.19 「処分状」	男市童子・母橘美子 ⇡ 源　　理		毀（職印）	同　上—643（同上）

ある。次にa2はa1の売券の買い主である源理が、七年後の延喜十九年に同家地等を息子市童子とその母橘美子に譲与した証文、すなわち「処分状」[11]である。a1は後日の証拠に、源理が売得した事実を記した証文としてa2に継いだのである。ところが、a1・a2とも「毀」と大書され、その上に左京職印が斜めに捺されている。しかも、a1・a2の「毀」字は、実見したところ、同一筆跡と判断される。a1→a2は親族間の田主権移動であるので、a2を作成した段階ではa1を「毀」破する必要がなく[12]、同家地を市童子が安部良子に売却して左京職判が下されたBの段階で、左京職によってa1・a2同時に「毀」字が注されたのである。それゆえ、同家地を売得した安部良子が檜前阿公子に売却した売券であるCに職判が下された段階で、そのCに規定されて左京職がBに「毀」字を注したのである。ところが、同じ「手継券文」で連続的意味をもつCとD、DとEの間には、AとB、BとCの間のような判と「毀」の関係を見いだすことができない。しかし、それとは逆の意味での対応関係が存在する。すなわち、Cには「毀」字が注されておらず、それと照応してCに継がれたDにも職判が存在しない。この場合は、職判が存在しないことと「毀」字が注されていないことが、AとB、BとCとの対応関係とはまさに逆の意味で対応しているのである。

　このように、一連の文書の中で、AとB、BとCとにおいては判と密接な関連をもって「毀」字が注され、それとは逆に、CとD、DとEには職判が存在しないことと対応して「毀」字が注されていない、という注目すべき事実が浮かび上がってくる。たんに判と「毀」との間に関連を見いだすことのできる文書が存在するだけでなく、判がなければ「毀」字も注されていないという文書の存在は、逆の意味で判と「毀」との強い結びつきを示している。判と「毀」には有機的な関連があり、「毀」の注記は判の機能の一部を構成する要素だったのである。

2　郡判と「毀」

前項においては、「毀」の注記がなされた売券を詳細に分析することによって、後段階の国または職の判に規定されて前段階の売券に「毀」字が注され、それは判という行政行為の構成要素の一部であったことを明らかにした。ところが一方で、「喚㆓証人等㆒勘問、所㆑申有㆑実」[13]という郷長解を受けた郡判のみで田主権移動が完結しており、国の関与が認められない売券群が存在する。本項では、前項と同様に、郡判と郡の「毀」の関係を明らかにするため、「秦忌寸鯛女解」[14]を検討することにしたい。本文書は秦永岑の山城国葛野郡高田郷における家地集積過程を知ることができる文書群中の一通であるので、まずその内容を以下の記号を付して表2として摘記しておこう。[15]

D　謹解　申請刀祢証署家地事

合地弐段〈在三条高粟田里十六坪〉

（事実書き省略）

嘉祥二年十一月廿一日　申請者

戸主

「毀」　上件鯛女所申有実、依加署名

刀祢（四名、署名略）

「以嘉祥三年七月四日　改立郡券二枚

一枚載地壱段買秦殿主

一枚載地壱段買人秦永岑」

「判

（郡司署名略）」

表2　山城国葛野郡高田郷の家地集積過程

文書	年月日	地積	売り主	買い主	四至 東	四至 西	四至 南	四至 北	平安遺文号―頁数
A	承和三（八三六）・二・五	一段	相楽郡賀茂郷戸主正六位上秦忌寸黒人戸口大初位上秦忌寸広野	左京小属従七位下秦忌寸殿主	秦殿主地	秦殿主地	秦大野地	秦殿主家	五九―五四 角田文書
B	嘉祥二（八四九）・七・二十九	二四五歩	左京五条三坊秦木継戸口秦縄子	春宮史生秦忌寸永岑	故民部史生秦恒主地	右衛門府生秦春風地	道	故玄蕃小允秦殿主地	九〇―八一 根岸文書
C	嘉祥二（八四九）・十一・二十	一段	川辺郷戸主正八位上秦忌寸冬守戸口秦忌寸鯛女（已之男子）秦忌寸大野	高田郷戸主正六位上秦忌寸殿主戸口春宮史生大初位上秦忌寸永岑	故主計寮小属朝原河雄地	東宮史生秦永岑地	道	故玄蕃寮大允秦殿主地	九二―八二 小川文書
D	嘉祥二（八四九）・十一・二十一	二段	（河辺郷戸主正八位上秦忌寸冬守戸口）秦忌寸鯛女	（故）秦殿主一段 秦永岑一段					九三―八三 根岸文書
E	嘉祥四（八五一）・二・二十	二〇〇歩	左京三条一坊戸主葛野宮継戸口葛野飯刀自女	高田郷戸主秦忌寸倉吉戸口大初位上秦忌寸永岑	葛野飯刀自女地	秦倉吉地	秦倉吉地	秦広氏地	一〇〇―八七 根岸文書
F	斉衡二（八五五）・閏四・十一〈相博〉	北家四段	民部卿安倍朝臣家知事秦永成	中宮小属秦永岑	中務大録秦広氏地秦永岑買地	中垣	秦永岑家門地	溝	一一八 一一九―九九 根岸文書
		南家四段	中宮小属秦永岑	民部卿安倍朝臣家知事秦永成	中垣	道	道		

三条高粟田里十六坪にある家地二段は、故夫秦黒人の先祖の地であったが、「本券」[16]がないため沽却できないとして、秦忌寸鯛女は戸主と連名で刀祢の明証を求め、新券文を立てることを請うた。彼女の立券申請に応じて刀祢六名が署名を加え、さらに判と記して擬大領と主政が署名している。個人解に郡判が加えられた一見何の変哲もないこの文書には、中央上部余白に別筆で「毀」と注し、さらに同筆で「以二嘉祥三年七月四日一、改立二郡券二枚一。一枚載二地壱段一、買秦殿主。一枚載二地壱段一、買人秦永岑」と記されている。この記載によって、Dに記された家地二段は、それぞれA（広野→殿主）・C（大野→永岑）の対象とする家地一段、計二段であったことが知られる。事実、Aの奥には「嘉祥三年七月四日、立二新券文一」と記して郡判が下されており、そこに署名を加えている郡司のメンバーは、Dの擬大領と主政を含むCのそれとまったく同じであった。[17] A・Cは保証または証人の署名を得て、それぞれ承和三（八三六）年二月五日、嘉祥二（八四九）年十一月二十日付で郷長解が作成された。そして、A・CともAおよびDに記された「嘉祥三年七月四日」の時点で郡が判を下して立券し、それを受けてDに「毀」字が注された。郡における「毀」の注記も、国のそれと同様に、郡の有する権能に基づく行為であり、それは新たな券文に判が下されるのと一連の行政行為であった。

　判と「毀」の関係の意味は、A・C・D三通の文書と判の成立過程を時系列に沿って復原しなおすことによってさらに明らかになる。すでに述べたように、A・Cはともに鯛女の息子である広野・大野が、それぞれ殿主・永岑に家地を売却した事実を示す売券である。ところが、Cの段階で永岑にとってこの地の「由緒」を得る必要が生じた。その由緒は、広野・大野の母であり後見人でもあった、鯛女という人格に田主権を擬したDのような内容を有する文書によって実現するしかなかった。この地の所有の出発点となる「先祖」の人格を体現する黒人から、広野・大野への相伝関係を当該時点で証明することができるのは、「故」夫黒人の妻である鯛女しかいなかったからである。それゆえ、日付は一日遅らせてはいるものの、DはCを作成した段階で作られた。Cの地と同様、Aの対象とする地も、実は嘉祥二年十一月二十日の時点では殿主から永岑に渡っていた。Bの四至記載の中に「限北故玄蕃小允秦殿主之地」（傍点―引用者）とあり、殿主は遅くともBの時点には死去していた。さらにFに記された永岑の「南家壱区地肆段」のうち、「一段二百五十歩」が「元秦忌寸大野同姓広野等地二段之内」とあることからもそれは動かない。Cの時点で永岑は、CのみならずAの地についての「由緒」も必要とした。それゆえDは、CだけでなくAの地をも含んだ証明となっている。Dの別筆記載の中で「一枚載二地壱段一、買秦殿主」となっているのは、「由緒」は「相伝」したものではなく、それ以前の売買に関与した人格の名称でなければ効力をもたなかったからである。A・Cの売買について、判を受けて郡券二枚を立てたのが「嘉祥三年七月四日」のことなのである。この判に対応し、実体的にはCと同時点であるが、論理的にはA・Cの前段階の文書であるDに「毀」字が注されたのである。ここでも後段階の判によって前段階の文書に「毀」字が注される構造を抽出できる。

　ところで、Dの判はDの「毀」と関連し、同一段階・同一文書の中で判と「毀」が関連すると考えられるかもしれない。しかし、判は明らかに「以二嘉祥三年七月四日一、改立二郡券二枚一」という別筆記載のみに関わる判であり、機能的には同一段階の「毀」にはまったく関わらないものであって、以上の推定を妨げるものではない。

　さらに、A・Cと関連するのが、永岑の南家一区四段と秦永成の北家一区四段を相博した文書Fである。そこで、A・C→Fの関係に着目すると、Fには判がない。それゆえA・Cには「毀」字が注されていない。つまりここでも後段階の文書に判が記されていなければ前段階の文書に「毀」字が注されていない、という判があれば「毀」があるのと逆の構造を析出できる。郡判の場合も、前項で明らかにした国判と国の「毀」の関係と同様に、判と「毀」が有機的に関連していた。郡の注する「毀」も、判の機能の一部を構成する要素だったのである。

3　判と「毀」をめぐる古代土地売券の特質

前二項においては、判と「毀」が有機的に関連する二類型の売券群が存在する事実を明らかにした。ところで、中世の土地所有に関する法体制を「中世的文書主義」という概念で把握する視角から、山田渉氏はそのメルクマールの一つとして「手継」の成立をあげた(18)。具体例として氏が分析の対象としたのは、本章でも取り上げた左京七条一坊家地「手継券文」である。そこで氏は、「売買に際して本券として念頭に置かれていたものはすぐ前回の立券文のみで」、それ以前の「毀」字の注された文書は「いわば証拠文書としての正当な地位を認められていない、残されていても毀たれた文書としてのみ残存した」とした。「毀」字の注された文書は「正当な地位を認められていない、残されていても毀たれた文書としてのみ残存した」とする氏の理解ははたして正鵠を射ているであろうか。前項までに明らかにしてきた事実からすれば、完全に誤りであるといわざるをえない。判と「毀」は二類型のそれぞれにおいて、後段階の判に規定されて前段階の売券に「毀」の注記がなされるというように、有機的に関連していた。そして、「毀」は判という行政行為の構成要素の一部であった。日本古代においては、売券に行政機関が公的に判を下すことと、その売券に「毀」字が注されることとは有機的に関連しているのであって、「毀」字が注された文書が「正当な地位を認められていない、残されていても毀たれた文書として残存した」とすることはできない。このことは、日本古代においては土地売券が「公券」として作成されたことと分かち難く結びついているのである。では、氏が先のような陥穽に陥ったのはなぜか。それは、「毀」の様式に関する従来の考え方にとらわれていたからである。

中世においては、Ⅰ．土地すべてを売却する場合、「本券」は売却に際して買い主の側に渡り、「手継券文」が作成された。これに対し、Ⅱ．土地の一部を売却する場合には、⑴案文を交付するにしろ、⑵交付できない断り書きを明

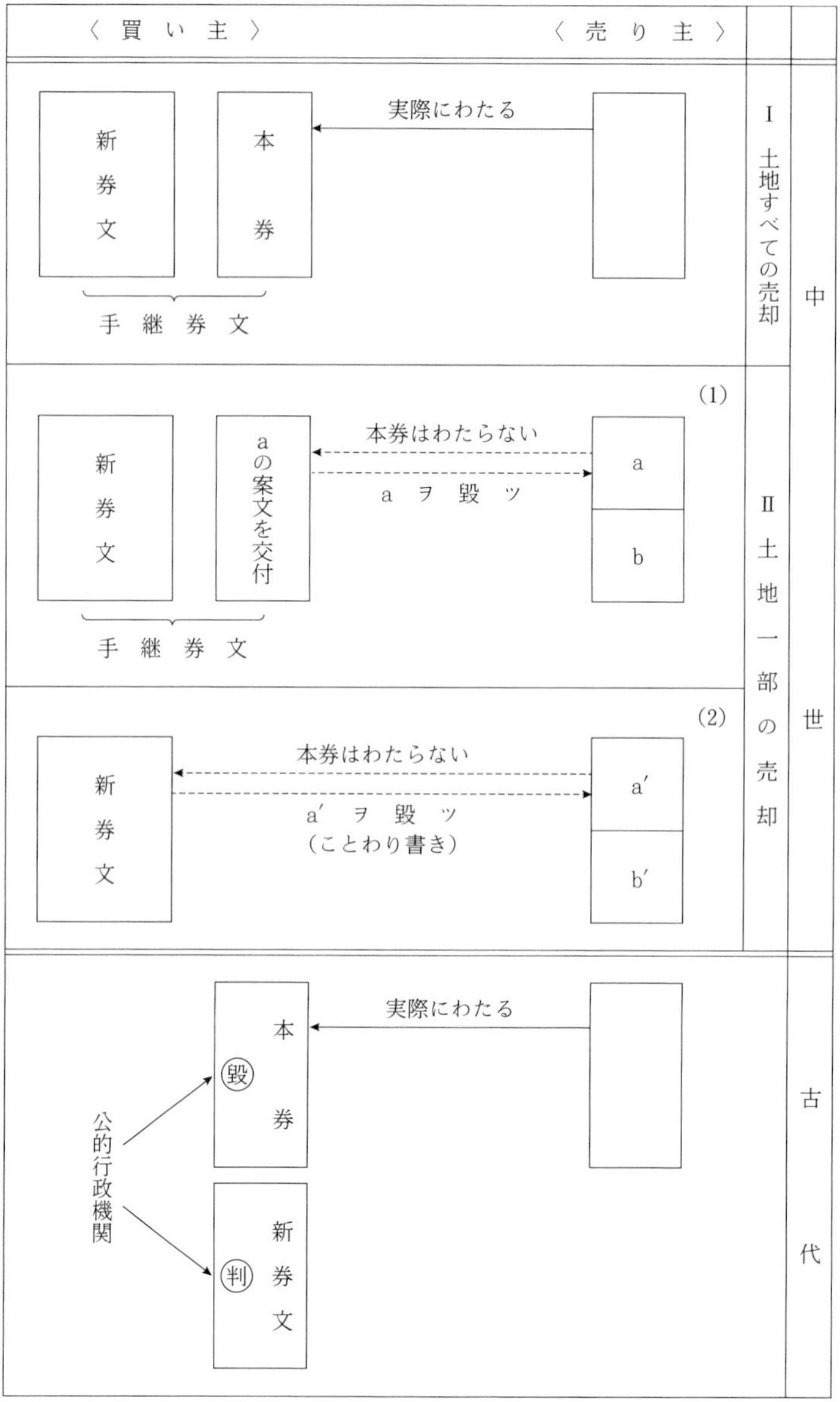

図1　古代・中世の「毀」の性格の相違

記するにしろ、「本券」は売り主の側に残った。さらに、売券の機能を否定する主体は売買当事者＝私人であった。[19]このように、中世においては土地すべてを売却し、券文全体の機能を否定する場合には、売買に際して「本券」が買い主の側に渡るだけで、「毀」という概念はでてこない。ところが、古代においては、「毀」字の注された売券は、特に左京七条一坊家地「手継券文」から明らかなように、買い主の側へ渡った。その場合、売券の一部ではなく全体の否定であった。その上、売券の機能を否定する主体は、国・郡などの公的行政機関であった。

日本古代における田主権移動は、「公券」として作成された土地売券に行政機関が公的に判を下すことによって実現された。それには前段階に下された、判の機能の否定を意味する「毀」字を注する行為がともなった。それはたんなる売買行為の「保証」というだけでなく、前所有権の否定と新所有権の「承認」という一連の行為が、「毀」を媒介にして公的行政機関によってなされたところに古代独特の一大特徴が存在したことを意味する。もちろん、中世でも「安堵外題」に象徴的に示されるように、(a)所領の現実の支配を承認する行為は幕府・諸大名などの「公」的機関が行う。それでも中世では、(b)所有権の一部を否定する「毀ツ」という行為は私人自らが行う純粋に私的な行為であり、(a)と(b)とは截然と区別されていた。ところが、本章で明らかにしたように、古代においては（a′）新たな所有権を「承認」する行為、および（b′）前所有権の否定を意味する「毀」字を注する行為までもが公的行政機関の権能に含まれていたのである。以上のような、国家の土地に対する規制力について、中田薫は土地私有主義の立場に立つので、公権力の行政的作用形態として評価した。[20]それとは逆に、「国家的土地所有」の立場に立つ仲森明正氏は、律令制的行政機構の土地管理にその基盤を求めた。[21]しかし、売買の対象となっているのは価値＝代価を媒介とした私的土地所有の性格が強いとされる墾田がメインなのである。そのような田地をも「国家的土地所有」として理解するには、それなりの論証が必要であろう。仲森説はア・プリオリな「国家的土地所有」概念の適用であるといわざるをえない。

一方、中田説においても、すでに所有権を否定されたはずの田地をも国家が掌握しているのであれば、それを自由な土地売買行為に対して国家権力がチェックすることである、とするのでは何ら説明したことにはならない。

以上、本節では、日本古代における「毀」の注記がなされた土地売券には、郡司解→「国判立券」、郷長解→郡判の二類型があり、それぞれの判と「毀」が有機的に関連している事実を明らかにした。さらに、前所有権の否定と新所有権の「承認」という一連の行為が、「毀」を媒介にして公的機関の行政的権能に含まれている事実は、ア・プリオリな「国家的土地所有」概念の適用や、たんなる近代的行政機構論で評価するだけでは理解できないことも指摘した。それでは、「毀」の注記がなされた売券がそれぞれ別の型で存在するのはなぜなのか。また、墾田のような私的土地所有の性格が強いとされる田地の田主権移動にまで国家権力が介入するのはなぜなのか。以上二点について、前者を第二節で、後者を第三節で分析することにしたい。

二　「国判立券」と国家的土地支配

1　田宅売買の法的関係と国・郡の機能

前節での分析結果から明らかなように、「毀」の注記がなされた売券には、郡司解→「国判立券」、郷長解→郡判の二類型が存在し、それぞれの判と「毀」が有機的に関連していた。本節第1項は、この二類型の立券方式の法的関係を考えるため、[22]田宅売買における国・郡の機能を分析することから始めることにしたい。

この問題ついて、これまでは古代・中世の土地売券を包括的に論じた中田薫説を通説として支持し、何ら疑問を差しはさむことはなかった。中田は次のように述べた。「目的物の所在地を管轄する官司」＝「所部官司」は「通常は『郡』（京では条令）であ」り、郡における「公券」の作成は、「不完全所有権に過ぎ」ない「売買私約」に対して「所有権移転の完成力」を付与するものである。それゆえ国または職の判は、郡において「所有権移転の完成力」を付与された売買「公券」に「公券たる決定的効力を付与する」にすぎないとした。だが、土地関係において郡をこのように基本的行政機構とすることができるのか(23)。宅地の売買手続き規定である田令17宅地条は、次のとおりである（二四三頁(24)）。

凡売二買宅地一、皆経二所部官司一、申牒、然後聴之。

これに対する唐令相当条文を天聖令によって示せば、次のとおりである（二五七頁）。

諸買レ地者、不レ得レ過二本制一。雖レ居二狭郷一、亦聴レ依二寛郷制一。其売者不レ得二更請一。

凡売買、皆須下経二所部官司一、申牒、年終彼此除附上。若無二文牒一輒売買者、財没不レ追。地還二本主一。

唐令が制限額内での田地売買の条件と売買手続き、さらに違反した場合の処置を規定しているのに対し、日本令は売買手続きの部分だけを一般的な売買手続き規定に改変して継受している。しかし、売買に際して「所部官司」を経なければならなかった点は両者共通している。とすれば、唐令はしばらく措くとして、日本令の「所部官司」は何を意味するのか。穴説が「郡及国相須」（1a／三五九）とするように、郡だけでなく国をも含んでいた。ではなぜ、郡だけでなく国へも申告する必要があったのか。それは、穴説の私案が述べるように、「郡必経二国司一、為三郡司不二掌田宅一故」（1a／三五九）だからである。このような見解は、朱説所引先云が「案郡可レ申レ国、々則其書末署名、其所捺二国印一」（2a／三五九）とするように、他の明法家も認めるところであった。それゆえ、朱説所引貞説が「不レ経二国司一者、科二違令罪一」（1b／三五九）と述べるように、国を経ない田宅売買は「違令罪」(25)を科されたのである。このように、律令および集解諸説による限り、郡を関わらせてなおかつ国の機能が重視されているのである。それはまさに、田主権移動に対する公権力の認定に売買「公券」の意味があるのでなく、田主権移動が公権力を媒介にしなければ成立しなかった点にこそ、当該段階の土地所有の特質があったことを意味する。

それでは、田宅売買における郡の機能とは何であり、それを前提とした国の機能とはどのようなものなのか。この点を、関連史料からさらに明らかにしてみよう。

十市郡司解　申立売買地券事

合地二区〈並在十市郡池上郷〉

（中略）

以前、得広長等辞状偁、絶上件地常根、沽与東大寺布施屋地巳訖。望請、依式欲立券文者。郡矣勘問得実。仍勒沽買両人署名、立券如件。以解。

天平宝字五年十一月廿七日

（貢人・相知・売人・三綱等署名略）

郡司（署名略）

「国判立券三通〈一通留国、一通置郡、一通置寺家〉

天平神護元年八月十八日

（署名略）」[26]

天平宝字五（七六一）年十一月、十市郡は管轄国である大和国に解を提出して立券申請した。そこには息長丹生真人広長と車持朝臣仲智が、同郡池上郷にある土地等を六〇〇〇文で東大寺に売却したことが記されていた[27]。この郡司解を受けた国は、それから四年後の天平神護元（七六五）年八月十六日付で判を下して立券している。郡が前記二名の立券申請を一紙で行っているように、個人解そのものが郡を経て国に到達することはない。個人解は郡に包摂され、郡司解の形式で国に到達することになる。(28) しかし、本章の視角から注目すべきは次の点である。すなわち、郡は「勘問得レ実」を行い、判を下して立券するのは国であるということである。この点は他の多くの文書でも確認できる。

天平勝宝七（七五五）歳、大伴宿祢麻呂らは、越前国坂井郡堀江郷にある野地を東大寺に売却した。そこに次のような文が記され、国司署名が加えられた。(29)

以前、得郡司解偁、得□大伴宿祢麻呂等辞状云、上件野地、売東大寺者。郡依辞状、勘問知実者。国依郡解、判充寺家□□訖。以為公験。

（国司署名略）

売り主である麻呂らは、東大寺に野地を売却したことを坂井郡に申告した。郡は彼らの辞状を受けて「勘問知レ実」し、その結果を解にしたため国に提出した。国は郡司解によって「判」じ、それを「公験」となしている。売買行為が成立するためには、立券申請を「判」ずる行為が不可欠であったが、ここでも郡ではなく国がそれを行っている。これも前例と同様に、郡→国の機能上の分掌関係を見いだすことができる史料である。

ところで、田主権移動が成立するに当たって、国に高次の法的効力が与えられていることと、実体として国が唯一の判定機能を有していることとは別問題と考えられるかもしれない。換言すれば、郡で実質的勘検を行い、国はそれを追認しているにすぎないとする中田に代表される通説的理解である。(30) たしかに八世紀段階において郡が判じている史料は存在する。しかし、問題とすべきはその関与の仕方である。

天平神護二（七六六）年、別鷹（竹）山は東大寺田を不法に占拠していたという理由で、次のような「伏弁状」を提出しなければならなかった(31)。

右人申云、(a)以去天平勝宝元年八月十四日、郡司判給。大領（人名略）、擬主帳（人名略）等、鷹山親父豊足已畢。(b)以同年五月、寺家野占。寺使（人名略）、造寺司史生（人名略）、国使医師（人名略）、郡司擬主帳（人名略）等、寺家野占畢。(c)而以天平宝字二年二月廿二日、国司守（人名略）、依郡判給畢。(d)鷹山此〈乎〉、寺田勘使（人名略）、造寺司判官（人名略）、国司史生（人名略）等、充直買取、而為寺田。(e)件田申《ママ》以天平宝字四年、校田朝《ママ》使（人名略）、授己名治田。(f)又以天平宝字五年、田班《ママ》国司介（人名略）亦授己名。(g)今国司検勘図并券文、寺地占事在前、今竹山所給在後。加以所給直、而所進寺田、更己名付申事、竹山誤無更申述所。仍注伏弁状進如件。謹解。

東大寺・別鷹山それぞれの主張を論理化して示せば、図2となる。以下、これに従って考えよう。

(a)の時点で鷹山の父豊足は郡判だけで当該地を「給」されている。ところが、三ヵ月前の(b)の時点で東大寺の寺家野占が行われた。それには(a)に関与している郡司擬主帳槻本（公）老が参加している。この紛争の出発点となった(a)・(b)の異なる行為に同一人物が参加していることは、田主権判定における国・郡の機能に疑問をもたざるをえない。問題は(b)において「国使医師」が参加するものの、それによって東大寺の田主権が確定したのではないことである。あくまで寺家「野占」である。それは田主権判定が国司の参加によるのではなく、(c)において国が「給」する法的行為こそが問題になることを意味する。(g)で問題となっているのは、(c)およびそれを前提とした(e)・(f)である。(a)・(b)ではなく「己名」を「授」けたことであって、それはまさに(c)・(e)・(f)という国司の行政行為である。たしかに、(c)において国は(a)の郡判によって当該地を「給」している。だが、それを郡判に対する追認とすることはできない。なぜなら、(g)の時点で国司が郡を経ないで独自に田主権判定を行っているように、国判と郡判とでは法的効力において本質的な差異が存在するからである。(a)の時点で郡判を得ているにもかかわらず、(c)の時点でおそらく鷹山が国判を

別鷹山の主張	東大寺の主張
(a) 天平勝宝元（749）年8月14日 「郡司判給」鷹山親父豊足 大領生江臣安麻呂 擬主帳槻本公老	(b) 天平勝宝元（749）年5月 「寺家野占」 寺使法師平栄 造寺司史生生江臣東人 国使医師六人部東人 郡司擬主帳槻本老
(c) 天平宝字2（758）年2月22日 国判（「依二郡判一給」） 国司守佐伯宿祢美濃麻呂 →	(d)「充レ直買取，而為二寺田一」 寺田勘使佐官法師平栄 造寺司判官上毛野真人 国司史生紀朝臣真木
(e) 天平宝字4（760）年 「授二己名治田一」 校田朝《ママ》使石上朝臣奥継	
(f) 天平宝字5（761）年 「亦授二己名一」 田《ママ》班国司介高丘連枚麻呂 →	(g) 天平神護2（766）年 国司（「検二勘図并券文一，寺地占事在レ前，今竹山所レ給在レ後，加以所レ給レ直，而所レ進二寺田一」）

図2　別鷹山「伏弁状」の論理

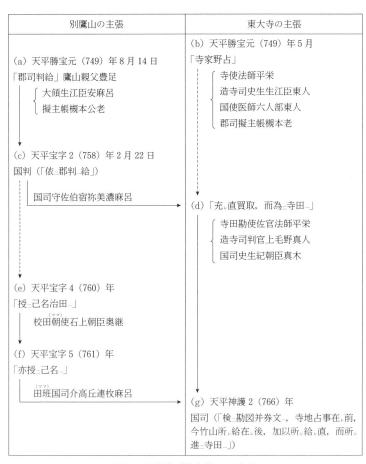

受けているのは、田主権判定が国判によって確定されたからであろう。

さらに天平二十（七四八）年、宇治郡加美郷の戸主宇治宿祢大国は、同郷堤田村内にある彼の家地を藤原南夫人家に売却した。そこには次のような署名と日付が加えられた。[32]

天平廿年八月廿六日

売地人（人名略）

判郡司

（大領・少領・主帳、署名略）

判国司

（介・史生二人、署名略）

天平廿年十月十八日

本文書では、たしかに「判郡司」と記して大領以下三名が署名している。しかしながら、注目すべきは「判郡司」・「判国司」と記したのちに日付が記されていることである。日付がこの位置に記されていることは、郡が単独の行為として「判」じているのではなく、国の判定作業に郡が参加していることを意味している。「判」という行政行為の主体はあくまで国にあったのであり、郡はその補助的役割を果たしていたのである。郡司はそれ自身で自立的に機能するのではなく、国司─郡司が一体となって律令制国家の在地支配を実現することができた。[33]郡判だけでは田主権を確定することはできなかったのである。

八世紀中葉以降から「国判立券」文言を有する売券が存在し、律令等も国の機能を重視しているように、歴史的事実においても法的効力の問題としても、田主権移動において国が関与することに本質的な意味があった。したがって、国または職の判はたんに「公券たる決定的効力を付与する」にすぎないのではなく、「国判立券」こそが「土地売買契約を成立せしむるための要件」だったのである。それはまさに、当該段階の土地所有に規定されて第一義的なものとして存在した。私的売買を越えた次元において、国家が独自の所有権的モメントを有している点にこそ、日本古代における国家的土地支配の特質が存在したのである。

2　国家的土地支配と田図

前項では、国・郡の土地支配に関する機能に関していえば国のそれが基本であり、行政行為としては「判」を下すという形態で実現されることを明らかにした。その場合、「判」が田図と密接に関連する行政行為であったとすれば、国・郡の機能と田図との関連を分析する必要がある。本項では、民部省図の問題を含め、グローバルな視点からこの問題を分析することにしたい。

因播（幡）国牒　東大寺三綱務所

墾田券文壱紙〈部下高草郡田者〉

牒、得寺去三月十四日牒偁、得彼部高草郡国造難磐之妻子解状云、上件墾田、永売寺家、欲足損物者。依三綱解状、検領已訖。乞察此趣、依田図籍勘定、欲得券文。仍注事状、付僧慶浄者。今依牒旨立券如件。便付廻使僧慶浄、具状。以解。

天平神護元年四月廿八日（国司署名略）[34]

天平神護元（七六五）年、国造難磐の妻子は亡き難磐が「墾田長」[35]として東大寺に負った損物を補填するため、彼名義の墾田を代価として寺家に売却しなければならなかった。寺家側は検領した上で国衙に対して牒を提出し、券文を得るための申請を行った。これに対して国衙は「田図籍」＝国衙保管の田図・田籍によって勘定し、廻使僧慶浄に付した。これによって券文を発行する主体は国であり、その判定の素材または典拠は田図＝国図であったことが知られる。すなわち、券文を発行するための典拠または素材は、本来国が保管したのであって、土地支配の台帳である国図が班田収授に使用されれば班田図であり、十世紀以降班田収授が行われなくなれば、その本来の性格にもとづいて国図と称されるようになると考えられる。(36) だが、そのように結論する前に、さらに具体的に国衙の券文判許の手続き・作業について分析しよう。

天平神護三年、東大寺は太政官に対して伊賀・伊勢・越中三ヵ国の寺領の領有申請を行った。太政官の命を受けた民部省が同寺に充てた牒には、次のような内容が記されていた。(37)

民部省牒東大寺三綱所

（国郡名・田積記載省略）

右田、元公田。然百姓姧為己墾田、立券進寺。其時国司等不練勘検、券文判許。加以、天平廿年・勝宝六年計田国司等、不検天平元年・十一（ママ）年、合二歳図、為百姓墾田也。以後天平宝字二年、前国司守（人名略）依先図勘収為公田也。天平宝字五年、巡察使（人名略）所勘亦同之。（下略）

もともと公田だった地を、百姓が自ら墾田化したと偽って立券し、寺にたてまつろうとした。そのとき、国司らは十分に勘検しないまま券文を判許してしまった。そればかりでなく、天平二十（七四八）年・天平勝宝六（七五四）年の計田国司らも、「天平元年、十一年、合二歳図」を検じないでそのまま判定してしまった。しかし、天平宝字二（七五八）年の前国司は「先図（＝天平元年・十一年合二歳図）」によってその墾田を勘収して公田とし、天平宝字五年の巡察使の所勘も同様であった。ここで重要なことは、券文を判許する際に国司が田図を勘検しなかったことが糾弾されている事実である。逆にいえば、券文を判許するための必要な手続き・作業は、国衙保管の田図と券文をチェックすることであった。売券にみられる「国判立券」文言も、田図との照合が一つのかつ重要な行政行為であったことを意味する。さらに、立券申請を受けて券文を判許する際には、田図に記載されている田主権者の姓名を変更する行為が存在しなければならない。ここに律令制下において土地売券が「公券」として存在しなければならなかった機能上の意味があった。

判という行政行為を執行するためには、国家の土地台帳である田図との照合が必要不可欠な作業であった。その場合、右にみたように、国衙保管の田図が在地の土地関係を掌握する基本的土地台帳であったとすれば、中央政府に存在する民部省図との関係はどのように考えたらよいのであろうか。民部省が全国の土地を掌握する最高官庁であることを重視すれば、同省保管の民部省図は国図の上に位置する最高の法的効力を有する田図ということになる。はたしてそうであろうか。周知のように、田籍を停止し田図のみの進上を命じた弘仁十一（八二〇）年の太政官符で、民部省は「有㆓七道諸国、進㆑籍不㆒㆑進㆑図。自今以後、下㆓知諸国㆒、停㆑籍進㆑図」（傍点—引用者）と述べているので、(38) 同省保管の民部省図は国図の集積であることが知られる。さらに、時代は下るが、民部省図と国図の関係を考える上で次のような注目すべき史料が存在する。

寛弘三（一〇〇六）年、弘福寺は大和国にある同寺所領の諸庄田の坪付・面積等を書き上げ、免田たることを確認し、「国検田使」官物「収公之妨」を停止してほしい旨を同国に申請した。この寺牒を受けた大和国司の国判は次のようなものであった。(39)

判、件寺愁田畠国図朽損、依難勘定、令下勘民部省図、悉以相違。然而寺家所愁、領掌年久者。依事功徳、令慥捜勘之処、後施入省符并代々国判、已以明白也。仍所愁田畠、不論作否、悉可為寺領。（下略）

弘福寺が申請してきた田畠は、国図が朽損して勘紕することができないので、民部省図を下して勘合したところ、寺家申請田とことごとく相違した。しかし、寺家申請田は長く寺家が領有してきたものであるので、調査してみたところ「後施入省符」や「代々国判」によって同寺が領有してきたことが明らかになった。そこで国司は、寺家申請田は現作であるか否かを問わず、すべて寺領とするとしている。「国図朽損」のため勘紕できないときに民部省図（おそらく写しであろう）が大和国に下されている事実は、通常の場合は国図が土地関係の問題を処理する最高の法的効力を有することを物語る。民部省図がこのように国図の代替作用しかもちえないことは、それが国家的土地支配の中で必ずしも最高の法的効力をもっていなかったことを意味する。民部省図は国図の集積として存在する田図であり、中央政府に保管されている国図であった。民部省図は国図と同レヴェルか、国図の補完的な役割しか負っていなかったことになる。田図は国図が最高の法的効力を有する事実に端的に示されているように、令制の国が土地掌握における実質的な結節点になっていることに「国判立券」が成立する現実的基礎があったのである。

田図には口分田・墾田・宅地、そして墾田の前提となる野地などが含まれる。それは田令体系に包摂された地目であり、律令制国家が田令体系に基づいた土地支配を実現するためには、視覚的・即物的な田図が重要な意味をもった。だが、土地支配は田図のような中央政府による集中的な土地掌握だけでは完遂することはできない。中央政府の土地掌握と個々の田主に下された「公券」との具体的対応によって、田令体系に包摂された個々の地目を掌握する国家的土地支配が可能となる。「判」という行政行為は、まさにこうした中央政府による田令体系に包摂された地目の集中的把握と、個々の田主権との定在とを結びつける結節環となる重要な機能を担っていた。また、それゆえに田図による土地掌握と密接な関連をもっていたのである。

3　国家的土地支配の変容

国家的土地支配は、令制の国という行政機関による集中的な土地掌握を特質とする。そうした国による集中的な土地掌握は、視覚的に表現される田図によって可能であった。一般的には、国レヴェルの田図＝国図は、郡レヴェルの田図＝郡図の単純な結合・集積として成立したと考えられているようである。このような通説的理解によれば、国レヴェルの土地掌握は郡レヴェルのそれの単純な結合・集積ということになり、国による土地掌握は国家的土地支配の上で独自の地位を占めないという理解にもつながりかねない。このような理解ははたして正しいのであろうか。まず国家的土地支配の中核をなす班田収授制と田図との関係から分析しよう。

班田収授の日程や手続きについて規定している田令23班田条は、次のとおりである（二四四頁）。

凡応レ班レ田者、毎二班年一、正月卅日内、申二太政官一。起二十月一日一、京国官司、預校勘造レ簿。至二十一月一日一、摠二集応レ受之人一、対共給授。二月卅日内使レ訖。

これに対する唐令相当条文を天聖令によって示せば、次のとおりである（二五八頁）。

諸応二収授一之田、毎年起二十月一日一、里正預校勘造レ簿。至二十一月一日一、県令摠二集応レ退応レ授之人一、対共給授。十二月三十日内使レ訖。符下案記。不レ得二輒自請射一。其退レ田戸内、有レ合二進受一者、雖二不課役一、先聴二自取一。有レ余収授。郷有レ余、授二比郷一。県有レ余、申レ州給二比県一。州有レ余、付レ帳申レ省。量給二比近之州一。

唐令では、収授の機能は里正が「預校勘造レ簿」し、県令が「摠二集応レ退応レ授之人一、対共給授」することになっていて、里正→県令という段階的手続きが規定されていた[40]。これに対し、日本令では里正→郡司の機能は排除され、国司にその機能が集中していた[41]。それは、郡単位の班田収授も集中された国の機能を通じて実現されることを意味する。

とすれば、国図もたんに郡図の集積として成立したとするのは早計であるといわざるをえない。班田収授において国に機能が集中していたことと密接に関連し、券文を発行する典拠としての田図は、前項で述べたように、本来国が保管したのであって、郡図から国図が作成されるのではない。また、民部省図が国図を規定するような独自の存在意義を有することもなかった。民部省図・郡図は、基本形態として存在した国図から二次的に成立したものにほかならない。

一般的には、八世紀段階でも郡図が存在したと考えられているようである。(42)ところが、不可解なことに、管見の限りでは、八世紀も末に近い延暦十（七九二）年以前に郡図の存在を証明する史料は存在しない。(43)すでに述べたように、八世紀における郡の機能は「勘問知（得）ㇾ実」であった。それが「勘問」であることは、郡図との照合という行政行為でなかったことを意味する。「山城国宇治郡家地等売買寄進券文」の中の一通に、「相見聞証保長」として四名の者が名を連ねている。(44)郡司が彼ら「保長」に「勘問」し、それに対して「聞証」＝問われたことを「証」するのが彼らであった。郡司から「聞」かれて「保長」らが「証」しているのは、売買の対象というよりも売買という行為そのものであろう。もちろんそれは、「保長」らが在地社会における「公」的秩序を体現する人格であることを前提に成立しているはずである。このように、八世紀段階で郡が田宅等を支配する上において、郡図は必要不可欠なものではなかった。

それでは、どのような理由・過程を経て郡図は成立してくるのであろうか。この点を特に作成主体に留意して現存班田図によって分析してみよう。現在、奈良西大寺に所蔵されている「大和国添上郡京北班田図」は、嘉元元（一三〇三）年の西大寺と秋篠寺との寺領相論の際に、証拠として西大寺側から提出された絵図の一つで、その写本と思われるものである。(45)この田図は現在一枚の図として存在するが、当初からこのように一図として統一的に作成されたものではない。三条の場合は、大同三（八〇八）年校田—弘仁元（八一〇）年班田—同二年文書（班田図）完成、また四条の場合は、宝亀三（七七二）年校田—同四年班田—同五年文書（班田図）完成というように、条ごとに作成され、かつ校田図をそのまま利用したものであることが明らかにされている[46]。したがって、班田図自体はかなり後代の書写であるが、内容に関してはほぼ八世紀後半のものとして差し支えないであろう。

一条と二条の各列の前後は空白になっているが、三条と四条の前後にはそれぞれ記載と署名が加えられている。いま岸俊男氏の翻刻に従って当面問題となる四条の署名部分のみを示せば、次のとおりである[47]。

(a)
　竿師无位国造人成
　史生正七位下葛木直歳足
　従七位下日置造豊人
　正八位上守部連豊国

(b)
国司正六位上行大目物忌（マヽ）〈病〉

(c)
郡司大領外正六位和連家主

(d)
宝亀五年五月十日　主典散位寮散位従六位上紀部大岡
長官正四位下行左
大弁兼造西大寺長　判官正六位上行山背介勲九等尾張連〈遷任〉（豊人）
官佐伯宿祢今毛人
次官従五位上行民　判官典鋳正正六位上佐史（味）朝臣比奈麻呂

部□勲六等石上　　権判官正六位上行右京少進清水連国
朝臣〔虫損〕（家成カ）
主典大（太）政官左史生従六位上伊吉連春日麻呂

この田図は「大和国添下郡京北四条〈里六〉」と書き出し、校班田の口分田・墾田の欄をみると、班給対象を右京人と当郡人とに区別して記載している。校班田の部分を添下郡ではなく当郡としていることは、国という上級の行政的地位からではなく、まさに添下郡からの呼称であることになる。しかし、この点のみを過大視して国図と別次元の郡図の存在を主張してはならず、田図全体の様式・構成からこの記載を捉えなおすべきであろう。田図全体でみれば、戸籍と同様に、むしろ署名部分の方が重要であり、そこからこの田図の作成主体を看取できるからである。

署名の(a)部分は「竿師」・「史生」などとあることから、中央から派遣された畿内班田使を構成する技術者的官人の署名である。彌永貞三氏は彼らを国衙の下級官人としているが[48]、それでは三条に加えられた「留生」・「式部位子」の署名の意味が捉えきれなくなる。事実、彌永氏も注目したように、三条の図が作成された弘仁二（八一一）年には、京職官人が書生・従者等を率いて大和国に赴き、田籍を勘造しているのであるから[49]。次に(b)は大和国国司の署名であり、(c)は添下郡司の署名である。これらは署名の位置が最後でないことからすれば、田図作成主体としては副次的な位置しか占めることのできない官人の署名である。最後の(d)部分の署名が田図全体の中で最も大きな位置を占める。これら畿内班田使の部分が最後に来ていることは、それがこの田図の作成主体であり、かつ最高責任者であったことを示す。(a)〜(c)の部分は、畿内班田使に従属する官人である。特に(b)国司→(c)郡司という順で署名していることは、通常の郡司→国司と並ぶ署名順と逆である。しかしこれは、畿内班田使という班田収授に関するより上級の官人に国司・郡司ともに協力していることを意味しており、どちらも作成主体でなかったことの証左となる。

以上のように考えることができるなら、この田図をたんなる郡図と考えることはできない。畿内の班田収授が国司ではなく班田使によってなされたとすれば、田図が各国の班田使によって作成されるのは本項でみた田令23班田条と国図の関係からも明らかである。したがって、畿内の班田収授においては、班田使が田図を作成しながらも、その田図は一国単位で作成することに変わりがない。本田図が国図であるという観点からみれば、記載中の「当郡」もたんに書き出しの部分にのみかけられた名称であり、それは他郡の部分についても同様であったと思われる。この田図が一条一巻からなり、郡司が保管していたとするならば、それは国図から写し取られた国図の部分図にほかならない。郡図とは一般に国図から写しとられることによって成立したとみてよいであろう。

八世紀においては、郡が「勘問知（得）ﾚ実」するだけでなく、さらに国判―国図（班田年）という過程を経て田主権移動が完結した。ところが、前節でみたように九世紀に入ると郡判のみによって田主権移動が完結している土地売券が出現するように、その様相に重大な変化がみられるようになる。

延暦二十三（八〇四）年六月、東大寺は山城国蟹幡郷の地を紀朝臣勝長の平城左京の地と相換した。大同四（八〇九）年、東大寺は自らの所有地となった二条五坊七町にある開発七段余の地を図帳より除いてほしいと行政機関に申請した。そこには次のように記載され、署名が加えられた(50)。

（異筆3）
「左京二条五坊七町開発七段余
　依東大寺地、除帳既了。
　　　　　　知事一番書生「日置奥山」
　　　　　　　　添上郡擬主帳「評家貞」

大同四年六月六日
造東大寺所使布師「千尋」
「読申案主安曇年人」
（異筆4）
「判収」
（知事四名・修理別当・別当署名略）

開発当事者である東大寺は、布師千尋を使者として派遣し、当該地を「帳」より除いてもらった。大同四年六月六日、彼は任務が完了したのでこれに自署した。これを受けて、案主の安曇年人は知事らの前でその旨を「読」み「申」した。知事らが「判収」して手続きはすべて完了した。東大寺の使者千尋が「除帳」してもらった平城左京二条は、添上郡擬主帳が署名しているように、添上郡に含まれる。このことから、添上郡擬主帳の前に記されている「知事一番書生日置奥山」も、添上郡司の指揮下で田地の勘定を職掌とする郡所属の郡書生であったと考えられている。郡書生を含む「郡雑任」論は、八世紀後半から九世紀にかけての在地支配の実体を明らかにする上での貴重なデータを提供するので、議論が活発な分野である。(51) その意味で、「知事一番書生日置奥山」をどのように理解するかはきわめて重要である。しかし、彼を郡に所属する郡書生とすることは不可能である。彼が郡レヴェルの書生であるなら、擬主帳と同じ署名位置であると考えるのが普通であろう。だが、マイクロフィルムをみれば明らかなように、彼の署名位置は擬主帳のそれよりもかなり上である。さらに、彼が郡司に支配される郡書生であるならば、彼の次に記されている擬主帳の評家貞に付された添上郡という郡名は、擬主帳よりも前に記されている奥山に付されるはずであろう。にもかかわらず、彼の次に記されている擬主帳に郡名が付されているのは、擬主帳よりも前に記された奥山は添上郡司に支配される郡書生ではないことを証明していると考えられる。つまり、大和国から添上郡に出向している国書生であったと考えるほうが合理的であろう。事実、田地の勘定を職掌とする書生は、一例を除き、すべて国書生であった。[52]

承和四（八三七）年、元興寺三論宗は愛智郡の百姓から買得した水田が「図」に漏れて「未附」であることから、新図を作成して「附」してほしい旨の申請を近江国に提出した。そこに記された位署は次のとおりであった。[53]

承和四年四月廿二日

大学頭伝燈大法師「真栄」

大学頭伝燈住位僧「乗忠」

古図并国判券文勘書生槻本継麻呂

判、造班図預穴太古麻呂等宜承知、依件勘附之。

権介藤原朝臣「浜雄」

槻本継麻呂は国衙の命を受けて愛智郡に出向し、「古図并国判券文」を勘問した。彼の報告を受けて、「造班図預」穴太古麻呂らが国図を「勘」じてその結果を「附」し、最終的に国側の最高責任者である藤原浜雄が署名を加えて手続きは完了している。この文書は、元興寺側が近江国に提出したものであるから、「古図并国判券文」を「勘」じている書生の槻本継麻呂が郡司に支配される郡書生であるはずがない。

承和十四（八四七）年六月、宇治郡は稲城壬生公物主が同郡内に所有する家地を百済王永琳に売却した事実に関する解を山城国に提出した。そこに加えられた郡司の署名と国判は次のとおりである。[54]

承和十四年六月廿七日主帳〈闕〉

嘉祥二年八月十七日勘書生秦「殿継」

（郡司署名略）

「国判立券参通〈買人料〉
（署名略、さらに異筆あり。）」

主帳欠員のまま郡司のメンバー二名が署名して郡司解が提出された。それから二年後の嘉祥二（八四九）年、同郡に出向した勘書生秦殿継は売買事実に関する「覆勘」を行った。同年八月十七日、彼は任務が完了した旨をもって自署し、山城国は彼の報告に基づいて国判立券した。勘書生の秦殿継の署名部分は、たしかに国司のそれとは異筆で、『平安遺文』はこの一行まで宇治郡印が捺されていたとする。だが、マイクロフィルムを実見したところ、明確に山城国印が捺されていると断言できる。勘書生である秦殿継は郡司に支配される郡書生ではなく、国書生であったことは確実である。したがって、国書生が郡書生と理解される一因となってきた次の史料も再検討すべき余地が存在する。

弘仁八（八一七）年八月、紀伊郡は秦忌寸阿古刀自が同郡深草郷に所有する家地を三善姉（女）に売却した事実を記して、山城国に立券申請した。そこには売り主・相買・買い主・刀祢・郷長の書名が加えられ、さらに次のような郡司と国司の書名が加えられた。(55)

弘仁八年八月十一日主帳（人名略）
大領（人名略）　□（主政カ）（人名略）
擬小（少）領（人名略）　勘書生諸井豊長
国判立券参通〈買人料〉同年十二月十九日
（署名略）

『平安遺文』によれば、擬小（少）領の真下に記されている勘書生諸井豊長は、国判部分とは明らかに区別されており、郡判に含まれる。それゆえ、彼は郡司に包括され郡司に支配される書生、すなわち郡書生と考えられている。

だが、本文書は案文であるので厳密にいえば参考にしかならないが、影写本によれば、彼の位置は『平安遺文』のとおりではない。擬少領の位署より半行文左=国判部分に引きつけて記載されている。とすれば、彼を必ずしも郡判に包括させて理解する必要はなく、山城国から紀伊郡に出向している国書生と考えて何ら不都合は生じないはずである。

田地の勘定を職掌とする知事一番書生日置置山が、一番という記載から知られるように、交代制で郡に派遣されていた事実は、国図を写しとって郡に出向していることを意味すると考えられる。それは、田宅等を掌握する上において、国・郡の機能が変質する歴史過程と照応する事態である。前節でみたように、九世紀に入ると郡判のみで田主権移動が完結し、国が関与した形跡が認められない売券が頻見されるようになる。土地支配の台帳である国図が国書生によって郡にもたらされ、郡が土地掌握の行政行為を執行するとともに、郡に出向している国書生が田主権の記載変更を行うようになったのである。「毀」の注記がなされた土地売券がそれぞれ別の型で存在するのは、国・郡の機能の歴史的変遷に淵源していたのである。

これまで、九世紀に入ると郡の機能は一般に低下するとされてきた。しかし、本節で検証したように、郡の機能は九世紀に入るとかえって強化している。[56] それは、国の機能の郡への移行または代行とみなされるかもしれない。だがそれは正しくないだろう。九世紀においても「国判立券」文言を有する売券が存在し、十世紀以降のいわゆる「免除領田制」が、国に不輸認定権があり庄田に対する国家権力の規制がなお強固であることを示しているのであるから。[57] 問題は、十世紀以降の国衙による土地支配の前提が、九世紀における郡の弱体化ではなく、国・郡の同質化であることを考えねばならないことである。まさにその点にこそ、在庁官人による国衙支配の前史を見られるかもしれない。だがそれは、本章のカヴァーする範囲を超えた課題である。

三　売券と国家的土地支配

1　「毀」の古代的特殊性と売買「公券」成立の前提

第一節で明らかにしたように、日本古代においては国家が所有権の「承認」的性格を有する判、およびその否定を意味する「毀」の双方に関与していた。それでは、それはどのような権能に基づいて行われるのであろうか。本節第1項は、公法的関係に媒介されねばならなかった、古代土地売券の特徴的要素である「毀」に焦点を定めて考察することによって、「毀」の古代的特殊性の基礎と、その特殊性の意味を明らかにすることにしたい。

売券に「毀」字を注する行為と同様のそれは、ほかにも何例か見いだすことができる。公式令84任授官位条の穴説には、次のような「本令奏抄式」が引用されている（8a／九〇七）。

刑部覆断訖送㆓都省㆒。々々令以下侍郎以上、及刑部尚書以下侍郎以上、具署申奏。々報之日、刑部径報㆓吏部㆒、令㆑進㆓位案㆒、注㆓毀字㆒、并造㆑簿。

官人が「除免官当」の処分の受けた場合、刑部が覆断してその結果を都省＝尚書省に送り、尚書省と刑部が皇帝に奏報する。その場合、吏部＝式部は位記を「毀」破して位記の案に「毀」字を注する。[58] このことは、同条の令釈にも日本の官制に合わせて次のように記されている（8b／九〇六）。

除免之人、刑部断定申㆑官。々申奏報下之時、刑部録㆑状報㆓式部㆒。々々刑部相並、向㆑官毀㆓位記㆒。注㆓毀字㆒了、注㆓除式部案㆒。

日本令においては、「書二毀字一捺レ印」[59]とあるように、太政官印が捺されることを忘れてはならない。また、「除免官当」の処分を受けた官人の、位記の「毀」破に関する規定である獄令28応除免条は次のとおりである（四六三頁）。

凡犯レ罪応二除免及官当一者、奏報之日、除免者、位記悉毀。官当、及免官、免所居官者、唯毀二見当免、及降至者位記一。降所不至者、不レ在二追限一。応レ毀者、並送二太政官一毀。式部案注二毀字一。〈以二太政官印一、々二毀字上一。〉

本条に関する古記逸文には「古記云、問、毀二見当免及降至者位記一、未レ知、見与レ降別。答、（下略）」（6／一五）とあるので、「毀」は大宝令までさかのぼることが確認できる。このように、中国における「毀」字を注する行為は日本の官吏レヴェルに継受された。それも位記の「毀」破というある意味特殊な形態であった。

さらに、「毀」字を注する行為は僧尼の公験においても見いだすことができる。僧尼令14任僧綱条の令釈（6a／二三二）、同21准格律条の讃説によれば（7b／二四二）、次のような格が出されている。

養老四年二月四日格云、（中略）凡僧尼給二公験一、其数有レ三。初度給レ一。受戒給レ一。師位給レ三。毎レ給収レ旧。仍注二毀字一。

すなわち、僧尼の公験には得度の際に給するもの（度縁）、受戒の際に給するもの（戒牒）、師位を授ける際に給するもの（位記）の三種があった[60]。また、「僧尼死去、并犯レ罪還俗者、収二其公験一進二於弁官一。随即毀レ之。寮案、注二犯レ罪還俗字一、以二官印一々レ文」[61]とあるように、僧尼の公験も死亡または罪を犯して還俗した場合、官人の位記と同様に、その公験を収めて弁官にたてまつり「毀レ之」つ。そして玄蕃寮の案に犯罪還俗の字を注し、太政官印を文に印するのである。このように、位記の「毀」というある意味特殊な形態で継受された「毀」字を注する行為は、僧尼の公験に派生した[62]。

ではなぜ官人の位記と僧尼の公験、そして土地売券にこのような現象が見いだされるのであろうか。「位記ヲ毀ツ」

こと、その「属籍ヲ削ル」ことによって完了する除名処分は、君臣関係を破棄することであった。それは有位者に与えられているあらゆる政治的・経済的特権の剝奪として、律令貴族にとって官当以上の最高の処分であったので、公式令3論奏式条にみられるように、太政官の奏上を経ることになっていた(63)。僧尼の公験の「毀」破も、死亡した場合はともかくとして、罪を犯して還俗した場合に行われるので、刑法上の身分的特権をはじめとして(64)、僧尼が有するあらゆる特権を剝奪されること、すなわち僧尼身分の喪失を意味した。位記や公験の「毀」破は、国家≒天皇と官人および僧尼個人との関係で成立している、彼らの身分の否定・消失をもたらした。それと同様に、売券の「毀」破も、イデオロギー的には、国家―売り主の関係を具現している田図から削除されることによって、国家との関係で成立している、売り主の土地に対する権利の消滅を意味した。それゆえ、日本古代における土地所有権を同一地の上における二重の土地所有権として把握することはできない(65)。なぜなら、私人の土地（本章の場合は墾田や宅地）に対する関係を(I)とし、国家のその土地に対する権利を(II)とすれば、「公券」として存在している売券に「毀」字を注することは、国家が一方的に(I)の関係を破棄することにほかならないからである。

それでは、「公券」作成として現象化する、国家の土地に対する規制力はどのような基礎によって成立しているのであろうか。ア・プリオリに土地売券と「国家的土地所有」との関係を主張するのではなく、この規制力がどのように生成してくるかを明らかにしない限り、土地売券をめぐる所有論は豊富化されないであろう。最後にこの点を売買の中心をなす墾田に対する規制力に焦点を定めて分析することにしたい。

2　売券成立の所有権的基礎――「給」田主義と「公験」

田宅の売買については、前述した田令17宅地条のほか、同19賃租条に次のように規定されている（二四三頁）。

凡賃二租田一者、各限二一年一。園任賃租、及売。皆須下経二所部官司一、申牒、然後聴上。

本条古記には、さらに「経レ職売買、即立二券文一。国亦放レ此耳」という霊亀三（七一七）年十月三日格が引用されている（5b／三六一）。この格がもし田地に関する格であるとすれば、同格が田地に関する売買の法的淵源となる。だが、同格を引用する古記が宅地条ではなく本条＝賃租条に引用されていることは、同格は賃租に関する立券手続き規定であることになる。霊亀三年格は、のちの永売ではなく、賃租に関する田地・園地の行政的手続き規定であった(66)。

墾田売買の淵源は、売券としての側面からはさかのぼれず、「公験」としての側面から考えるべきであろう。陸奥・出羽両国の百姓墾田の収公を禁止した弘仁二（八一一）年正月二十九日太政官符は次のとおりである(67)。

太政官符

不レ可レ収二百姓墾田一事〈陸奥・出羽〉

右（官位姓名略）奏状偁、（中略）今聞、(a)百姓之間、土人浪人、随レ便墾《ハル》レ田。国司巡検、皆悉収レ公。（中略）望請、(b)件国開田者、雖レ無二公験一、特蒙二勅許一。(c)又依二天平十五年五月廿七日格一、任為二私財一、永年莫レ取。（中略）者。

右大臣宣、奉レ勅、依レ奏。

弘仁二年正月廿九日

(a)には国司が墾田を収公するとある。このような収公は、(b)に「件国開田者、雖レ無二公験一」とあるように、開田に際して発給される「公験」の有無を基準としていた。開田に際して国家との関係によって墾田の田主権を有する人格を表象するものが「公験」である。「公験」とは、本来A↓B間の田主権移動を示すことに意味があったのではなく、国家との関係で成立している特定の田主権を有する人格を掌握することに本質的な意味があった。第一節第2項で分析した「秦忌寸鯛女解」の「本券」が、所有の出発点となる人格が誰であるかを証明する「公験」であり、たんなるA↓B間の田主権移動を示すものでなかったことでも明らかであろう。こうした田主権を有する人格と国家との関係で作成される「公験」から派生的に成立したのが売券としての「公験」である。田主権の移動ではなく、固有の人格を有する田主権の掌握に「公験」の本質があったとすれば、それはまさに前述した官人の位記・僧尼の公験の本質と一致する。

それでは、このような「公験」の出発点は何に求めたらよいのであろうか。従来はそれを、(c)の天平十五年格＝墾田永年私財法に求めてきたといっても過言ではない。いま、問題となる部分を田令29荒廃条古記より引用すれば、次のとおりである（5a／三七二）。

但人為レ開レ田占レ地者、先就レ国申請、然後開レ之。

永年私財法では前述した弘仁二年太政官符と同様、占地をする場合、国に申請することが第一義的に追求されている。だがそれは、和銅段階から

有下応レ墾二開空（閑）地一者上、宜経二国司一、然後聴二官処分一。

とあるように、律令制施行直後から一貫していることである。[68]「公験」の淵源を直接に永年私財法に求めることには無理がある。

天平感宝元（七四九）年、越前国でも東大寺の寺家野占が行われた。丹羽郡椿原村では占定地の中に百姓の墾田が含まれていたので、百姓の田主権と東大寺のそれをめぐって複雑な問題が起こった。両者の田主権は、図3に示したようなめぐるましい変遷をたどった。

その経過を示す天平神護二（七六六）年十月二十一日「越前国司解」は次のとおりである。[69]

右、検案内、件田地、(a)以去天平三年七月廿六日、国司（人名略）等、判給丹羽郡岡本郷戸主佐味公入麻呂等已

訖。然不為墾開。是依天平感宝元年四月一日詔書、国司（人名略）等、(b)以同年閏五月四日占東大寺田地已訖。此年之間、寺家墾開成田。然後依入麻呂等訴訟、(c)以天平宝字二年八月十七日、国司（人名略）等、偏随前公験、復判給入麻呂等。仍以天平宝字三年、検寺田使（人名略）等論併、荒野寺家墾開成田、何輙給他人者。即入麻呂申云、寺家墾開功力者、以稲壱千弐拾弐束、将進上者。至今未進、売入国分金光明寺。(d)以天平宝字五年、付図田籍。加以、更寺田弐町壱段柒拾弐歩、己田云妨不佃荒之。(e)今国司等勘覆、入麻呂有姧端、前国司判已（ママ）似不理、因兹、今改為東大寺田者。

ここでは、入麻呂らが最初に地を判「給」されたのが天平三（七三一）年であることが重要である。天平三年は、いうまでもなく養老七（七二三）年の三世一身法施行下だからである。永年私財法で墾田の収公が放棄されたことと無関係に、三世一身法以来一貫して田主権の判定が「給」として捉えられている。しかもそれは、「不レ為二墾開一」とあるように、墾田化される前の野地の判「給」であった。さらに天平感宝元（七四九）年五月四日、先に入麻呂らに「給」された野地は、同年「四月一日詔書」によって東大寺田となった。東大寺はこの間に野地を墾田化していた。これに対し入麻呂らが訴訟を起こした。その際国司らは、「偏随二前公験一、復判二給入麻呂等一」した。この場合の「公験」とは、入麻呂らが最初に野地を「給」された天平三年時のものであろう。天平三年時の判「給」には、田主権の

図3 「越前国司解」における田主権の変遷

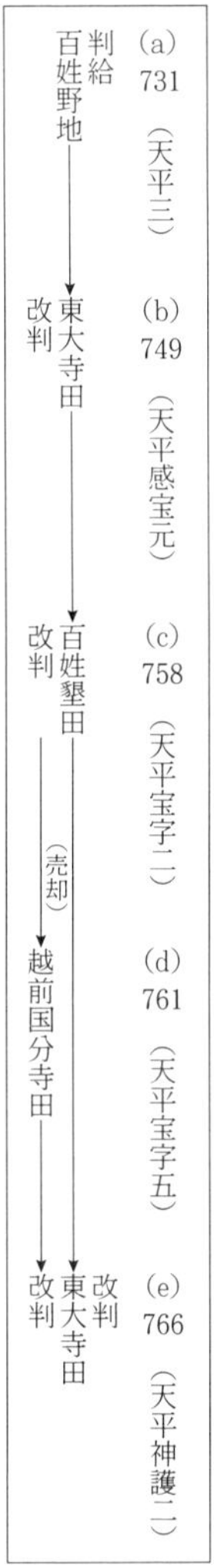

掌握に関わる「公験」が発給されていたのである。このことは、吉田孝氏の説の根幹に関わる重大な事実を提供している。吉田氏は、墾田地の占定に関する行政的手続き規定は、永年私財法の墾田地の占定手続きと有効期間についての規定＝(D)項によってはじめて設けられたとした[70]。吉田氏によれば、班田収授制は均田制がもっていた限田制的要素（田地を登録し、過大な占有を制限する体制）と屯田制的要素（公田を一定基準で割りつけて耕作させる体制）のうち、後者のみを継受した。永年私財法によって前者の側面が附加され、農民の開墾田を受田の中に組み込めるようになったので、国家の田地に対する支配体制を強化させたものであるとするのである。だが、永年私財法以前の天平三年に、国司が野地の「給」地に関わる「公験」を発給していたとすれば、墾田地の選定手続き規定は、永年私財法以前にすでに存在していたことを直接的かつ具体的に証明していることになる。吉田説は根本的な再検討が必要となろう。「公験」は永年私財法によって国家が墾田を掌握するために成立したのではない。収公規定が存在する段階から「公験」が存在していることは、国家が空閑地に対する何らかの所有権的モメントを本来的にもっていたことを意味する。それでは、墾田地の占定に規制力を及ぼすだけの所有権的モメントは、どのような性格のものと考えられるのであろうか。前述した史料の分析からも、また三世一身法の「給田三世」・「給一身」という文言からも明らかなように、墾田地の占定は国家からの「給」田と認識されている[71]。「給フ」とされている以上、墾田についても熟田と同じ所有権的モメントが国家の側に存在したことになる。「公験」が国家との関係で成立している、特定の土地の田主権を有する人格を掌握することに本質的な意味があったように、墾田に対する国家の所有権的モメントは、人格の国家的編成を基礎にしていた[72]。土地売券に現れる田主権の個別的移動が公法的関係に媒介されねばならなかった基盤もそこにあった。

おわりに

以上、本章で論じた点は、「毀」の注記がなされた古代土地売券を中心に分析することによって、売券の成立に所有権の「承認」を意味する判を下すという形で行政機構が関与するだけでなく、その「毀」破にまで公権力が関与するという国家的土地支配の特質を明らかにしたことである。その場合、通説のように郡で実質的勘検を行い、国はそれを追認しているにすぎない、とすることはできない。法的にも実体的にも、田主権移動は集中された国の機能を通じて行われた。それは、日本古代においては共同体的諸関係を媒介とする人間的区分としての郡を前提にしつつも、国こそが領域的支配の基本単位であったことと有機的に関連していた(73)。売券の成立に令制の国の与える判が実質的、法的効力をもっていたのもそこに根拠がある。さらに、売券の「毀」破は、官人の位記・僧尼の公験と同様に、国家との関係で成立している売り主の、土地に対する権利の消滅を意味した。また、律令制下の墾田地の占定は、収公規定が存在する段階から国家の側からの「給」田として表象され、それは特定の土地の田主権を有する人格の存在を掌握する「公験」の発給によって実現された。墾田に対する国家の所有権的モメントは、人格の国家的編成を前提に成立していた。売券に現れる田主権の個別的移動が、公法的関係に媒介されなければならなかった基盤もそこにあった。

ところで、売買行為は本来私法的な行為であるが、本章で検証したように、日本古代におけるそれは、「公券」という公権力発行の売券作成によって実現された。その意味では、売買行為は公法的関係の中で実現された。従来、律令法には私法的な要素は包摂されておらず、公法的な要素のみによって構成されていると捉えられてきた。しかし、滋賀秀三氏の研究以来、律令法のような公法的関係の中に私法的要素が包摂されているとする考え方が注目されつつある。[74]売買行為のような本来私法的行為と考えられるそれが、「判」または「給」という公法的行為によって実現される構造は、まさに公法に私法的要素が包摂されている構造と同一である。[75]私人の土地に対する関係について問題となる所有権は、国家的土地支配について問題となる所有権を前提とし、それに媒介されることによって実現されるのであり、両者を同一の論理次元で相対するものとして扱うことはできない。そこで、両者の所有権上の関連についてさらに考察する必要があるが、本章ではできなかった。後考を待ちたい。

註

（1）仲森明正「律令制的行政秩序と「売買公券」」（『ヒストリア』九二号、一九八一年）、加藤友康「八・九世紀における売券について」（土田直鎮先生還暦記念会編『奈良平安時代史論集上巻』吉川弘文館、一九八四年）、西山良平「平安前期「立券」の性格」（岸俊男教授退官記念会『日本政治社会史論集中』塙書房、一九八四年）。紙幅の関係上、本章と直接関係する論文のみを掲げた。割愛せざるをえなかった論文については、前記諸氏の論文を参照。

（2）「尼序妙譲状」（『大日本史料』三編之六、七六八頁）。

（3）相田二郎『日本の古文書学上』（岩波書店、一九四九年）、佐藤進一『古文書学入門』（法政大学出版会、一九七一年、新版は一九九七年）。

（4）「大和国添下郡司解」（『平安遺文』一―二九、『唐招提寺史料第一』吉川弘文館、一九七一年、一〇〇号文書、二五頁）。

（5）石母田『日本の古代国家』（『石母田正著作集第三巻』岩波書店、一九八九年、初出は一九七一年）。

（6）小谷汪之『マルクスとアジア』（青木書店、一九七九年）、同『共同体と近代』（青木書店、一九八二年）、同『歴史の方法について』（東京大学出版会、一九八五年）、高橋昌明「社会史の位置と意義について」（『歴史学研究』五二〇号、一九八五年）、大町健「日本の古代国家と『家族・私有財産および国家の起源』」（『歴史学研究』五四〇号、一九八五年）。

（7）「雄豊王家地相博券文」（『平安遺文』一―四二）。なお。本章では、宅地と墾田が「家一区」として売買されているので、宅地も田主権として扱うことにしたい。

（8）「石川瀧雄家地売券」（『平安遺文』一―一六六）。

（9）「東大寺上座慶賛愁状」（『平安遺文』一—二〇六）によれば、このとき実行王が売得した墾田などは、「彼大法師（命順—引用者）」が、「為レ恐二格制一、実行王之名立券」したものという。なお、Bの「山階寺僧恩正処分已了、貞観十九年、正文処分已了」という注記は、この地が命順から弟子恩正に「処分」された際に記されたものと思われる。ただし、この部分に印は捺されていない。なお、註（12）参照。

（10）「左京七条一坊家地手継券文」（『大日古〈家わけ第十、東寺文書之二〉』）。本文書は、現在、京都府立京都学・歴彩館、平安博物館、天理図書館に分割されて所蔵されている。本章作成に当たっては、一部実見するとともに、『続図録東寺百合文書』（京都府立総合資料館、一九七四年）、『古代文化』（三三巻三号、一九八一年）、天理ギャラリー第六五回展『日本の古文書』（一九八三年）の写真版を参照した。

（11）本文書に即していえば「充行状」である。いま、通説に従って「処分状」としておく。なお、『日本国語大辞典第二版』（小学館、二〇〇〇年）の「宛行」・「充行」の項（第一巻二四八頁）参照。

（12）日本古代における田主権移動は、本章で検証したように、売買のみならず、相博も含めて、公権力を媒介しなければならなかった。しかし、親族間の田主権移動は、中世のように「譲状」を作成した形跡がない。つまり、「無券文相続」なのである。註（9）で触れた命順から弟子恩正への所領の「処分」も、いわば〝親族間〟の田主権移動であるので、公権力の関与を示す印は捺されていなかったのである。この問題は次章でさらに詳細に分析したい。

（13）「近江国大国郷長解」（『平安遺文』一—三三）。

（14）本文書を含む根岸文書は、現在国立国会図書館に所蔵されている。本章では、東京大学史料編纂所の写真版を参照した。なお、本文書は『演習古文書選〈様式編〉』（吉川弘文館、一九七六年）にも、五号文書として掲載されている。

（15）岸俊男「家・戸・保」（『日本古代籍帳の研究』塙書房、一九七三年、初出は一九六九年）。なお、表2は岸氏論文の表1を参照して作成したが、文書所蔵者名については、その後に発表された藤本孝一「新出、貞和三年附山城国葛野郡高田郷長解小考——売券の証判を中心に」（『中世史料学叢論』思文閣出版、二〇〇九年、初出は一九九〇年）に従ってあらためた。

（16）笠松宏至「本券なし」（『日本中世法史論』東京大学出版会、一九七九年、初出は一九七五年）。笠松氏のこの興味深い論文は、売券作成による百姓保有地売買の一般的成立、すなわち「無券文売買→券文売買」の接点に百姓職の変化を見いだそうとする労作と考えられる。加藤友康、前掲、註（1）論文が笠松説に否定的であるように、古代史の立場からは否定的な意見が多いようである。この問題に対する本章の立場は第一部第二章で明らかにしたい。

菊地康明『日本古代土地所有の研究』(東京大学出版会、一九六九年)、吉村武彦「賃租制再検討の視角」(『日本古代の社会と国家』岩波書店、一九九六年、初出は一九七八年)、坂上康俊「古代日本における本主について」(『史淵』一二三、一九八六年)参照。なお、本章の初発表時においては「買い戻し」条件付き売買の問題については、その実体と国家法の中で占める位置について必ずしも明確ではなかった。この問題については、本書第一部第三章・第四章で私見を述べた。

(17) 岸、前掲、註(15)論文、加藤、前掲、註(1)論文も指摘するように、Aの主政秦忌寸「久兼」は「冬魚」の誤読であり、C・Dの主政秦忌寸「冬魚」と同一人物である。

(18) 山田「中世的土地所有と中世的土地所有権」(『歴史学研究別冊特集　東アジア世界の再編と民衆意識』青木書店、一九八三年)。

(19) 佐藤、前掲、註(3)著書。

(20) 中田「律令時代の土地私有権」(『法制史論集第二巻』岩波書店、一九三八年)、同「売買雑考」(『前掲書第三巻』岩波書店、一九四三年)。

(21) 仲森、前掲、註(1)論文。

(22) もちろん、ヴァラエティーに富む他の立券方式を否定するものではない。

(23) 中田、前掲、註(20)論文。

(24) 田令三十七条のうち、16桑漆条と本条のみ古記が存在しない。このことから二条の大宝令での存否が問題となる。坂本太郎『大化改新の研究』(『坂本太郎著作集第六巻』吉川弘文館、一九八八年、初出は一九三八年)、亀田隆之「陸田制の一考察」(『日本古代制度史論』吉川弘文館、一九八〇年、初出は一九七二年)、吉村武彦「律令制的班田収授制の歴史的前提について――国造制的土地所有に関する覚書」(井上光貞博士還暦記念『古代史論叢中巻』吉川弘文館、一九七八年)、加藤、前掲、註(1)論文。しかし、吉村氏が桑漆条の大宝令での存在を論証したように、本条が大宝令で存在しなかったとすることは、唐令の継受関係からみても困難であろう。

(25) 雑律61違令条(『訳注日本律令』三―七九四)。

(26) 「大和国十市郡司解」(『東南院』三―五五)。

(27) 丹生真人広長の場合は「貢地」であるので、六〇〇〇文という対価は車持仲智に対して支払われたと思われる。
(28) この点については、加藤、前掲、註(1)論文が詳細に論じているので、それに譲りたい。
(29) 「越前国公験」(『大日古』四―四九)。なお、管見の限りでは、八世紀段階で郡判のみで「公験」とされている史料は存在しない。
(30) 「山城国宇治郡大国郷家地売買券文」(『東南院』二―三九三)。郡司が署名を加えたものとしては、「山城国宇治郡加美郷長解」(『東南院』二―三八九)がある。なお、畠に関するものを含めれば、「備前国津高郡菟垣村常地畠売券」(『唐招提寺史料第一』(吉川弘文館、一九七一年、附一号文書、四一六頁)、「備前国津高郡津高郷人夫解」(『同書』三号文書、四頁)がある。
(31) 「越前国足羽郡司解」(『東南院』二―一六八)。梅田康夫氏は「競田について」(『律令制の諸問題』汲古書院、一九八四年)で、本文書などに言及し、稲松尚子氏の田地に関する紛争は国司によって処理されたとする「律令裁判手きに関する一考察――主としてその運用面より見たる」(『お茶の水史学』二五号、一九八一年)の見解を批判し、郡司は第一次の裁判権を有していると主張した。梅田氏の主帳の核心は、「国司のみが田地に関する紛争を処理する権限を有していたと結論することはできない」とする点にあり、その意味では本章で述べた私見と何ら矛盾しない。ただし、氏が八世紀段階から郡図が存在したと想定していることや、郡判および国判を同一レヴェル、同一次元で捉えているように思われる点は納得できない。律令制的国郡制が、郡制および国制という一元的な領域区画ではなく、国郡制という重層的なそれとして成立し、総体として機能していた意味がわからなくなってしまうからである。
(32) 「山城国宇治郡加美郷家地売買券文」(『東南院』二―三九一)。
(33) 大町健「律令制的国郡制の特質とその成立」(『日本古代の国家と在地首長制』校倉書房、一九八六年、初出は一九七九年)。
(34) 「因幡国司牒」(『東南院』二―四一八)。
(35) 「因幡国国師牒」(『東南院』二―四一九)
(36) 坂本賞三氏は、十世紀以降、いわゆる「免除領田制」の基礎に、律令制下の班田図とは異なる「基準国図」の存在を主張する(『日本王朝国家体制論』東京大学出版会、一九七二年)。私は「基準国図」論は実証されていないと考える。森田悌

『研究史王朝国家』（吉川弘文館、一九八〇年）参照。なお、この問題に関する本書以降の論文としては、佐々木宗雄「平安中期の土地所有認定について」、同「十〜十一世紀の土地支配」（『日本王朝国家論』名著出版、一九九九年、初出はそれぞれ一九八二年、一九八四年）がある。
(37)「民部省牒案」（『東南院』二―三五七）
(38)『類聚三代格』巻十五、校班田事、弘仁十一年十二月二十六日太政官符、四二五頁。
(39)「大和国弘福寺牒」（『平安遺文』二―四四四）。なお、坂本、前掲、註（36）著書、参照。
(40) 菊池英夫「唐代史料における令文と詔勅文との関係について」（『北大文学部紀要』二一巻一号、一九七三年）。
(41) 大町、前掲、註（33）論文。
(42) 例えば、西山、前掲、註（1）論文。
(43)「大和国弘福寺文書目録」（『平安遺文』一―一二）。
(44)『東南院』二―三八九。
(45) 大井重二郎「大和国添下郡京北班田図について」（『続日本紀研究』六巻一〇・一一号、一九五九年）。
(46) 宮本救「山城国葛野郡班田図について」（『律令田制と班田図』吉川弘文館、一九九八年、初出は一九五八年）、岸俊男「班田図と条里制」（『日本古代籍帳の研究』塙書房、一九七三年、初出は一九五九年）、彌永貞三「班田手続きと校班田図」（『日本古代の政治と史料』高科書店、一九八八年、初出は一九七九年）。
(47) 岸、前掲、註（46）論文、三九四頁。
(48) 彌永、前掲、註（46）論文、三一一頁。
(49)『類聚三代格』巻十五、校班田事、天長六年六月二十二日太政官符、四二九頁。
(50)「東大寺相換地記」（『東南院』二―三八一、『平安遺文』一―二五）。
(51) 薄井格「郡書生について」（『史元』八、一九六九年）、波々伯部守「九世紀における地方行政上の一問題」（『史泉』五〇、一九七五年）、西山良平「〈郡雑任〉の機能と性格」（『日本史研究』二三四号、一九八二年）、飯沼憲司「中世成立期の郡支配と書生」（『史観』一〇八号、一九八三年）、池田久「郡散事と郡書生」（皇学館大学史料編纂所『史料』四五号、一九八三年）、加藤、前掲、註（1）論文など。

(52)「越前国足羽郡少領阿須波束麻呂過状」(『東南院』二―一七四)。ただ、この一例のみ雑任に功食を給うことが定められた弘仁十三年閏九月二十日太政官符(『類聚三代格』巻六、公粮事、二七九頁)以前の史料であるので、通説のようにそれ以前と以後を一般化して論じるのは問題がある。中村順昭「郡の下級役人」(『律令官人制と地域社会』吉川弘文館、二〇〇八年、初出は一九八四年)参照。
(53)「元興寺三論宗連署状」(『東南院』三―八五、『平安遺文』一―六二)。
(54)「稲置壬生公物主家地売買券文」(『東南院』二―四〇三、『平安遺文』一―八六)。
(55)「山城国紀伊郡司解案」(『平安遺文』一―四三)。なお、国書生であることの明らかである「東大寺領因幡国高庭庄坪付注進状案」(『東南院』二―二八二、『平安遺文』一―一九三)は、紙幅の関係上割愛した。
(56)加藤、前掲、註(1)論文は、この点を指摘した唯一のそれである。なお、西山、前掲、註(1)論文は、この時期になると判が下されない売券が一部で保管・作成されるようになるが、それは「国府から遠く離れているため」(二八八頁)とする。この問題を国―郡の機能上の変化からではなく、距離的観点から解消しようとすることには大いに疑問がある。
(57)原秀三郎「律令制経済の変容と国家的対応」(『日本古代の木簡と荘園』塙書房、二〇一八年、初出は一九八二年)。
(58)もちろん、中国で問題になるのは位記ではなく告身である。『訳注日本律令』(五―八七頁)の名例15以理去官条以下の滋賀秀三氏による解説参照。
(59)『延喜式』式部下、40毀位記条(中―五九八頁)。
(60)僧尼の公験については、曽我部静雄「日唐の度牒と公験」(『日本歴史』二九七号、一九七三年)、倉橋はるみ「度縁と戒牒」(『日本歴史』四〇〇号、一九八二年)参照。
(61)『令集解』僧尼令20身死条令釈所引養老七年七月二十日太政官処分、二四〇頁。なお、この規定は『延喜式』玄蕃、80収度縁条(中―七〇五頁)に定着している。
(62)しかもそれが、「准二量格式一、合レ給二公験一」(『続日本紀』神亀元年十月丁亥条)とあるように、格式によって発効されていることは、売券に頻見される「式」に依って売券が発効されることと、法源的には同一の構造であると考えられる。
(63)石母田正「古代官僚制」(『石母田正著作集第三巻』岩波書店、一九八九年、初出は一九七三年)。
(64)井上光貞「仏教と律令」(『井上光貞著作集第二巻』岩波書店、一九八六年、初出は一九八二年)。

(65) 仁井田陞『唐宋法律文書の研究』（東京大学出版会、一九八三年、初出は一九三七年）。
(66) 菊地、前掲、註（16）著書、吉村、前掲、註（16）論文、田島裕久「霊亀三年十月三日格について」（『史学』五三編二・三合併号、一九八三年）、加藤、前掲、註（1）論文。
(67) 『類聚三代格』巻十五、墾田并佃事、四四四頁。『日本後紀』同日条。
(68) 『続日本紀』和銅四年十二月丙午条。
(69) 『東南院』二―一九五。
(70) 吉田「墾田永年私財法の変質」（一九六七年）、「公地公民について」（一九七二年）、「律令制と村落」（一九七六年）。これらの論考は、のち同氏『律令国家と古代の社会』（岩波書店、一九八三年）に分載・所収された。こうした吉田氏の理解の根底には、「大宝令荒廃条には百姓墾田の収公に関する規定がなかった」とする考え方が横たわっている（前掲書、二七八頁）。私は、条文化されていたかはともかく、存在したと考えている。伊藤循「日本古代における私的土地所有形成の特質――墾田制の再検討」（『日本史研究』二二五号、一九八一年）参照。
(71) 吉村「律令体制と分業体系」（前掲、註（16）著書、初出は一九八二年）。
(72) 吉村「律令制国家と土地所有」（前掲、註（16）著書、初出は一九七五年）、伊藤循「日本古代における身分と土地所有」（『歴史学研究』五三四号、一九八四年）。
(73) 大町、前掲、註（33）著書。
(74) 菊池英夫「中国法の「基本原理」についての従来の研究」（『歴史学研究』四八四号、一九八〇年）。
(75) この点は、律令裁判制度についても合致する。すなわち、律令裁判制度においては、民事・刑事の区別なく不法行為一般のうちに解消されており、犯罪として刑の対象と意識されていた。梅田康夫「律令制下における「訴訟」手続きの変遷」（『法学』四〇巻三号、一九七六年）。

第二章　無　券　文

はじめに

日本古代土地所有研究において、土地売券研究の果たす役割が大きいことはいうまでもない。これまでに土地売券を用いて多くの実証的な研究成果が発表されていることは周知の事実であろう。ことに最近では、売券の内容分析はもちろんであるが、売券そのものの立券過程に焦点をあて、国—郡の行政的機能から土地問題等にせまろうとする研究まで現れはじめている(1)。古代土地売券研究が新たな研究段階に入ったといってよいであろう。しかしそれらは、中世・近世の文書から帰納され抽象化された古文書学的結論を前提にしており、それとは異なる古代売券独自の特質がどこにあるのか、という研究視角は比較的微弱であった。あらためて古代土地売券研究において多様な分析視角が要求される所以である。本章は、従来の古文書学研究が到達した地点に立ちながらも、その枠組みにとらわれない視角で古代土地売券を分析してみたいという私自身の覚書である(2)。

一　無券文相続

□長解　申売買家地立券文事

□区

立物板倉壱宇　三間土居板敷板屋壱間〈在扉二具〉

地四段百八十歩之中〈熟地三段、栗林一段百八十歩〉四至（省略）

在平群東条一平群里十三十四両坪

右、得左京六条一坊戸主石川朝臣真主戸口同貞子状偁、己祖地矣、以稲貳佰肆拾束充価値、常地与売右京四条二坊戸主従七位上守少判事紀朝臣春世既訖。望請、依式立券文。但従来祖地無有本券者。長依款状覆勘、所陳有実。仍勒売買両人并保証署名、立券文。申送如件。以解。

売人石川朝臣「貞子」

買人従七位上守少判事紀朝臣「春世」

保証刀祢（九名、人名略）

貞観十二年四月廿二日郷長

「郡判立券弐枚、此枚主料

□兼擬大領従七位上三島県主「宗人」　擬主帳額田部

□領无位高志連「継成」　副擬主帳平群「糸主」(3)

○字面ニ郡印写四十顆アリ、正親町文書ニ写アリ。

貞観十二（八七〇）年四月、左京六条一坊の石川朝臣真主の戸口である同姓貞子は、平群東条一平群里にある「家一区」の建物と地四段余を、稲二四〇束を対価として右京四条二坊の紀朝臣春世に売却した。郷長は「依二款状一覆勘」し、「所レ陳有レ実」であったので、売り主・買い主の署名ののちに保証刀祢九名が連署して郷長解を作成した。郡は「郡判立券弐枚」と記して郡司のメンバー四名が署名を加えている。「此枚主料」と記されていることからすれば、この売券は買い主である紀春世の側に交付されたものであろう。

この売券が以上のような内容でしかなかったとすれば、それは郷長解→郡判様式の九世紀に一般的に見られるそれと何ら異なるところはない。(4) ところが、この売券の事実書きの中には、「但従来祖地無レ有二本券一者」という注目すべき文言が記されている。この文言にはどのような意味が含まれているのであろうか。「従来」とは、この売券が作成された貞観十二年の時点までという意味であろう。さらに、「祖地無レ有二本券一者」とは、貞子が売却しようとしているこの地が彼女の先祖伝来の地であって、貞子の代＝貞観十二年の時点にいたるまで「立券」されていなかった。それゆえに「本券」がない。第三者たる紀春世への売却に当たってはじめて「本券」を作成する必要が生じた。郷長の「覆勘」に対し、「所レ陳有レ実」として九名もの保証刀祢が署名を加えているのは、そのことと関連していよう。「但従来祖地無レ有二本券一者」という文言は、これまで親族間において「本券」なしの相続が行われていた事実を証明する。

この点を、さらに他の文書によって検証してみよう。まずは、前章で取り上げた東寺文書の中の左京一坊の家地売買に関する「手継券文」である（第一章、一九頁、表1参照）。(5) 本章に必要な限りで、本文書群の内容と前章の結論を以下に要約しておこう。

山背大海当氏は、延喜十二（九一二）年七月十七日付で七条一坊十五坪の家地・建物等を源朝臣理に売却した（A・a1）。次にa2は、a1の売券の買い主である源理が、それから七年後の延喜十九（九一九）年に同家地等を息子の市童子とその母橘美子に譲与した証文、すなわち「処分状」である。これは、管見の限りでは「処分状」のもっとも早期の例であると思われる。ただし、注意すべきことは、これによって当該期以降「処分状」・「譲状」を作成して田宅等を譲与することが一般化したとは必ずしもいえないことである。

Dで穴太某（草名）は、この地を吉志安国に売却している。ところが、その前段階のCで安倍良子からこの地を買得しているのは、穴太某（草名）ではなく檜前阿公子である。ここで穴太某（草名）と檜前阿公子との関係が問題となる。Dの事実書きの中で、穴太某（草名）は彼女のことを「親母阿公子」（傍点—引用者）と述べている。すなわち阿公子と穴太某（草名）は母子の関係なのである。源理と息子市童子との関係を考えれば、阿公子と穴太某（草名）との間で「処分状」が作成されたとしても何らおかしくはない。しかし、あったならば張り継がれていたであろうはずの「処分状」は、ここには張り継がれていない。それどころか、一連の文書群の中で阿公子から穴太某（草名）への相続に関しては、彼らが母子の関係であること以外、まったく触れられていない。すなわち、阿公子→穴太某（草名）間における相続においては何ら「処分状」は作成されなかったのである。そしてそれは、当該期においてはけっして非難さるべきことではなかった。

これと同様に、Eの売却主体はDでこの地を買得した吉志安国ではなく、吉志忠兼となっている。この場合も、忠兼は事実書きの中で安国のことを「故吉志安国」（傍点—引用者）とよび、自らを彼の「男」としているように、安国と忠兼は父子の関係であった。そして安国→忠兼間の相続についても、一連の券文の中では彼らが父子の関係であること以外、まったく触れられていない。それゆえ、彼らの間における相続も、何ら「処分状」が作成されないで行われたことはまちがいない。

このように、日本古代においては、親族間の「本券」なしの相続、ならびに「処分状」を作成しない相続がありえたのである。そしてそれは、「処分状」が作成されはじめる十世紀初頭およびそれ以降においても行われ続けられた田宅相続の〝作法〟であった。

二　無券文売買

謹解　申請刀祢証署家地事
地弐段〈在三条高粟田里十六坪〉
右、件地、故夫秦黒人先祖地矣。然則無
有本券。今欲沽却、依無券文、都無
買人。望請刀祢明証、立新券文。仍
録事状、謹解。
　嘉祥二年十一月廿一日秦忌寸鯛女　右食指末　本
「毀」　　戸主秦忌寸「冬守」
上件鯛女所申有実、仍加署名
　　　　　　　　刀祢（九名、署名略）
「以嘉祥三年七月四日　改立郡券二枚」

一枚載地壱段買秦殿主

一枚載地壱段買人秦永岑」

「判

擬大領秦忌寸「糠守」　主政秦忌寸「冬魚」（以下、郡司署名略）[6]」

本文書も、前章で取り上げた、秦忌寸永岑の山城国葛野郡高田郷における家地集積過程を示す文書群中の一通である（第一章、二二頁、表2参照）。本文書群に関しても、本章に必要な限りで、本文書の内容と前章での結論を以下に要約しておこう。[7]

嘉祥二（八四九）年十一月、秦忌寸鯛女は三条高粟田里にある家地二段について、刀祢の明証を求め新券文を立てることを請うた。その理由について彼女は、この地が故夫秦黒人の先祖の地であったが、「本券」がないため沽却できないからであると述べている。問題の地は「一枚載地壱段買秦殿主、一枚載地壱段買人秦永岑」とあるように、Aの文書とCの文書の対象とする家地一段、計二段であった。この地は、本文書が立券された段階ではすでに秦永岑に渡っていた。[8]当該時点で永岑は、この地に関する何らかの「由緒」が必要となり、本文書の立券を鯛女に要請した。[9]Aおよび本文書に記された「嘉祥三年七月四日」の時点で、この文書を「本券」としてA・Cに郡判が下され、それを受けてこの文書に郡によって「毀」の注記がなされたのである。以上によって、日本古代においては、田宅の売買に当たって判を下すことと、「毀」の注記をなすことを郡という国家の公的機関が行っていることが判明する。日本古代における、国家の土地に対する支配は、従来考えられてきたように、特定の個人から個人への売買行為を国家がたんに「追認」することに意義があったのではなく、新旧両田主をいかに掌握するかが重要な課題だったのである。そうでなければ、「毀」たれた＝「毀」破されたはずのこのような文書が現存するはずがない。[10]

この文書群からは、以上にとどまらない次のような注目すべき事実が浮かび上がってくる。Aは秦忌寸黒人から息子の広野に「処分」した地を秦殿主に売却したことを示す文書であり、Cは同じく黒人から大野に「処分」した地を秦永岑に売却したことを示す文書である。ところが、黒人⇒広野、黒人⇒大野の相伝関係は、A・Cおよび本文書＝Dの事実書きから間接的に知りうるものの、その実在を示す文書は存在しない。これはたんに文書が残存しなかったからでろうか。けっしてそうではない。当該時点において本文書＝「本券」が「立券」されていることは、それ以前にはこの地に関する文書は何ら作成されていなかったことを証明していると考えられるからである。つまり、黒人から広野・大野への「処分」の際にも、「券文」作成が行われていなかったのである。それゆえ、「本券」である本文書は、この地の所有の出発点となる「先祖」の人格を体現する黒人から、広野・大野への「処分」が行われたことを当該時点で明らかにするために、広野・大野の母であり、「故」夫黒人の妻であった鯛女を立券主体として作成された。永岑の必要とした何らかの「由緒」とは、黒人から広野・大野への「処分」関係を明らかにすることにほかならなかった。以上の解釈が正しければ、本文書の場合も、黒人⇒広野・大野という親族間において、「本券」なしの相続ならびに「券文」作成なしの相続が行われていた例証とすることができる。

以上に論証したことは、この文書群中のFによって端的に証明される。Fは秦永成が所有する北家四段と秦永岑が所有する南家四段を相博した文書である。注目しなければならないことは、事実書きの「北家壱区　地肆段三段本家地」に付された、次のような細字双行の注である。

一段一男倉吉得分、而為報恩沽却已了。戸主永岑買取上了。但無券文。然而地実進老堂了。仍載件書了。

この一段の地は一男倉吉の得分であるが、彼の母かまたは「先人」の報恩のために、戸主永岑に売却した。その際に券文を作成しなかった。そしてこの地は、おそらく永岑から相博以前に「老堂」にたてまつられていたので、以上のことを本文書に記載した。注記の内容は以上である。この内容を理解する上でもっとも重要なことは、倉吉をはじめとする彼らの親族関係である。明石一紀氏によれば、秦忌寸殿主には、史料にあらわれる限りでは、倉吉の母と思われる妻と、「老堂」とよばれ永岑・永成の母に当たる二人の妻がいた。倉吉と永岑・永成は、「先人」＝秦殿主を父親とする異母兄弟であり、永岑と永成は「老堂」を母とする同母兄弟とされている。(11)

三条高粟田里十六坪にあった秦忌寸殿主の所有地は、倉吉と永岑・永成に譲与された（A・F）。ところが殿主に関しては、Bの四至記載の中で「限北故玄蕃少允秦殿主地」（傍点―引用者）と記されている。とすれば、Fで「北家壱区　地肆段三段本家地」に当たる地は、殿主が死去したBまでの間、またはその前後に、永成に譲与されたことになる。倉吉は他の一段を譲与されたのであろう（I）。永成の兄と思われる永岑に関しては、Aの追筆記載に「上件地、依二先人遺教一所レ給也。仍郡判請券文」とあり、永岑は広野からこの地を買得した「先人」＝殿主から「遺教」によってAの一段を賜っただけであった。このことは、彼の南家一区・地四段のうち一段二百五十歩が「元秦忌寸大野同姓広野等地二段之内」（F）と記されていることによって裏づけられる。殿主の一男倉吉は、殿主の死後おそくともEの時点までに戸主となり、(12)永岑は彼の戸に戸口として編成された(13)（E）。倉吉に相続された一段の地は、嘉祥二（八四九）年から斉衡二（八五五）年の間に、戸口永岑が買得した（Ⅱ、A・B・E・F）。ただし、この買得はたんなる買得ではなかった。永岑が倉吉からほぼ強制的に買い上げたものらしい。「買取上了」（傍点―引用者）という記載はそのことを裏づける（F）。ところが、この買い取り上げに当たっては、その地の「由緒」を示す券文を作成しなかった。「但無券文」である。この買い取り上げは、異母兄弟という親族間において「無券文」で行われたのである。すなわち、親族間においては売買でさえ「無券文」で行われたのである。

さらにEの時点で倉吉の戸口であった永岑は、Fの時点では戸主として登場する。(14)この場合、永岑が倉吉にかわっ

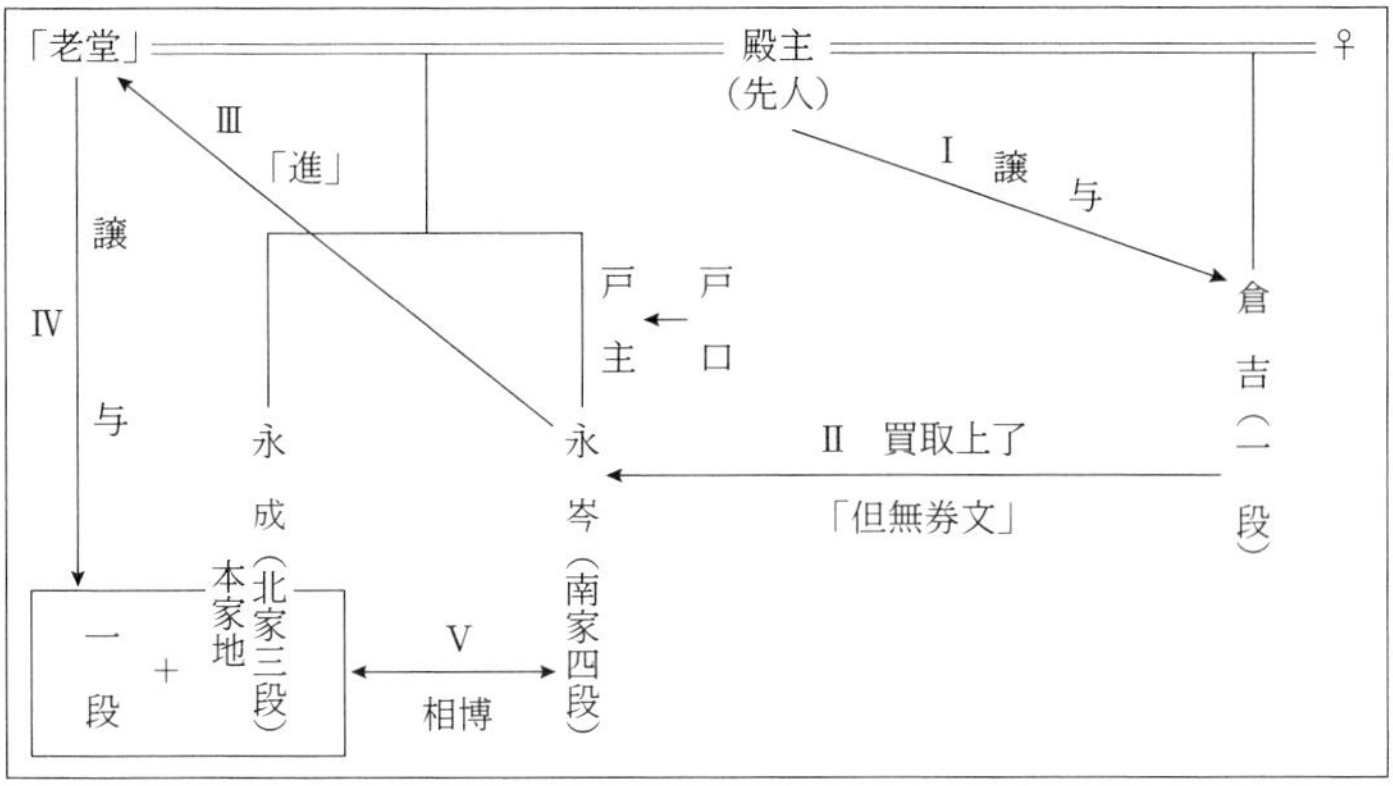

図4　泰永岑に収斂する田主権の相伝関係

て戸主となったのか、あるいは倉吉の戸から分立したのかは不明である。「戸主永岑買取上了」という記載は、おそらく前者であることを示唆していよう。そしてそれは、倉吉からこの一段の地を買い取り上げた時点、またはその前後ということになる(15)。問題の一段の地は、新たな戸主となった永岑が買い取り上げて以後、彼から彼の母と思われる老堂にたてまつられた（Ⅲ、F）。それが「老堂」から永成に譲与されて北家の家地の中に包摂されている（Ⅳ、F）。これらのことがいつの時点のことかは不明であるが、E〜Fまでの間に行われたことはまちがいない。この一段の地を含む北家の四段と南家の四段を相博したのがFということになる（Ⅴ、F）。以上に論証したことを図式化すると、図4のとおりである。

A〜Fの一連の文書を、特に殿主から倉吉に譲与された一段の地に焦点をしぼって時間的にトレースした結果は、はからずも殿主から永成に譲与された「北家壱区　地肆段」のうちの「三段本家地」を、必死に我がものにしようとする永岑の〝闘争〟過程を浮かび上がらせることになった。所有権が永岑に収斂していく相伝関係において、確実に券文が立てられたことがわかるのは、実はⅤの相博のみである。Ⅱの倉吉から永岑の買い取り上げはいうまでもなく、Ⅲの永岑から老堂へ一度この地をたてまつっていること、Ⅳの「老堂」から永成への譲与は、いずれも「無券文」であったと考えられる。

以上、本章では日本古代において親族間での「本券」なしの相続および「無券文」による相続、さらには親族間においては売買さえもが「無券文」で行われることがありえたことを明らかにした。

問題はなぜこのような相続ないしは売買がありえたかである。このことは、国家の土地に対する支配の在り方に起因すると思われる。前章で述べたように、日本古代においては田主権を有する人格を国家的に掌握することが第一義的課題であった。この課題の解決に際して、国家の側にとっては、親族間相続ないしは売買があったとしても、その地の田主権を体現する人格を明らかにすることは比較的容易なのではなかろうか。戸籍に基づく人民掌握がなされているからである。田宅等の売買に際して「立券」することが義務づけられている古代社会において、親族間における「無券文」の売買が存在したことは、そのことを強く実証している。ところが、その地が第三者に売却される場合にはおのずと次元が異なってくる。第三者がその地を買得する場合、国家との関係の上で、売り主はその地の田主権を有している人格を明らかにすることが必要となる。最初に引用した「大和国平群郡某郷長解写」において、国家との関係で「本券」がなかった当該地の「先祖」の人格を体現することができるのは誰か。紀朝臣春世への売却に当たって、当該時点で所有の出発点となる「先祖」の人格を体現できるのは、その子孫でありこの地の所有を実現している貞子以外にいなかったのではないか。Dの「秦忌寸鯛女家地立券文」において、「本券」がなかった当該地が秦永岑の手に渡ったとき、この地の所有の出発点となる「先祖」の人格を体現できるのは、秦黒人にほかならないはずである。彼が死去していない今、当該時点でそれを体現できるのは、「無券文」でこの地を相続した広野・大野ではなく、故夫秦黒人の妻であった鯛女以外にいなかったのではないか。Fでめまぐるしく変化する相伝関係を示す北家の「一段」の地の所有の出発点となる人格を体現するのは故人である秦殿主にほかならない。この場合も、当該時点でそれを体現できるのは故人殿主の妻であった「老堂」以外にいなかったはずである。[16]

　こうしてみると、永岑から「老堂」へ当該地をたてまつっていることも、古代社会における田宅相続の〝作法〟に基づいて行われていることが判明する。この地の所有の出発点となる人格を体現するのが殿主であることを証明する必要があったからである。逆にいえば、「由緒」は国家的に掌握された人格の名称でなければ効力をもたなかったのである。一般的に、日本古代における私的土地所有の指標は「私（加）功」と「相伝」にあるとされる。[17]それでは、親族間において「本券」や「券文」を作成しないで相続や売買が行われてきた地の「相伝」関係はどのように処理されたのか。本章で検証したように、親族以外の第三者に相続や売買されるとき、はじめて国家が関与することになる。その関与は、「本券」や「券文」を作成しないで相続や売買が行われてきたすべての過程についてではなく、売り主が所有の出発点となる人格を明らかにすることに関してであった。「本券」や「券文」を作成しないで相続や売買が行われてきた地の「相伝」を証明することができるのは、戸籍に登載され国家的に掌握された人格であることが必要条件であった。買い主が売り主に立券要請をするのは、国家との関係において、売り主がその地の所有の出発点となる特定の人格を明らかにすることを要求することにほかならなかった。

　この問題と関連して考えなければならないのが四証図籍である。弘仁十一（八二〇）年十二月二十六日、諸国よりの田籍の造進を停止し、田図のみの造進を命じる太政官符が出された。[18]同官符によれば、「格云」として天平十四（七四二）年、天平勝宝七（七五五）歳、宝亀四（七七三）年、延暦五（七八六）年の四度の図籍が「証験」として定められている。この四証図籍は、本書第一部第五章で述べるように、「永年不レ収」となった墾田に関わる、すぐれて墾田永年私財法固有の問題と関連していた。それは、それぞれの段階における土地状況の把握を目指したものである。[19]では具体的には何を掌握しようとしたのか。いうまでもなく、それぞれの段階でのその地の固有の田主権者が誰であるのか、換言すればその地の「由緒」＝所有の出発点となる人格を体現する人物をどの段階までさかのぼって掌握できるかであろう。それゆえに複数の図籍でなければならなかった。親族間における「本券」ないしは券文を作成しない相続および売買は、この時点においてはじめて明るみに出るのである。それはまさに、国家による土地支配が新旧両田主という人格の掌握によって成り立っていたことを如実に物語っている。

おわりに

本章では、親族間における「本券」および券文なしの相続、さらには「無券文」による売買を証明した。それは「処分状」が作成されはじめる十世紀初頭以降においても行われ続ける田宅相続の〝作法〟であった。一般に、日本古代における私的土地所有の指標は「私（加）功」と「相伝」であるとされる。その場合、親族間において「本券」や「券文」を作成しないで相続や売買が行われてきた地の「相伝」に関しては、これまで想定されることはなかった。親族以外の第三者に相続や売買されるとき、はじめて国家が関与することになる。その関与の仕方は、「本券」や「券文」を作成しないで相続や売買が行われてきたすべての過程についてではなく、売り主が所有の出発点となる人格を明らかにすることに関してであった。「本券」や「券文」を作成しないで相続や売買が行われてきた地の「相伝」を証明することができるのは、戸籍によって国家的に掌握された人格の名称であることが必要条件であった。日本古代における国家の土地支配は、新旧両田主という人格の掌握によって成立していたのである。[20] このことは、前章で述べたことを新たな分析視角から検証したことを意味する。

以上、本章は従来指摘されることのなかった、田宅の相続や売買の実体に関する一端を明らかにすることによって、前章での分析結果を再検証した。

註

(1) 仲森明正「律令制的行政秩序と「売買公券」」(『ヒストリア』九二号、一九八一年)、加藤友康「八・九世紀における売券について」(土田直鎮先生還暦記念会編『奈良平安時代史論集上巻』吉川弘文館、一九八四年)、西山良平「平安前期「立券」の性格」(岸俊男教授退官記念会『日本政治社会史論集中』塙書房、一九八四年)、拙稿「日本古代における国家的土地支配の特質――土地売券の判と「毀」をめぐって」(田名網宏編『古代国家の支配と構造』東京堂出版、一九八六年、本書第一部第一章)など。

(2) 古代古文書学の確立が提唱されて久しいが、具体的研究はいまだ十分ではない。こうした中にあって、早川庄八『宣旨試論』(岩波書店、一九八九年)は、従来の「公家用文書」という概念の再検討をせまる研究として特筆すべきであろう。

(3) 「大和国平群郡某郷長解写」(『平安遺文』一―一六三)。本文書に関しては『唐招提寺史料第一』(吉川弘文館、一九七一年)を参照し、同書の翻刻に従った(『同書第一』一〇六号文書、一二四頁)。

(4) 加藤、前掲、註(1)論文、拙稿、前掲、註(1)論文。

(5) 「左京七条一坊家地手継券文」(『大日古〈家わけ第十、東寺文書之二〉』)。

(6) 「秦忌寸鯛女解」(『平安遺文』一―九三)。本文書を含む一連の文書群の元本調査の結果については、藤本孝一「新出、貞和三年附山城国葛野郡高田郷長解小考――売券の証判を中心に」((『中世史料学叢論』思文閣出版、二〇〇九年、初出は一九九〇年)参照。

(7) 文書所蔵者名については、藤本、註(6)論文によってあらためた。

(8) のちに述べるように、当該時点で殿主はすでに死去していた。また、Aの対象とする地も、殿主から永岑に渡った。

(9) Cには日付が記されていない。しかし、署名を加えている郡司のメンバーは、Aおよび本文書に記されているそれと同一人物であるので、本文のように考えてよいだろう。

(10) 拙稿、前掲、註(1)論文。なお、菅野文夫「手継証文の成立」(『歴史』七一輯、一九八八年)参照。

(11) 明石「下級官人の居住形態――山城国葛野郡高田郷の家地をめぐって」(『家族と女性の歴史古代・中世』吉川弘文館、一九八九年）。

（12）Cで永岑は、すでに故人となった殿主の戸口として現れる。倉吉が殿主に代わって戸主となったのは、厳密にいえばC〜Eの間ということになる。

（13）永成に関しては不明である。「老堂」とともに倉吉の戸に編成されたのであろうか。

（14）『平安遺文』で「戸口」とあるのは誤読である。史料編纂所影写本は「戸主」である。

（15）もちろん、より厳密にいえばEの後の最初の籍年ということになろう。

（16）殿主のもう一人の妻で倉吉の母であった女性はすでに死去していたと思われる。明石、前掲、註（11）論文。

（17）『類聚三代格』巻十六、山野藪沢江河池沼事、延暦十七年十二月八日太政官符、四九七頁。ちなみに、史料上は「元来相伝加」功」とある。石母田正『日本の古代国家』（『石母田正著作集第三巻』岩波書店、初出は一九七一年、二六一頁）、吉村武彦「律令制国家と土地所有」（『日本古代の社会と国家』岩波書店、一九九七年、初出は一九七五年）、吉田晶『日本古代村落史序説』（塙書房、一九八〇年）。

（18）『類聚三代格』巻十五、校班田事、弘仁十一年十二月二十六日太政官符、四二六頁。

（19）拙稿「国家的土地支配の特質と展開」（『歴史学研究』五七三号、一九八七年、本書第一部第五章）。

（20）拙稿、前掲、注（1）論文。

〔付記〕

本稿はもと、村山光一編著『日本古代史叢説』（慶應通信、一九九二年）に掲載された。「あとがき」の論文紹介で村山先生は拙稿を次のように紹介している（二四五頁）。

松田論文は、秦永岑の家地集積を示す文書群について新たなる視点から分析を行い、日本古代においては親族間での「本券」ないし「券文」なしの相続、「無券文」による売買が行われていた事実を発見した。さらにこのようなことが起こりえた原因について考察し、日本古代における国家の土地支配は新旧両田主という人格の掌握によって成り立っていたとし、国家がその地の田主を把握することはそれが親族間であれば比較的容易であり、それ故右のごとき「無券文」の売買もあり得たと論じた。本論文はさらに右の文書群の検討をとおして親→子→親のサイクルでの「悔い返し」が行われていた事実を確かめ、それは中世の「悔返し」の先蹤と考えられる、という見通しを述べている。

本稿は当初、「本券」ないし「券文」なしの相続と、「無券文」による売買から構成される部分と、後半部の親↓子↓親のサイクルでの「悔い返（還）し」を論じた部分から成り立っていた。みられるように、結果的に後半部分は割愛して前掲書に掲載された。何よりも、私自身に不明確な点が多く残り、また、数年ならずして森田悌「古代の悔還」（『続日本紀研究』第三一一・三一二合併号、一九九七・一九九八年）が発表されたため、森田氏の論文と重複する部分が多くあった後半部を、あらためて公表する必要があるか躊躇していたからである。後者の問題に関する最終的結論は、本書第一部第四章で述べたので参照していただきたい。

第三章　「常地」を切る

はじめに

日本古代における土地所有の法的・実体的諸関係をどのように考えるかをめぐっては、戦前期以来土地公有主義と私有主義とが存在した。その場合、中田薫の果たした役割を無視することはできない。律令法において土地に「主」の有無で区別がある事実を示して土地私有主義を提唱した中田説は、その整然たる法理論とともに、戦後の土地所有研究に大きな影響を与えた。現在のいわゆる「国家的土地所有」論は、中田説の批判的克服を前提に成立したといっても過言ではない。もちろん、現代において中田説がそのままで通用しないことは当然である。(1)だが、中田説には「主」の有無による区別論だけでなく、これまで「通説」とされてきた論点が示されていた。「常地」である。「常地」は中田が土地所有と密接な関連をもって注目し、私的土地所有権の指標とした地目または概念であった。(2)彼は律令時代の土地私有権には「限定有期的土地私有権」と「無期永代的土地私有権」とがあり、後者の地主権をいい表す場合に特にそれを「常地」と強調していたとする。中田によれば、「『常地』とは『永為私田』或は『為私財』して所有し、自ら『為地主』ることの可能なる常久的田地の義である」(傍点—中田)。ときにそれを「永地」(3)ともいい、「弘仁十(八一九)年十一月五日格」によれば「常地の所謂永財の地であることが知れる」とする。要するに「常地」とは、

「無期永代的」地主権を表す地目または概念なのである。別稿においても中田は、「期限付制限的の所有地ではなく、永久的無条件の「常地」である」と明言している。(4)

その後、彌永貞三氏は中田が引用した「弘仁十年十一月五日格」にふれて、「京中に限ったことではあるが、荒廃田を耕種したものの永代私有地（常地）とすることが許されるにいたった」として中田説を追認している。(5)さらに、中田説を前提に「常地」を不動産質において債務者の「買い戻し」権を留保した地であるとしたのが菊地康明氏である。(6)菊地氏は古代土地売券に記された負債文言に着目し、「常地」＝永売は債務者が債権者に所有地を質入れした不動産質が実体であり、債権者は債務者の不動産質からの収穫を利子として収得し、債務者が負債元本を返済すれば土地は債務者に返却されたとする。その際、かたちの上では債務者は特定の期限を切ることなく長期にわたって売与することになる。それが永売であり、永売の対象となり債務者（前主または旧主）が「買い戻し」権を留保したままの私的土地所有が「常地」ということになる。また、「常地」を永売の指標であり「相伝」に関わる概念としたのが三谷芳幸氏である。(7)三谷氏によれば、「常」の字には「相伝」にまつわる含意があり、同じ「常」字を媒介にして「常地」にも「相伝」に関わる意味内容が与えられている。そして、「常地」が永売の指標となる事実の上に永売と「相伝」のつながりがあるとする。このように、彌永・菊地および三谷説においても中田説が前提となっていることが知られる。

一方、私的土地所有が発生する契機を問題にしたのは「国家的土地所有」論の立場にたつ研究者である。「国家的土地所有」論において私的土地所有の指標となるのは「私（加）功」と「相伝」とされる。このことをあらためて指摘したのは石母田正氏である。(8)吉村武彦氏はそれを次のように一般化した。(9)土地を我がものにするためには私的労働の対象化＝「私（加）功」が必要条件であり、それは耕地に限定されるものではない。私的に開墾された墾田が一身間の占有にとどまらず、相続＝「相伝」されることによって古代的私的土地所有が実現される。さらに吉田晶氏は、これを土地に対する私的所有の源泉となる「私功」に限定せず、共同体・国家による「加功」をも含めるべきであるとして、「加功」・事実上の利用＝用益・「相伝」を日本古代における私的土地所有の指標であると定式化した(10)。後述するように、中田は私的土地所有発生の契機については直接言及していないが、開熟＝「私功」を加えた田地が「常地」＝「無期永代的」地主権を有する地としている。私的土地所有発生の契機を「私功」に求めていたことはまちがいない。逆にいえば、「国家的土地所有」論において私的土地所有の指標を「私（加）功」と「相伝」とする論理は、中田の「常地」理解を暗黙の前提としていたことになる。

私は前稿において「国家的土地所有」は必ずしも証明された事実ではなく、律令制国家段階の土地所有は国家的土地支配ともいうべき状況にあり、それは国家的開墾（＝公功）によって生じたものではなく、人格の国家的編成を基礎に成立しているとした(11)。したがって、次に問題となるのは国家的土地支配のもとで私的土地所有はどのように発生してくるのかを明らかにすることにある。本章はこの問題にせまるため、前述した「常地」を近代的所有次元の「私有」に近い歴史用語であり、「私功」と「相伝」に基づいて形成された「私有」地とする「通説」を根底から再検討しようとするものである。そのため、まず中田が提示した「弘仁十年十一月五日格」の分析をとおして法的次元における「常地」を問題とする。それは「常地」が「無期永代的」地主権を表す地目または概念なのかを明らかにすることである。さらに、法分析で得られた結論を踏まえ、現実の社会の中で機能していた古代土地売券を分析素材として「常地」の実体およびその本質にせまることにしたい。それは、古代土地売券に登場する「常地」が、ただちに永売の指標となる地目または概念を意味するのであるかを検証することにほかならない。すなわち、法的次元における「常地」と、現実の社会次元における「常地」の内容・本質および位相を明らかにすることが本章の課題である。

一 「弘仁十年十一月五日格」をめぐる法史料とその性格

本節では、「はじめに」で述べたように、法的次元における「常地」を問題にする。まず「弘仁十年十一月五日格」の史料的性格の検討から始めることにしたい。(12)

A 太政官符

応下以二閑廃地一賜中願人上事

右左京職解偁、「京中閑地不レ少、須二勧課令レ尽二地利一」者。大納言正三位藤原朝臣冬嗣宣、「奉レ勅、依レ請」者。「而不レ事二耕営一、徒過二日月一、稍成二藪沢一。望請、空閑之地、自今以後、賜二冀《コヒ》申輩一為二常地一」者。正三位行中納言良岑朝臣安世宣、「奉レ勅、惣二計空閑地一、先申二其数一重課二其主一、悉令二耕種一。一年不レ耕者収以賜二冀人一。若授レ地之人二年《マテニ》不レ開者、改賜二他人一。遂以二開熟之人一永為二彼地主一」。

弘仁十年十一月五日

通説形成の根拠として中田が提示した、唯一の法史料である「弘仁十年十一月五日格」は、以上のようなものである。中田は本史料前半部の「冀申輩」＝開墾申請者に賜いて「常地」となすことを、後半部の開熟の人が地主となることと解釈し、開熟＝「私功」を加えた田地が「常地」＝開熟人が「無期永代的」地主権を有する地と理解した。だが、開墾申請者に賜いて「常地」となすことは本当に開熟の人を地主とすることなのであろうか。鎌田元一氏が明らかにしたように、本「格」には全体の文章構成にかなり不自然な点がみられる。(13) 第一に、藤原冬嗣宣に対応する「望請」の申請主体がまったく不明である。第二に、当該時点で良岑朝臣安世宣は出せないことである。『公卿補任』によれば、彼が正三位行中納言であったのは、弘仁十四（八二三）年四月二十七日から天長五（八二八）年二月二十日までの間である。(14) さらに、次のような問題もある。(α)「常地」は本「格」の前半部にしか登場せず、後半部の良岑安世宣には出てこない。(β)開熟の論理は後半部の良岑安世宣にはみられるが、前半部にはそれがない。(γ)良岑安世宣には「依レ請」がなく、前半部の「望請」部分と良岑安世宣とが同一のものであるかは自明のことではない。以上のように、本「格」には疑問とすべき点が数多く存在する。

それでは、「弘仁十年十一月五日格」はなぜこのような構成なのであろうか。鎌田氏によれば、「弘仁十年十一月五日格」は「弘仁格」撰進以降、次に掲げる天長四年九月二十六日官符の趣意文に変更されたからである。(15)

B　太政官符

応下以二閑廃地一賜中願人上事

右得二右京職解一偁、太政官去弘仁十年十一月五日符偁、・両職解偁、「巡二検京中一閑地不レ少。或貧家疎漏徒余二空地一、或高門占買曽不二作営一。彼此閑廃多失二地利一。須下並加二勧課一令上レ尽二地利一」者。大納言正三位兼行左近衛大将陸奥出羽按察使藤原朝臣冬嗣宣、「奉レ勅、依レ請」者。「謹依二符旨一、課レ条喩レ戸、勤俾二営作一。而人稀居少、不レ事二耕営一、徒過二日月一、稍成二藪沢一。適或他人加レ功営熟、其主奪妨貪二此沃熟一。因レ茲、人倦二競作一、无レ心二勤営一。荒廃之由事縁二於此一。今弾正巡検之日恒加二勘当一、頻責二過状一、・為二彼閑地一時入二厥罪一、官人之愁莫レ大二於斯一。望請、如レ此空閑之地、自今而後、賜二冀申輩一為二彼常地一、永令二労作一。謹請二官裁一」者。正三位行中納言兼右近衛大将春宮大夫良岑朝臣安世宣、「奉レ勅、宜下惣二計閑地一、先申二其数一、重課二其主一、悉令中耕種上。一年不レ耕者、収賜二申請人一。若授レ地之人二年不レ開者、改判賜二他人一。遂以二開熟之人一永為二彼地主一。但外任之宰解秩之間、環堵為レ墟。況園地乎。此等地者非二勘勾限一。左京職准レ此。」

天長四年九月廿六日

傍線を付した部分が史料Aと重複し、波線部が文字の異同または省略がある場合である。これによっても、史料Aの「弘仁十年十一月五日格」は本官符の著しい省略文にすぎないことが知られる。鎌田氏によれば、「弘仁格」の撰進・施行過程は次のようであった。今日知られる「弘仁格」は、いったん功なって弘仁十一年（八二〇）年四月二十一日に撰進されたが、それはなお多くの修訂を要する不備なものであったため、その後も編纂作業が継続され、天長七（八三〇）年十一月十七日にいたってはじめて諸司に頒たれた。「弘仁十年十一月五日格」は、日付はもとのままに残しながら内容のみ天長四年九月二十六日官符の趣意文に変更されたものであった(16)。同「格」は天長七年の格式頒行以降に行われた遺漏紕謬の改正作業によって改変されたことになる。

天長四年官符の内容を本来の弘仁十年官符のそれに変更するに当たって著しく省略せざるをえなかったのは当然であろう。天長四年官符には本来の弘仁十年官符が収載されていたからである。天長四年官符の存在は、「弘仁十年十一月五日格」に関して以下の諸点を明らかにする。第一に、藤原冬嗣宣は本来の弘仁十年官符のものであり、同宣の「依レ請」に対応するのは左右京両職解である。第二に、良岑朝臣安世の官位も当該時点において該当することはいうまでもない。これによって、前述した第一・第二の問題は解決する。では、「弘仁十年十一月五日格」における(α)・(β)・(γ)の問題はどうであろうか。天長四年官符によれば、「常地」となしたいとする申請を行ったのが右京職であることは明らかであるが、その内容は「如レ此空閑之地、自今而後、賜二冀申輩一為二彼常地一、永令二労作一」であった。これだけでは開熟の論理であるかどうかは不明である。良岑安世宣には、やはり「常地」や「依レ請」が登場しない。先述した(α)・(β)・(γ)の問題は、「弘仁格」撰進時における省略ではなく、天長四年官符そのものに存在したのである。さらに重要なことは、「常地」となしたいとする右京職解が「謹依二符旨一」とする符旨とは、本来の弘仁十年官符の符旨にほかならず、右京職解は本来の弘仁十年官符を前提にしていることである。「弘仁格」撰進に当たって本「格」の内容が天長四年官符のそれに変更されたのは、天長四年官符が本来の弘仁十年官符の内容に重大な変更を加えたものだからであり、かつそれが「弘仁格」撰進時における現行法だったからである。とすれば、本来の弘仁十年官符を前提とする右京職解の「常地」となしたいとする内容と、天長四年官符における良岑安世宣の、開熟の人を地主となすとするそれとが同一であったか、という疑問はますます大きくならざるをえない。

ここであらためて本来の弘仁十年十一月五日官符・右京職解・天長四年官符の良岑安世宣について、「常地」が天長四年官符における右京職解と、それに対する宣に関する問題であることを明確にしなければならない。その上で本来の弘仁十年十一月五日官符を分析することが必要となる。そのためには、「常地」に関する法史料の原文を可能な限り正確に復原した上で厳密に分析することが必要となる。

そこで、「常地」に関するもう一つの法史料である『日本三代実録』貞観八（八六六）年五月二十一日甲子条(17)（以下、史料Cと略称する）を以下に掲出し、分析しよう。本史料はA・B二つの官符が収載されているだけでなく、両官符の効力がどのようであったのか、また、その後の対策はどのように講じられたかもうかがえる貴重な史料だからである。

C　勅、左右京職分明勘糺、以二京中閑廃地一賜二願人一。先レ是、天長四年右京職言、弘仁十年十一月五日格云、左右京両職解偁、「巡二検京中一、閑地不レ少、或貧家疎漏、徒余二空地一。或豪門占買、曽不二作営一。彼此閑廃、多失二地利一。須下並加二勧課一、令上レ尽二地利一」者。勅許レ之。自後課レ条喩レ戸、勤俾二営作一。而人稀居少、不レ事二耕営一。徒過二日月一、稍成二藪沢一。或他人加レ功、其主妨奪。因レ茲人倦二競作一、無レ心二勤営一。荒廃之由、事縁二於此一。弾正巡検之日、恒責二過状一。毎月贖銅。為二彼閑地一、時入二厥罪一。官人之愁、莫レ大二於斯一。望請、如レ此空閑之地、自今以後、賜二冀求之輩一、永為二彼常地一。于レ時有レ勅曰、「愚暗之民、可二共楽一レ成。宜下惣二計閑地一先申二其数一、重課二其主一、悉令中耕種上。一年不レ耕者収二賜冀人一。若授レ地之人二年不レ開者、改判二賜他人一。遂以二開熟之人一、永為二彼地主一。但外任之宰、解秩之間、環堵為レ墟。況園地乎。此等地者非二勘勾限一。左京准レ此」。雖三格立之後多経二年序一、而荒廃倍レ先。勧督無レ聞。是所司疎略不レ慎二格旨一。今挿欲二改張一。恐愚民所レ失。須下職吏存レ心、今年之間子細告誘、勤令中耕営上。若猶有二不レ遵者一、始レ自二明年一、改給二他人一、一如二格旨一。

本史料にも少なからず節略が認められ、それは次の二つの疑点を生み出している。第一に、「弘仁十年十一月五日格」の引用範囲がどこまでであるかが不明確なことである。第二に、天長四年九月二十六日官符が存在しないかのような構成になっていることである。以上の疑点は、前述した理由によって生ずるものである。本史料冒頭部の「天長四年右京職言」に着目すると、右京職解はあたかも天長四年に出されたかのようである。そこで、天長四年と右京職言の間に「格云」または「解偁」の二文字を補ってみると、はじめて天長四年九月二十六日官符が存在することが明らかになる。その結果、さらにA・B両官符の引用範囲がどこまでであるかも明示される。

以上のように本史料を批判した上で、A・B二つの官符によって校訂を施し、年代順に並べ替えて史料を提示すれば、以下のとおりである（以下、史料Dと略称する。なお、〈　〉が校訂して補った部分、―は文字の異動がある場合である）。

Ⅰ　弘仁十年十一月五日太政官符(18)

a　左右京両職解偁、
巡二検京中一、閑地不レ少。或貧家疎漏、徒余二空地一。或高門占買、曽不二作営一。彼此閑廃、多失二地利一。須下並加二勧課一、令上尽二地利一者。

b　〈大納言正三位兼行左近衛大将陸奥出羽按察使藤原朝臣冬嗣宣、奉レ勅、依レ請者。〉

Ⅱ　天長四年九月二十六日太政官符

応下以二閑廃地一賜中願人上事

a
右京職〈解偁、〉

〈謹依二符旨一、〉自後課レ条喩レ戸、勤俾二営作一。而人稀居少、不レ事二耕営一。徒過二日月一、稍成二藪沢一。〈適〉或他人加レ功〈営熟〉、其主妨奪、〈貪二此沃熟一。〉因レ茲人倦二競作一、無レ心二勤営一。荒廃之由、事縁二於此一。〈今〉弾正巡検之日、恒〈加二勘当一、頻〉責二過状一。毎月贖銅。為二彼閑地一、時入二厥罪一。官人之愁、莫レ大二於斯一。望請、如レ此空閑之地、自今以後、賜二冀求之輩一、永為二彼常地一、〈永令二労作一。謹請二官裁一者。〉

b
〈正三位行中納言兼右近衛大将春宮大夫良岑朝臣安世宣、奉レ勅、〉愚暗之民、可二共楽レ成。宜下惣二計閑地一、先申二其数一、重課二其主一、悉令中耕種上。一年不レ耕者、収賜二冀人一。若授レ地之人二年不レ開者、改判賜二他人一。遂以二開熟之人一、永為二彼地主一。但外任之宰、解秩之間、環堵為レ墟。況園地乎。此等地者、非二勘勾限一。左京〈職〉准レ此。

Ⅲ
〈貞観八年五月二十一日〉勅、

左右京職分明勘糺、以二京中閑廃地一賜二願人一。

雖二格立之後多経二年序一、而荒廃倍レ先。勧督無レ聞。是所司疎略不レ慎二格旨一、今挿欲二改張一。恐愚民失レ所、須下職吏存レ心、今年之間子細告誘、勤令中耕営上。若猶有二不レ遵者一、始レ自二明年一、改給二他人一、一如二格旨一。

以下、節をあらためて新たに復原したテクストによって律令制国家の閑廃地政策全体の中で「常地」を分析することにしたい。

二　弘仁十年十一月五日太政官符の内容と限界

前節で述べたように、「常地」が登場する右京職解は本来の弘仁十年十一月五日官符を前提としていた。それゆえ本節は、まず本来の弘仁十年十一月五日官符の分析を行う。本来の弘仁十年十一月五日官符（Ⅰ）は、以下のとおりである。

a　左右京両職解偁、

巡二検京中一、閑地不レ少、或貧家疎漏、徒余二空地一。或高門占買、曽不二作営一。彼此閑廃、多失二地利一。須下並加二勧課一、令上尽二地利一者。

b　〈大納言正三位兼行左近衛大将陸奥出羽按察使藤原朝臣冬嗣宣、奉レ勅、依レ請者。〉

本官符について、鎌田氏は次のように指摘した。[19]「本来の弘仁十年十一月五日官符は決して京中の閑廃地を願人に賜わるように定めたものではなかった。それは単に本主をして閑廃地の地利を尽さしめんとしたものにほかならなかった。」（傍点―引用者）なかった。たしかに、本官符は閑廃地の地利を尽くさせるために出されたものである。だがそれは、本当に「本主」に課したものであろうか。このことを明らかにするためには、地利を尽くさせるための勧課の内容を分析しなければならない。それを示すのは、天長四年官符に引用された次の右京職解（Ⅱa）である。

〈謹依二符旨一〉自後課レ条喩レ戸、勤俾二営作一。而人稀居少、不レ事二耕営一。徒過二日月一、稍成二藪沢一。〈適〉或他人加レ功〈営熟〉、其主妨奪、〈貪二此沃熟一。〉因レ茲人倦二競作一、無レ心二勤営一。荒廃之由、事縁二於此一。

右京職は本来の弘仁十年十一月五日官符の符旨を受け、条を課して戸に喩《さと》し、勤めて営作させた。同官符が出される前提となった左右京両職解（Ⅰa）には、「徒余二空地一」とか「曽不二作営一」という記述がある。閑地の主が作営しない状況が存在したことは疑いない。だからこそ地利を尽くさせるための「他人加レ功」が必要とされたのである。では、右京職が課した条（文）とは何か。[20]この問題を解く鍵は、「他人加レ功」の「他人」にある。「他人」とは、墾田永年私財法占定手続き規定に登場する「他人」にほかならないからである。墾田地の占定手続きとその有効期間について規定している墾田永年私財法占定手続き規定は、次のとおりである。(21)

但人為レ開レ田占レ地者、先就レ国申請、然後開レ之。不レ得三因レ茲占二請百姓有レ妨之地一。若受レ地之後、至二于三年一、本主不レ開者、聴二他人開墾一。

本規定は墾田地を占定する場合、国への申請を求めている。京では京職がそれに当たる。さらに「百姓有レ妨之地」を除き、地を受けて三年たっても「本主不レ開」であれば、「他人」の開墾を聴《ゆる》す規定である。右京職は本規定に従って、閑地の主ではなく、「他人」につとめて営作させたのである。この場合の「他人」とは、右京職の管轄対象からして京戸以外には考えられない。事実、本史料にも「戸」に喩《さと》すとある。本来の弘仁十年官符の符旨、すなわち勧課の内容とは、右京職に対し、永年私財法に従って、これまで勧課しても耕営しない閑地の主ではなく、「他人」である京戸を対象につとめて営作させる、ということであった。それゆえ、史料Dからは鎌田氏が指摘した「本主をして閑廃地の地利を尽さしめ」たという内容は析出できない。

それでは、本来の弘仁十年官符を受けて行われた勧課はどのような現象をもたらしたのであろうか。右京職が勧課した結果、「他人加レ功〈営熟〉、其主妨奪、〈貪二此沃熟一〉因レ茲人倦二競作一」となった。すなわち、他人が「加功」して営熟となしても、主が沃熟の利をむさぼることによって、主と他人との間で「競作」状況が発生したのである。この点について、吉村武彦氏は次のように指摘している。(22)「ここでの競作は、田主が存在している「閑廃地」に他人が功を加えて営熟させる耕営行為をさしている。つまり、荒廃化した田地の地主と、田令荒廃条に基づく一定期間の占有権を保持する耕作者との、二重関係を「競作」で表している。この事例は田令競田条と関連する事象である」。たしかに、田令30競田条では競田状況下における耕種という行為の結果に関する当事者の権利関係が問題とされている。[23] 本条を適用すれば問題は容易に解決できそうに思われるが、史料Dによればそうならなかった。右京職の現状把握の中に「人倦二競作一、無レ心二勤営一。荒廃之由、事縁二於此一」とあるからである。ではなぜ本来の弘仁十年官符を受けて行われた勧課は主の沃熟の妨奪を招くことになったのか。この問題も、吉村氏が指摘した田令30競田条ではなく、先の墾田永年私財法占定手続き規定によるとすると明確に説明できる。史料Dによれば、本来の弘仁十年官符を受けて右京職が勧課した結果、「他人加レ功〈営熟〉、其主妨奪、〈貪二此沃熟一〉」となった。これまで勧課しても閑地の主は何ら耕営しなかった。右京職は本来の弘仁十年官符を受け、永年私財法に従って勧課し、「他人」が加功して営熟となした。ところが同法に基づく「本主」は自らの権利を主張した。それが沃熟の妨奪となってあらわれた。本来の弘仁十年官符の勧課は、永年私財法を前提に、京戸に対して勧課することを右京職に命じたものであったが、その永年私財法の「本主」が同法を根拠に沃熟の妨奪を行ったのである。[24]

以上、本節では本来の弘仁十年官符の勧課の内容が、「「本主」をして閑廃地の地利を尽さしめ」たものではなく、永年私財法に従って「他人」である京戸を対象につとめて営作させるという勧課であったことを論証した。その結果は主と他人との間の「競作」状況を発生させ、田令30競田条の適用によってこの問題を解決することはできなかった。それは、同一地に対する同じ永年私財法を前提にした「本主」と「他人」との「競作」状況を発生させる結果となったからである。ここに本来の弘仁十年官符の勧課の限界があり、続いて右京職解ならびにそれを受けた天長四年官符が出される理由があった。

三　右京職解と天長四年宣

それでは、天長四年官符における良岑朝臣安世宣（IIb）はどのような内容であったのか。ことに、「常地」が登場する右京職の申請は天長四年官符に結実したのであろうか。次にこの問題を考えよう。中田は史料Aの「弘仁十年十一月五日格」によって、「冀申輩」＝開墾申請者に賜いて「常地」となすことを、開熟の人が地主となることと理解した。このような理解の根底には、開墾申請者に賜いて「常地」となしたいとする論理が太政官に受け入れられ、開熟の人を地主とする閑廃地政策が出されたという史料解釈が存在する。このことが論証されなければ「賜二冀申輩一為二常地一」すことと「以二開熟人一永為二彼地主一」すことを同義とする通説の史料解釈は成立しえない。この問題を分析することは、法的次元における「常地」とは何かを明らかにすることにほかならない。

天長四年官符が出される前提となった右京職解（IIa）は、前節で引用した現状把握の部分に続けて次のような「愁」を述べている。

〈今〉弾正巡検之日、恒〈加二勘当一、頻〉責二過状一。毎月贖銅。為二彼閑地一、時入二厥罪一。官人之愁、莫レ大二於斯一。望請、如レ此空閑之地、自今以後、賜二冀申輩一、永為二彼常地一、〈永令二労作一。謹請二官裁一者。〉

弾正台の巡検にともない、しきりに過状を責められる。[25] 対象となっている閑地のためにときに罪を科される状態であるので、そのような空閑の地は今後冀《こ》い申す輩に賜いて永く彼らの「常地」となし、永く労作させたいとしたのである。これに対する良岑朝臣安世宣、すなわち天長四年宣（IIb）の内容は次のようなものであった。

(1)　宜下惣二計閑地一、先申二其数一、重課二其主一、悉令中耕種上。

(2)　一年不レ耕者、収賜二糞人一。
(3)　若授レ地之人二年不レ開者、改判賜二他人一。
(4)　遂以二開熟之人一、永為二彼地主一。

まず閑地の主に、それで効果があがらない場合は糞人に、それでも成果が得られない場合は「他人」に開墾させる。最終的に開熟した人を永く対象である閑地の地主となせ、とする閑廃地政策を発令したのである。本史料を理解する上でもっとも重要なことは、(3)の部分にあらわれる「二年不レ開」の二年の理解の仕方である。一般的には、この二年を最初の開墾申請後二年目までにと解し、(2)・(3)の開墾申請有効期間ともに一年間であったと考えられている。例えば、菊地康明氏は(2)・(3)の部分を次のように理解している。[26]「弘仁十年格（天長四年宣のこと—引用者）に最初の出願者が一年間耕作しなければ、第二の出願者に耕作権を改判し、第二の出願者が二年までに（傍点—菊地氏）開かなければ第三の出願者に改判すると記している。その意味は最初の出願以後満二年目の終わりまでの意味で、第二の出願者には二年間の申請有効期限を与えるとの意味ではない。したがって第二の出願者の申請有効期間もまた一年間であった」。はたしてそうであろうか。菊地氏の解釈は史料Aの「二年不レ開」に付された「マテニ」という訓にひきずられたものと考えられる。第一に、(2)の一年を文字どおり一年間と解するのに対し、(3)の二年だけをなぜ二年目と解さなければならないのか。二年間と解して何ら支障はないのではないか。第二に、(2)の「一年不レ耕」の主体は閑地の主であり、菊地氏が主張する「最初の出願者」ではない。天長四年宣は主の耕と糞人の開を截然と区別しており、その意味で同宣は文言の使い方に厳密である。この点は、次の第三の問題とも密接に関連しているだけに重要である。菊地氏は(2)および(3)の賜をすべて「改判」と解釈した。しかし、そのような解釈の仕方では(3)後半部のみがあえて「改判」という語を使用し、それに対応して(4)が結果的に開熟した人を永くかの地主となせとしていることの意味が捉えきれない。

それでは、天長四年宣を計年法に即して解釈すればどのようになるのか。(1)では京職に閑地の数を惣計して申告させ、重ねてその主に課してことごとく耕種させるよう強調している。これが前提である。ところが、(2)には「一年不レ耕者、収賜二冀人一」とあり、閑地の主が「一年（間）不レ耕」であれば収公し、第一の開墾申請者である冀人に賜えとしている。しかし、同宣はそれにとどまらなかった。(3)は「授レ地之人」が「二年（間）不レ開」であれば「改判」し、第二の開墾申請者である「他人」に賜えとしている。(3)の「授レ地之人」とは(2)の冀人にほかならず、その開墾権も二年（間）に限定し、「不レ開」であれば「改判」され、あらためて「他人」に賜う。そして(4)は、結果的に開熟した人に永く地主権を与えよとする。こう解することによって事書きの「応下以二閑廃地一賜中願人上事」の意味もよく理解できる。以上の論理を図式化すれば、図5のとおりである。

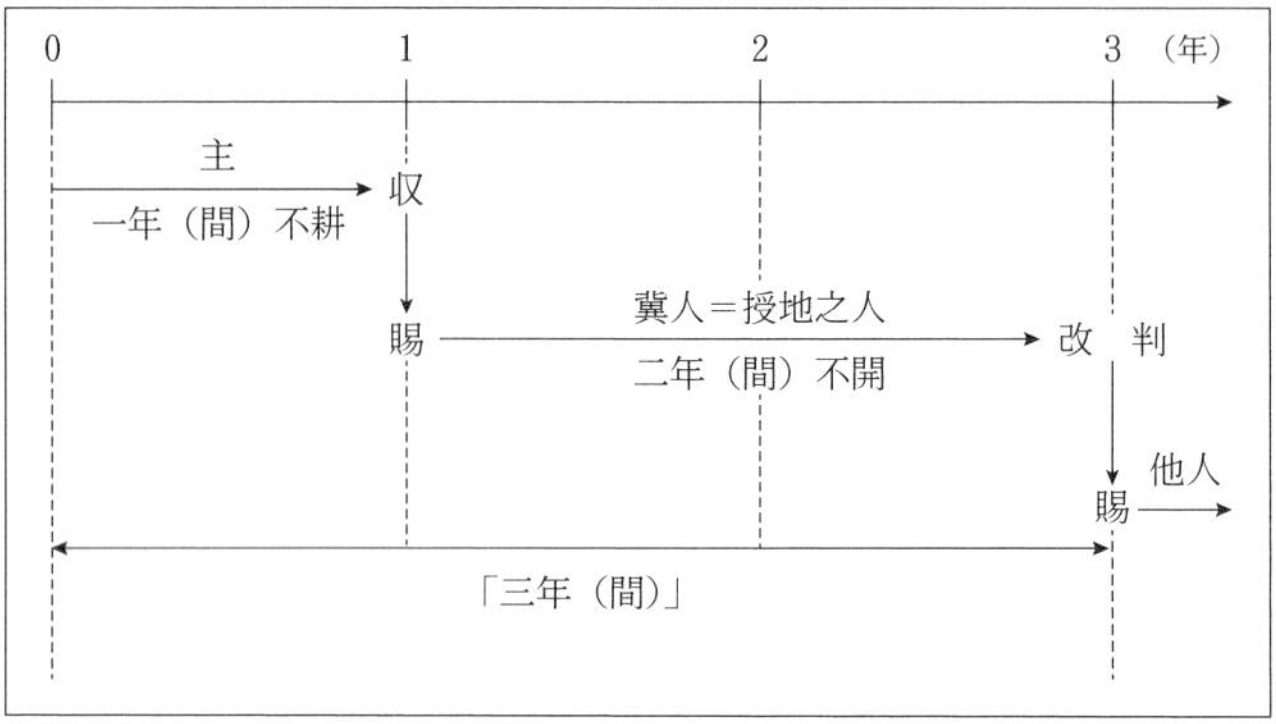

図5　天長四年宣の論理

　これまで述べてきた解釈が正しければ、天長四年宣はまず主の「一年（間）不レ耕」による収、次に冀人＝「授レ地之人」の「二年（間）不レ開」による「改判」という具体的勧農の基準年限を示し、合計「三年（間）」で閑地の開熟を実現させようとする開墾政策であったことになる。墾田永年私財法の占定手続き規定もまた、国（および職）への墾田地占定申請後、地を受けた「本主」の開墾申請有効期間が「三年（間）」であり、三年たっても「不レ開」であれば、「他人」の開墾を聴すと規定していた。この規定を「三年不ㇾ開」の原則と仮称すれば、[27]天長四年宣が永年私財法占定手続き規定を前提に論理を組み立てていることは歴然である。この点に京職に関する立法を土地所有の問題として一般化できる根拠がある。

それでは、このような内容を有する天長四年宣は、右京職の申請が結実したといえるであろうか。この点について、鎌田氏は次のように指摘した。[28]「右京職はそのような空閑地の開墾を願う輩にそれをあたえ、その常地となさんことを請うたのであり、天長四年官符はこの右京職の申請を入れて、本主がさらに一年間耕作しない場合、開墾申請者にその閑廃地を賜わるよう命じたのである」（傍点―引用者）。このような解釈によると、天長四年宣は右京職の申請を認めたように理解される。はたしてそうであろうか。右京職解の論理を敷衍して述べれば次のとおりである。永年私財法を前提とする本来の弘仁十年官符の勧課政策では、（本）主と「他人」との間の「競作」状況を回避することができなかった。そのような競作状況を回避するために、開熟以前の空閑の地をまず開墾申請者に賜うことによって永く「常地」となし、その後永く労作させたい。つまり右京職は、「常地」としての権利をまず開墾申請者に与え、その後に永く安定的に労作させたいという開墾政策を提示したのである。これは、永年私財法占定手続き規定の「三年不ㇾ開」の原則を前提としない開墾政策である。「三年不ㇾ開」の原則は、占定申請後、まず「三年（間）」以内に「私功」を加えて開熟させ、その後に田主権を付与するという論理だからである。これに対し、天長四年宣はあくまで同規定の「三年不ㇾ開」の原則を前提に、それを準用することによって結果的に開熟した人に地主権を与えようとした。「三年不ㇾ開」の原則を前提とせず、開墾申請者にまず「常地」としての権利を与えたいとする右京職の論理と、あくまで「三年不ㇾ開」の原則を前提に、それを準用して開熟の人に地主権を与えようとする天長四年宣のそれとが異なることは明らかであろう。それゆえ、鎌田氏が指摘した「天長四年官符はこの右京職の申請を入れ」たという内容は析出できない。

以上、本節では右京職解とそれを受けて出された天長四年宣を分析することによって、以下の二点を論証した。第一は、同宣は永年私財法占定手続き規定の「三年不ㇾ開」の原則を前提に、それを準用した具体的「勧農」の基準年限を示すことによって閑地の開熟を実現しようとする開墾政策であった。その場合、一年（間）ではあるが閑地の主に課して耕種させることが前提となっている。その意味で、同宣は永年私財法に基づく「私功」こそが墾田私財化の法的根拠であることをあらためて示し、地利を尽くさせようとする開墾政策であった。(29) 第二は、天長四年宣が出される前提となった右京職解を分析することによって、法的次元における「常地」の内容を明らかにしたことである。同職は次のような開墾政策を提示した。永年私財法を前提とする弘仁十年官符の勧課政策では、（本）主と「他人」との間の「競作」状況を回避することができない。そのような「競作」状況を回避するために、「常地」としての権利をまず開墾申請者に与え、その後に永く安定的に労作させたいとした。したがってそれは、あくまで同法の「三年不ㇾ開」の原則を前提に、それを準用した開熟を主張した天長四年宣の論理と異なることは明らかである。それだけにとどまらない。開熟＝「私功」を加えるということであるから、労働投下以前の開墾申請者に与えられる「常地」としての権利は、「加功」主義に基づかなくとも「競作」を排除できる排他的占有権または用益権を内実とするそれであった。「常地」は、法的には開熟以前の段階でも前主または旧主の排他的占有・用益権を排除できる論理を備えていたのである。

右京職解およびそれを受けて出された天長四年宣の分析結果は、史料Aの「弘仁十年十一月五日格」の史料性の問題にとどまらず、同「格」によって、「常地」を「無期永代的」地主権を表す地目または概念＝私的土地所有権の指標とした、中田の史料解釈が完全に誤りであったことを明らかにすることとなった。(30) 「常地」は、法的には所有権または私有権そのものではなく、当該段階の田主または地主の「競作」を排除できる排他的占有権または用益権を意味していたのである。ちなみに、「加功」主義に固執した律令制国家の閑廃地政策は、結果として貞観八年勅（Ⅲ）の「荒廃倍レ先」という状況を生み出している。

四　古代土地売券にあらわれた「常地」

それでは、「加功」主義に基づかない「常地」とは現実に存在したのであろうか。そしてまた、そのような「常地」を法的次元で問題にした右京職の根拠はどこにあるのか。この問題を、現実の社会の中で機能していた古代土地売券を分析することによって明らかにしてみよう。それによって、本章の論点である「常地」を永売の指標となる地目または概念とすることができるのか、そして「常地」は「私功」と「相伝」によって形成された「私有」地であるのか、という問題もさらに明確になるはずである。

古代土地売券の上では、「常地」と類似した表現として「常土」「切常地」「限常土」などのような文言が登場する。[31]本節では、それらの語の売券面における記載のされ方からアプローチすることにしたい。まず考えなければならないことは、「常地」「常土」を同一のものとして扱ってよいかという根本的な問題である。この問題を解くためには、次の文書の本文と追筆記載を対比してみる必要がある。

a　天長二（八二五）年十月三日「近江国愛智郡司解[32]」

（本文）大蔵秦公広吉女申云、己墾田矣、限常土用稲壱佰貮拾束充価直、売与左京六条二坊戸主台忌寸家継戸口

清江宿祢貞成既訖

（追筆記載）上件墾田本券文、大国郷戸主依知秦公家主戸同姓年縄切常地進度如件

本文書の本文では、「常土」を限って売与されている。これに対し、追筆記載では当該地を「常地」を切って進め度《わた》（渡）している。同一文書の中で「常地」「常土」が通用して用いられている例は本文書以外は存在しない。だが、同一地が「常土」を限り、「常地」を切って売与または進め渡されているのである。「限常土」「切常地」を同義と解して差し支えないであろう。さらに、いま問題にした「常土」「常地」に「限」「切」などの語が付いている書式上の問題がある。

b　承和七（八四〇）年二月十九日「依知秦永吉解[33]」

（事書き）大国郷戸主依知秦公永吉解　申依官物常土売買墾田立券文事

（事実書き）右件墾田、充米参斛伍斗価値、切常土与沽同郷戸主依知秦公真広戸同姓浄男既訖、仍立券文如件、以解

本文書の事書きでは、「常土」と記されて墾田が売買されている。事実書きの中ではそれが、「切常土」と記されて与沽されている。この問題に関しては次の文書が参考になる。

c　貞観八（八六六）年十一月二十一日「依知秦千嗣解[34]」

（事書き）大国郷戸主依知秦千嗣解　申依正税稲切常土売買墾田立券文事

（事実書き）右件墾田、充正税稲壱伯捌拾弐束価直、切常土与売同郷戸主従八位下依知秦公浄男訖、仍為後立券文如件、以解

書式がほとんど同じであるだけでなく、買い主が史料bと同一人物である売券である。史料bの事書き部分にみえる「常土」を「切常土」に置き換えてみれば、「常土」が「切常土」を省略した書式であることは明らかであろう。この点は他の類例に照らしても何ら不都合は生じない[35]。したがって、「常地」「常土」として売券面に記される場合、

それらは「切常地」「限常土」という書式の省略形であるとすることができる。
古代土地売券には、「常地」「常土」と類似した表現として、さらに次のような文言が登場する。

d　宝亀七（七七六）年十二月十一日「備前国津高郡津高郷人夫解(36)」

（事書き）津高郡津高郷人夫解　申進絁根売買陸田券文事

（事実書き）以前、依庸米并火頭養絁直不成、件陸田常地売与招提寺既畢。仍造券文二通、一通進郡、一通授買得寺

事書きの「絁根」について、中田は事実書きの中に絁とあるので、それにひきずられて絶を絁と書き間違えただけのことであり、「絶根」と解すべきであるとした(37)。それでは「絶根」とはどのような意味か。この問題も、次の史料を参照することによって明らかになる。

e　「大和国十市郡司解(38)」

以前、得広長等辞状偁、絶上件地常根、沽与東大寺布施屋地已訖。望請、依式欲立券文者。郡矣勘問得実。仍勒沽買両人署名、立券如件。以解

天平宝字五（七六一）年、息長丹生真人広長と車持朝臣仲智は、十市郡池上郷にあるそれぞれの貢地と沽地を東大寺に沽与した。そこには「絶上件地常根」とある。これによって、史料dの「絶根」とは「絶常根」を省略した書式であることがわかる。また、売券上に「常根」と記される文書には、後述するように「切常根」と記す史料も存在するので、「絶常根」と「切常根」を同義であるとすることができる。さらに史料dでは、事書きに「絶根」＝「絶（切）常根」とありながら、事実書きの中では「陸田常地」と記されているので、「常根」も「常地」と同義であるとして問題はないはずである。したがって、「常根」が「絶（切）常根」の省略形であることは当然として、「常根」も「常

地」「常土」と同義と解してよいことになる。

書式上の問題に関連しては、さらに次の史料も検討しておく必要がある。

f　「近江国長岡郷長解(39)」

長岡郷長解　申部内伯姓切常根売買墾田立券文事

合壱段（条里坪付・売人・得買人記載等省略）

右（中略）秦富麻呂申云、依己之所負正税、己之父秦永寿之名墾田矣、限永年価直稲充参拾束、売与浅井郡湯次郷戸主従六位下的部臣吉野戸中島連大刀自咩既畢者（下略）

弘仁十四年十二月九日専田主秦「永寿」

売人秦「富麻呂」（以下、親族署名等略）

「郡判之（署名略）」

弘仁十四（八二三）年十二月九日、秦富麻呂は墾田一段を価値稲三〇束の対価として中島連大刀自咩に売与した。そこにはさらに「切常根」と記されている。この場合、「根を切る」は「病根を絶つ、宿弊を根本から改める」、「根を絶つ」は「おおもとをきれいにとりのぞく」が辞書的な意味である(40)。問題は何の「根を絶」ち、「根本から改め」、「おおもとをきれいにとりのぞく」かにある。この地の売買は、売り主の秦富麻呂と買い主である中島連大刀自咩との間で「限永年」というかたちで事実上成立している。「切常根」とは現実の用益者と思われる売り主の秦富麻呂とは異なる人格と当該地との関係を切ることであろう。本史料で注目すべきは、傍点を付したように、売り主と田主が別人である点にある。「切常根」とは、富麻呂の父でありこの地の田主である秦永寿という人格と当該地との関係を切ることであろう。「切常根」以下の文言を記して売買するとは、田主または地主という人格と当該地との関係を切り、限り、絶つことであると考えられる。「常地」以下の文言は、「常地」「常土」「常根」というかたちで存在することに意味があるのではなく、それを切り、限り、絶つことに意味があったのである。

以上によって、「常地」は「常土」「常根」と同義であり、「切常地」「限常土」「絶（切）常根」という書式の省略形であることが明らかになった。さらに、「常地」以下の文言は、従来考えられてきたように、「常地」「常土」「常根」というかたちで存在することに意味があるのではなく、それを切り、限り、絶つことに本来の意味があったことも明らかになった。つまり、「常地」を切るとは田主または地主という国家的に掌握された人格と当該地との関係を切ることであった。ただ、それらの語が同義または省略形であり、切り、限り、絶つことに意味があったとしても、これまでの分析では地目なのか概念なのかは不明なままである。この問題を明らかにするために、次の文書を分析しよう。

g 「紀伊国那賀郡司解[41]」

那賀郡司解　申佰姓常地売買墾田并野地池山等立券文事

　合弐拾柒町参段陸拾歩（注略）

（四至記載・事実書き省略）

　承和十二年十二月~~十二~~■五日

（売人・証刀祢・郷長・田領、署名略）

「上件常地券文郡勘知実（署名略）」

「国判〈買人料〉（署名略）」

承和十二（八四五）年、阿倍朝臣房上は紀伊国那賀郡にある墾田ならびに野地・池・山等を、承和銭二〇貫を価値に充て、紀朝臣氏永に「常地」として売与した。郡司は「上件地常地券文郡勘知実」と記して大領・少領二名が署名し、介が署名を加えて国判が下されている。そこには墾田ならびに野地・黒谷・池・山・林地が四至とともに列挙されている。これまでは「常地」をもっぱら墾田に関わるものとして分析してきたが、本文書によって「常地」は墾田のみでなく他の地目にも関わるものであることが明白となる。つまり、「常地」は地目ではなく何らかの概念であった。野地・山・林等が含まれていることからすれば、それは私的土地所有の指標の一つとされる「私（加）功」を前提とした概念でないことは明らかであろう。前節で明らかにしたように、法的次元における「常地」は永年私財法の「加功」の論理を前提にした概念ではなかった。古代土地売券の分析結果も、法史料のそれと完全に一致する。

それでは、「常地」を債務者（前主または旧主）が「買い戻し」権を留保したままの私的土地所有とすることができるのか。「はじめに」で述べたように、菊地氏は「常地」を不動産質に基づく永売現象であると理解した。菊地氏の永売＝不動産質説に対し、坂上康俊氏は次のように批判した[42]。第一に、負債が土地売却の契機になることは菊地氏の指摘のとおりであるが、それは売買の性格（菊地氏のいう不動産質）をも規定しているとは限らない。第二に、負債を返済して土地を「買い戻し」たことを論証しうる史料は現存しない。坂上氏の批判によって、「常地」を不動産質で説明した菊地氏の説は成立しえないと考えられる。だが、坂上氏の批判によっても「常地」は永売と同義であり年期売と同義の概念とする菊地氏の論理までは否定しきれない。また、債務者（前主または旧主）が「買い戻し」権を留保したままの私的土地所有を「常地」とする、菊地氏のもう一つの論理も否定できない。それゆえ、「常地」を私的土地所有の指標とする論理も依然として存続することになる。そこで、この問題を解くために「買い返し」に関する次の史料を分析しよう。

h　「土師宿祢吉雄田地売券追筆記載[43]」

件地、以去貞観十八年三月七日買得已了、而今依彼本主所由皇太后宮舎人中臣弥春并珍継雄等買返、更不造券文、

而彼吉男（雄）買券返与亦了

仁和二年三月十一日　蔭子善淵弘岑

貞観十八（八七六）年三月七日、土師宿祢吉雄は貞観銭二貫五〇〇文を価値に充て、善淵朝臣弘岑に某地を沽与した。追筆記載によれば、貞観十八年から十年後の仁和二（八八六）年三月十一日、弘岑が吉雄から買得した地を「彼本主所由」の中臣弥春・珍継雄等が「買い返し」た。その際弘岑は、あらためて券文を作成することをせず、吉雄から受け取った券文＝本文書を返し与えた。本文書は、日本古代において「本主所由」による「買い返し」を確実に立証することのできる貴重な史料である。

このような現象は、「常地」以下の文言が記された売券には存在しないのであろうか。この点を検証するために、先に一部を引用した次の文書を分析してみよう。

a　愛智郡司解　申百姓売買墾田立券文事(44)

（田積・直稲・条里坪付省略）

右（中略）戸主若湯坐連成継戸口大蔵秦公広吉女申云、己墾田矣、限常土用稲壹佰貳拾束充価直、売与左京六条二坊戸主台忌寸家継戸口清江宿祢貞成既訖（下略）

墾田主大蔵秦公広吉女

（男三名・戸主、署名略）

保子従六位下依知秦公「継成」

従八位上依知秦公「家持」

大蔵秦公「魚主」

依知秦前「秋麿」

郷長（署名略）

天長二年十月三日（郡司署名略）

「上件墾田本券文、大国郷戸主依知秦公家主戸同姓年縄切常地進度如件。仍勒証人署名。以解

承和八年八月十一日清江宿祢「夏有」

証人依知秦前公「秋麿」（他二名略）」

天長二年十月三日、大蔵秦公広吉女は墾田三段一二〇歩を、稲一二〇束を用いて価値に充て、清江宿祢貞成に「常土」を限って売与した。追筆記載によれば、天長二年から十六年後の承和八（八四一）年八月十一日、貞成の子孫と思われる清江宿祢夏有は(45)、当該地を依知秦公年縄に「常地」を切って進め渡している。

ここで、一見何の変哲もないこの地の転売過程に隠されている事実を理解するためには、史料hでの分析結果を参照する必要がある。つまり、善淵弘岑は「本主所由」による「買い返し」の際、新たに券文を作成することをせず、吉男からの買得に当たって受け取った券文を「返し与え」ていることである。このことを踏まえて本文書の追筆記載を読み返してみると、清江夏有は大蔵秦公広吉女が清江貞成に売与した際に作成した売券＝「本券文」を依知秦公年縄に進め渡していることに気づく。これは「土師吉雄売券」と同一の「買い返し」の現象と考えられる。以上の解釈が正しければ、「買い返し」という文言はないものの、本文書の場合も「常土」を限って売与した墾田が、依知秦公年縄によって「買い返」されていることになる。ただし、「本主所由」による「買い返し」を立証できる史料hには「常地」以下の文言は記されていなかった。とすれば、「常地」以下の文言を記して売買するとは、それを記さないで売買するのと同じように、「本主」または旧主の「買い返し」の余地を残した概念であることになる。この点は菊地

氏の指摘のとおりであろう。ところが氏は、それを永売であり債務者（前主または旧主）が「買い戻し」権を留保したままの私的土地所有であるとした。はたしてそうであろうか。

本文書によれば、本文の大蔵秦公広吉女→清江貞成間の場合は「限常土」、追筆記載の清江夏有→依知秦公年縄のそれは「切常地」という文言が記されている。当該地と買得主体との関係は「常土」「常地」として売買のたびごとに設定されており、前述した考え方によれば、それ以前の田主との関係はそのつど「限」り、「切」られていることになる。このような現象はどのように理解したらよいのであろうか。本文書の本文では、郡司以下の公的行政機関の署名によって大蔵秦公広吉女→清江貞成間の売買が完結している。一方、追筆記載には証人として依知秦前公秋麿の他二名が「証人」として署名しているにすぎず、郡司以下の公的行政機関の署名は存在しない。にもかかわらず、それぞれの売買に「限常土」「切常地」という文言が記されているのである。この二つの売買を同じレヴェルで考えることは困難であろう。「常地」以下の文言は、所有権または私有権とは異なる次元の問題として理解すべきことになる。さらに重要なことは、追筆記載で「証人」として署名を加えている依知秦前公秋麿は、本文の「保子」の四人目に署名している依知秦前秋麿と同一人物と考えられることである。追筆記載での秋麿の署名は、本文の公的行政機関の「承認」行為の一環としての署名とは次元の異なるものであると考えられる。追筆記載の売り主である清江宿祢夏有は、彼の親族と思われる清江宿祢貞成が左京六条二坊と記されていることからしても、大国郷以外に本貫を有する者と思われる。これに対し、買得主体である依知秦公年縄は同郷の戸口と記されている。追筆記載での依知秦前公秋麿の署名は、在地社会の「公」的秩序を体現する人格としてのそれであると考えられる。したがって、「常地」以下の文言は、「主」として国家的に掌握された人格の、土地に対する現実的・実体的支配を前提に在地社会に成立した概念であると考えられるが、所有権または私有権そのものを意味する概念ではなかったことになる。(46)「前主」（≠売り主）

の「買い返し」を留保した上での買い主に対する「常地」の売与は、法史料で検証したように、排他的占有権または用益権を付与することであった。換言すれば、「常地」は切り、限り、絶たれることによって前主＝売り主の介入による「競作」を回避する概念になるのである。それゆえ、「常地」を私的土地所有の指標とすることはできない。

それでは、以上のような内容を有する「常地」がなぜ古代土地売券にあらわれるのであろうか。また、前節でみた「常地」を法的次元で取り上げた右京職の根拠はどこにあるのか。最後にこの問題を考えることによって本章を締めくくることにしたい。「常地」以下の文言が記された古代土地売券は、年代的には天平勝宝元（七四九）年十一月二十一日「伊賀国阿拝郡柘殖郷長解」の「天平勝宝元（三）年歳次辛卯年始常地作料」(47)を嚆矢とし、『平安遺文』による限り元暦元（一一八四）年十一月二十二日の「紀伊国田地売券及直米請取状」(48)の「永代常地」にいたるまで見いだされる。地域的には京・畿内のみならず近江・中国地方にまで及んでいる(49)。現存史料による限り、「常地」は墾田永年私財法以後ほぼ古代全般を通じて見いだされ、地域的にもほぼ当該時代の「全国」に及んでいることになる。一方、右京職解が出されたのは天長四（八二七）年頃、つまり平安初期であった。さらに、同職が提示したのは永年私財法の「三年不レ開」の原則を前提としない、換言すれば同法の「加功」の論理とは次元の異なるものであった。それは律令法の枠内から出てきた論理ではなく、それ以外の場、すなわち在地社会内部に存在した論理であったと考えられる。古代土地売券、特に史料aの分析結果はこの点を強く実証している。前述したように、「常地」は所有権または私有権そのものを意味する概念ではなく、「主」として国家的に掌握された人格の、土地に対する現実的・実体的支配を前提に在地社会に成立した概念であったと考えられる。右京職は在地社会内部に共通認識としてあった論理を採用し、墾田永年私財法的開墾政策を転換しようとしたのである。同職が解の中で「常地」という概念を採用しようとしたのは、律令法的土地支配だけでは貫徹しえない、在地社会内部の土地占有の指標を認識し、法的レヴェルでそれを容認しようとしたからであった。国司以下の公的行政機関が「公券」たる古代土地売券に「常地」以下の文言が記されても何ら規制を加えているように思われないのも、以上の理由による。これに対し、前節で述べたように、律令制国家は「加功」主義に固執した。その結果は前節の末尾に示したとおりである。

おわりに

以上、本章では四節にわたる考察によって以下の諸点を明らかにすることができた。第一に、「常地」は法的にも実体的にも所有権または私有権をあらわす概念ではなく、当該段階の田主または地主の「競作」を排除できる排他的占有権または用益権を示す概念であった。その意味で、「常地」は私的土地所有権の指標となる概念ではなかった。「常地」は墾田永年私財法の「三年不ㇾ開」の原則を前提としない、換言すれば同法の「加功」の論理とは次元の異なるものであった。それゆえ、「常地」は律令制国家の閑廃地政策の中ではついに採用されることはなかった。第二に、「公券」たる古代土地売券に現れる「常地」以下の文言も、在地社会内部に独自の土地占有の指標が存在したことを示すものであった。「常地」は、切り、限り、絶つことに本来の意味があったように、「主」として国家的に掌握された人格が、土地に対して現実的・実体的支配を有することを前提に、在地社会に成立した概念であったと考えられる。それは、墾田永年私財法、換言すれば、律令法的土地所有とは次元の異なる土地占有の指標が在地社会内部に脈々と息づいている事実を見いだしたことを意味する。

「はじめに」で述べたように、いわゆる「国家的土地所有」論において私的土地所有の指標となるのは「私（加）功」と「相伝」である。本章で分析した「常地」は、墾田永年私財法の「加功」の論理では掌握しきれない在地社会内部のそれであった。「私（加）功」と「相伝」を私的土地所有の指標として適用できるのは、永年私財法的＝律令法的土地所有次元においてであることになる。それは、永年私財法的＝律令法的土地所有が在地社会全体を包括するそれとして貫徹していなかったことを意味している。もちろん、本章で言及できたのは「私（加）功」のみであり、「相伝」については前章で親族間相続や売買のケースについて触れただけである。「相伝」については、「はじめに」で述べたように、三谷芳幸氏が「常」字には「相伝」にまつわる含意があり、同じ「常」字を媒介にして「常地」にも「相伝」に関わる意味内容が与えられているとした(50)。しかし、「常」字はツネ・トコとよむのが一般的であるが、それ以外にも「キダ」という和訓があり、用例としては「常布」がある(51)。この場合の「常」字には「相伝」との関係を見いだすことは困難であろう。さらに、中世史の側からも、「相伝」という語それ自体は、通説とは異なり、私的な合意に基づく権利移転という意味を中核とするのであって、必ずしも繰り返しのニュアンスを含まないとされている(52)。このことは、「相伝」という語の古代・中世における共通性と異質性をあらためて検証しなおしてみる必要があることを示している。

一方、本章では「常地」の売与に「前主」または売り主の「買い返し」を留保した上でのそれが存在したことも実証した。それは、「常地」を近代的所有次元の「私有」に近い歴史用語であるとする通説を完全に否定するとともに、あらためて日本古代における「私有」とは何かを新たな視点から考えなおしてみる必要があることを意味している。それゆえ、日本古代における私的土地所有の発生を問題とする場合、在地「法」をも視野に入れ、グローバルな視点から考察することが求められる。それは、「国家的土地所有」を自明の前提とすることなく、幅広い分析視角が要求されることを意味する。この点を最後に記して、擱筆することにしたい。

註

(1) 研究史については、村山光一『研究史　班田収授』(吉川弘文館、一九七八年)参照。
(2) 中田「律令時代の土地私有権」(『法制史論集第二巻』岩波書店、一九三八年、初出は一九二八年)。
(3) 「永地」という地目または概念は、平安から戦国期までみられ(『日本国語大辞典第2巻』小学館、一九七三年、永地の項、一四七頁、『同書第二版』二〇〇一年は第2巻、五八七頁)、さらに近世の質地請け戻しの対象となった地目概念の中にも「永地」がみられる。平安期から近世まで「永地」が同一概念で使用されたのかについては、本章のカヴァーする範囲を超えた課題である。
(4) 中田「絶根売買」(『法制史論集第三巻』岩波書店、一九三四年)。
(5) 彌永「律令制的土地所有」(『日本古代社会経済史研究』岩波書店、一九八〇年、初出は一九六二年、九三頁)。
(6) 菊地『日本古代土地所有の研究』(東京大学出版会、一九六九年、特に一九八頁)。もちろん、永売を不動産質機能で説明する菊地説についてはすでに適切な批判が出されている。吉村武彦「賃租制の構造」(『日本古代の社会と国家』岩波書店、一九九七年、初出は一九七八年)、坂上康俊「古代日本の本主について」(『史淵』一二三、一九八六年)。吉村氏の菊地説批判は次のとおりである。永売の前に必ず債務契約があるわけではなく、賃租が永売の付随機能としてのみ行われる必然性もない。永売が売り主による「買い戻し」をあらかじめ前提としているとすれば、土地が「本主」に回帰する構造をもっているという点で賃租と何ら変わることがない。賃租と永売が区別なく売買とよばれているのも、それらが同一の回帰構造をもっているからである。
(7) 三谷「古代の土地売買と在地社会」(『土地と在地の世界をさぐる』山川出版社、一九九六年)。前掲、註(6)の吉村説を受けて、三谷氏は日本古代における売買は土地用益権の譲渡であるにすぎないとした。だが、本章の視点からすれば、土地用益権の譲渡とするだけではあまりにも一般的にすぎる。「常地」がどのような契機で成立したのかを明らかにしなければ、「常地」の特質を説明したことにはならない。なお、三谷氏は中田説を前提にして「常地」を永売の指標としてア・プリオリに措定しているが、永売それ自体について何ら論証しているわけではない。
(8) 石母田『日本の古代国家』(『石母田正著作集第三巻』岩波書店、初出は一九七一年、特に二六一頁)。
(9) 吉村「律令制国家と土地所有」(前掲、註(6)著書、初出は一九七五年)。本稿を著書に収めるに際し、吉村氏は現実の耕営用益と「私功」・「相伝」とは次元を異にするので、「加功」・用益・「相伝」と定式化した吉田晶氏の説には賛成できないとする註を加えた（二六三頁、註（15））。論理的にはそうならざるをえない。

（10） 吉田『日本古代村落史序説』（塙書房、一九八〇年）。

（11） 拙稿「日本古代における国家的土地支配の特質——土地売券の判と「毀」をめぐって」（『古代国家の支配と構造』東京堂出版、一九八六年、本書第一部第一章）、「古代土地売券分析の新視点」（『日本古代史叢説』慶應通信、一九九二年、本書第一部第二章）、「国家的土地支配の特質と展開」（『歴史学研究』五七三号、一九八七年、本書第一部第五章）。

（12） 『類聚三代格』巻十六、閑廃地事、四八五頁。

（13） 鎌田元一「弘仁格の撰進と施行について」（『律令国家史の研究』塙書房、二〇〇八年、初出は一九七六年）。本章で引用する氏の論文は特に断らない限りこれによる。なお、「弘仁格」を含む格の研究動向については、福井俊彦編『弘仁格の復原的研究民部上・中・下編』（吉川弘文館、一九八九・九〇・九一年）、川尻秋生「平安時代における格の特質」（『日本古代の格と資財帳』吉川弘文館、二〇〇三年、初出は一九九四年）参照。

（14） 『公卿補任』九三・九七頁。

（15） 『類聚三代格』巻十六、閑廃地事、四八六頁。

（16） 鎌田、前掲、註（13）論文。その理由を氏は「ひとたび正式に施行された「弘仁格式」に対する修訂であるから、格においては元来の日付をそのまま残し、あくまでその本来の形式的統一性を保とうとした」ことによるとする（五〇一頁）。

（17） 『日本三代実録』同日条。なお、『日本三代実録』の編纂方針については坂本太郎『六国史』（吉川弘文館、一九七〇年、のち『坂本太郎著作集第三巻』吉川弘文館、二〇一三年）参照。

（18） 「弘仁格抄」によれば、「同（弘仁十—引用者）年十一月五日」太政官符の存在が知られるが、その事書きはすでに天長四年官符の「応下以二閑廃地一賜中願人上事」とされていた。『類聚三代格』所収「弘仁格抄」巻九、京職、三六頁。もちろん、鎌田、前掲、註（13）論文も指摘するように、本来の弘仁十年官符の事書きは内容にふさわしい別個のそれを有していたはずである。

（19） 鎌田、前掲、註（13）論文、四八五頁。

（20） この「条」は、当該史料が右京職解であることから条坊または条令の意と解釈される可能性もある。だが、右京職に勧課権は存在するが、条坊や条令にその権限はない（戸令3置坊長条・4取坊令条、二二五・二二六頁）。したがって、ここでの「条」は条文の意と解釈するほかはない。右京職の勧課権は、国郡司の職務評定に関する考課令54（国郡司条）に「勧二課田農一」とあり（二九二頁）、この問題に対する刑事的制裁については、戸婚律21部内田疇荒蕪条に「凡部内田疇荒蕪者、以二十分一論。一分笞卅。一分加二一等一」と規定されている（二―三八一、六―二五三）。それは、国司（京職）の国に収斂する諸機能を総括する権能に基づいている。大町健「律令制的国郡制の特質とその成立」（『日本古代の国家と在地首長制』校倉書房、一九八六年、初出は一九七九年）参照。

（21）吉田孝「墾田永年私財法の基礎的研究」（『律令国家と古代の社会』岩波書店、一九八三年）参照。

（22）吉村「初期庄園の耕営と労働力編成」（前掲、註（6）著書、三二八頁、初出は一九七四年）。

（23）本史料と関係するのは戸婚律16盗耕種公私田条（二―三七五、六―二四四）であるが、梅田康夫「競田について」（『律令制の諸問題』汲古書院、一九八四年）によれば、同条は日本律には欠けていた。

（24）ここで問題となっている土地は、「閑地」・「空地」とありながらも（Ia）、実体は未墾地ではなく「荒廃」地である（IIa）。したがって、「本主不レ開」の期間は永年私財法の「三年（間）」を過ぎていると考えられる。ところが、当該史料の「主」は沃熟の妨奪を行って「競作」状況を発生させた。問題は「三年（間）」を過ぎているにもかかわらず、なぜ「主」は永年私財法を根拠にして沃熟の利を妨奪しえたかにある。換言すれば、同じ永年私財法を根拠にしながらも、なぜ「主」それも「本主」は「他人」の沃熟の利を妨奪できたのか、ということである。当然のことながら本史料にはこの問題に関する直接の言及はない。（Ia）には「或貧家疎漏、徒余二空地一。或高門占買、曽不二作営一」とある。沃熟の妨奪を行って競作状況を発生させた「主」は、「高（豪）門」ということになる。では、「高（豪）門」の内実はどのようであったのか。この場合、諸史料に散見する諸院諸宮王臣家（例えば、『類聚三代格』巻十六、閑廃地事、寛平八〈八九六〉年四月二日太政官符、四八六頁）がほぼ「高（豪）門」の内実と考えてよいであろう。とすれば、「本主」＝諸院諸宮王臣家を内実とする「高（豪）門」が、京戸を内実とする貧家＝「他人」の沃熟の利を妨奪したというのが「競作」の実体であったことになる。本章では、以上のような政治的論理の問題として「本主」と「他人」との間に発生した「競作」状況を理解しておきたい。

（25）職員令58（弾正台条）、一八五頁。

（26）菊地、前掲、註（6）著書、三二五頁、註（16）。ちなみに、西別府元日「奈良朝前半の墾田法について」（『律令国家の展開と地域支配』思文閣出版、二〇〇二年、初出は一九八一年）にも「空閑地と認定された場合にのみ、他の申請者に再開墾を認め、一年以内に開熟の地としたならば」（傍点—引用者）とある。

（27）前掲、註（24）寛平八（八九六）年四月二日太政官符の「三年不レ耕」の原則にならって仮にこのように称する。

（28）鎌田、前掲、註（13）論文、四八五頁。

（29）天長四年官符が出されてから三九年後、貞観八年勅（Ⅲ）が出された。同勅が出される前提として、左右京職は閑廃地に関する何らかの申請を行った。それに対する回答が同勅である。事書きが天長四年官符と同じであり、同勅の末尾にも「始レ自二明年一、改給二他人一、一如二格旨一」（傍点—引用者）とある。同勅の内容は天長四年官符のそれと同じであるとしてよいであろう。さらに、『延喜式』左右京式、24京中閑地条には次の条文が収載されている（下—六四七頁）。

凡京中閑地者、不レ論二貧富一、量レ力播レ種時営作。並加二勧課一、令レ尽二地利一。

本式では、京中閑地は貧富を論じないで、「播種」と「営作」の二つを「並加二勧課一令レ尽二地利一」とし、「常地」については何も触れていない。これは、一見すると弘仁十年官符の論理であり、延喜年間に現行法であったはずの天長四年官符のそれではないことになる。はたしてそうであろうか。本式と天長四年官符には次のような共通点がある。第一に、本式および天長四年官符とも「常地」を認めていない。第二に、本式では貧富を論じないと階級差を問題にしていない。これは、たんに願人に賜えとしている天長四年官符の論理と同じである。第三に、力を量りて「播種」し、地利を尽くさせることは、「勧令二耕営一」とする貞観八年勅の論理と同じである。その貞観八年勅は、前述したように天長四年官符の論理を踏襲している。以上の点よりして、本式も天長四年官符に淵源していると考えてよいだろう。

（30）史料Aの「弘仁十年十一月五日格」によれば、左京職（正しくは右京職）の申請内容は「空閑之地、自今以後、賜二冀《コヒ》申輩一為二常地一者」であった。これに対する良岑朝臣安世宣の内容は「惣二計空閑地一、先申二其数一、重課二其主一、悉令二耕種一。一年不レ耕者、収賜二冀人一。若授レ地之人、二年《マテニ》不レ開者、改賜二他人一。遂以二開熟之人一、永為二彼地主一」であった。史料Aの「弘仁十年十一月五日格」の宣の内容は、天長四年宣の論理そのものである。つまり、史料Aの「弘仁十年十一月五日格」においても、開墾申請者に賜いて「常地」となしたいとする右京職の申請は太政官に受け入れられてはいなかったのである。

さらに、東寺は鹿子木庄事書きの末尾に本荘領有の根拠として「天平式」＝墾田永年私財法とともに、本章で言及した「弘仁格」を引用している。石井進「「鹿子木庄事書」をめぐって」（『史学雑誌』七九編七号、一九七〇年）、同「荘園の領

有体系」（『講座日本荘園史2』吉川弘文館、一九九一年）参照。

> 凡弘仁格云、空閑之地自今以後賜冀申輩、為常地、若授他人、二年不開、改賜他人、遂以開熟之人、永為地主
> 天平式云、墾田自今以後任為私財
> 説者云、開発田地、皆以開熟人為私財、以次第手継可令領承

本文書で引用されている「弘仁格」の出典を求めれば、石井氏も指摘しているように、「法書」以外には考えられない。事実、『法曹至要抄』・『裁判至要抄』には永年私財法と並んで「弘仁十年十一月五日格」が引用されている。詳細な記述を残す『法曹至要抄』を示せば、次のとおりである（『群書類従』巻七七、荒地条、一一二頁）。

> 一荒地以二開人一可レ為二領主一事。
> 弘仁十年十一月五日格云。応下以二閑廃地一賜中願人上事。右云々。空閑之地。自今以後賜二冀申輩一同二地主一。〔為常地者云々（紀）〕若授レ地之人二年不レ開者改賜二他人一。遂以二開熟〔墾イ〕之人一永為二〔彼紀〕地主一。
> 天平十五年五月廿七日勅云。墾田自今以後任為二私財一。
> 案レ之。開発田地皆以二開熟〔墾イ〕人一永為二私財一。〔以二次第手継一イ〕可レ令二領掌一。

本条で「弘仁十年十一月五日格」（もちろん、内容は天長四年官符の趣意文にほかならない）と永年私財法がセットで引用されているのはなぜか。明法家は「開発田地、皆以二開熟人一、永為二私財一。〔以二次第手継一イ〕可レ令二領掌一」としている。田地を開発した開熟人こそが私財たる田地の地主だからである。事書きに「荒地以二開人一可レ為二領主一」とある領主を地主と置き換えてみれば瞭然であろう。大地に対して功力を加えた主体である開熟人こそが、その労働の成果である田地に対して地主権を有するという論理である。さらに本条は、「弘仁十年十一月五日格」を「遂以二開熟之人一、永為二〔彼紀〕地主二」と引用しており、明法家は同「格」をまさしく開熟人こそが私財たる田地の地主権を有する論拠としていた。つまり、「弘仁十年十一月五日格」と永年私財法は、有機的な関連をもって明法家に認識されており、「常地」はそこでは何ら考慮されていなかったと考えられる。鹿子木庄事書きの眼目は、石井氏も述べるように、「開発田地、皆以二開熟人一、永為二私財一、以二次第手継一、可レ令二領承二」という「説者云」、法書でのそれは「開発田地、皆以二開熟人一、永為二私財一。〔以二次第手継一ィ〕可レ令二領掌二」という一句に収斂するにすぎない。したがってそれは、逆に明法家が「常地」を開熟の論理では認識していなかったことを示すことになる。

(31) このほか「限常地」とする例も存在する。「秦阿祢子解」(『平安遺文』一—二六八)。
(32) 『平安遺文』一—五〇。清江氏の土地転売過程の史料学的検討は、薗田香融「近江国大国郷長解」(『籍苑』第二二号、一九八六年)、栄原永遠男「関西大学図書館蔵「近江国大国郷長解」について」(『古代史の研究』7、一九八七年)参照。
(33) 『平安遺文』一—六五。
(34) 『平安遺文』一—一五一。
(35) いま本文に掲げた以外の該当する文書を『平安遺文』の号数で示せば、以下のとおりである。一—八七・八八・一一六・一四四・一五九。
(36) 『唐招提寺史料第一』(吉川弘文館、一九七一年)三号文書、四頁。
(37) 中田は「絶根」を「根こそぎ」沽与の意味が表示されて居る」とし(前掲、註(4)論文)、原秀三郎氏は「絶根」を「絶の代物」と解している(「荘園制形成過程の一齣」『日本古代の木簡と荘園』塙書房、二〇一八年、初出は一九六七年)。
(38) 『東南院文書』三—五六。
(39) 『平安遺文』一—四八。本文書に関しては東京大学史料編纂所所蔵の影写本を参照したが、前掲、註(36)『唐招提寺史料』にも一〇一号文書として翻刻されている(一一六頁)。
(40) 前掲、注(3)『日本国語大辞典』第8巻、六〇六頁、該当項。『同書第二版』二〇〇一年は、第10巻、六三六・六三七頁。
(41) 『平安遺文』一—七九。栄原永遠男「紀伊国那賀郡司解の史料的検討」(『紀伊古代史研究』思文閣出版、二〇〇四年、初出は一九八六年)、波々伯部守「九世紀の「紀伊国四売券」について」(薗田香融編『日本古代社会の史的展開』塙書房、一九九九年)。
(42) 坂上、前掲、註(6)論文。
(43) 『平安遺文』一—一七一。
(44) 前掲、註(32)文書。
(45) 清江宿祢貞成→清江宿祢夏有間の相続が「無券文相続」であったと考えられることについては、拙稿、前掲、註(11)「古代土地売券分析の新視点」参照。
(46) 『万葉集』に「うちひさつ　三宅《みやけ》の原ゆ　ひた土《つち》に(下略)」とある(『日本古典文学全集万葉集3』小学館、一九七三年、巻十三、三二九五番、四一〇頁)。この「ひた土」について、沢潟久孝氏は次のように注釈している。「代匠記に「當土ニ作レルハ常土(傍点─引用者)ニ依ルベシ。常陸國ノ如シ」とし、略解補正「當」を可とし、古典大系本も「當はアタル・フレル意。從つて土にアタル意でヒタツチとよむ」とあるによるべきであらう。素足で地べたに踏み込んで、の意」(『萬葉集注釋巻第十三』中央公論社、一九六四年、一五四頁)。歌の意味としてはそのとおりであろう。ただ、「ひた土」は本来「常土」であった。それは、沢潟氏が引用している信頼できる写本によって明らかである。これによっても「常地」以下の文言が在地に根づいた現実的・実体的概念であることがうかがえる。

(47)『東南院文書』二─九〇。

(48)『平安遺文』十─五〇九一。

(49) 前掲、註(36)文書。

(50) 三谷、前掲、註(7)論文。

(51) 前掲、註(3)『日本国語大辞典』第3巻、六〇一頁、「きだ」の項、『同書第二版』は、第4巻、一四七頁。吉川真司「常布と調庸制」(『史林』六七巻四号、一九八四年)参照。なお、註(46)を参照すると、常の訓には「ヒタ」もあったことになる。

(52) 新田一郎「相伝」(『中世を考える　法と訴訟』吉川弘文館、一九九二年)。

第四章　古代日本の「本主」

はじめに

中世における「モノの戻り」現象を説明するための鍵となる概念として、笠松宏至・勝俣鎮夫氏らによって提起されたのが本主権説である。笠松氏は、早く闕所地の給与を規制する慣習的規制を通じて、闕所地になお潜在的に存在する本主の再給与期待権を考えていた。(1)そして、かつて折口信夫が一定期間ならば売買した品物を元の持ち主が取り戻す、「商返《あきがえし》」という民間習俗を徳政と解釈していたことを前提に、中世人の「信仰（社会的共感）」に支えられた「復活」という観念の中に徳政を位置づけた。(2)これを受けて勝俣氏は、徳政一揆の要求を「復活」観念から捉えなおすため、中世人の土地所有観念を掘り起こそうとした。その結果導き出されたのが本主権という人と土地との一体観念であった。それは、開墾によって生み出される「自らが生命を付与した土地」という意識に支えられた本主という人と土地との一体化、すなわち地発《ぢおこし》こそが徳政の基底に存在した地徳政であり、地域的「大法」とする考え方である。(3)

徳政論に関する近年の研究動向を整理した長谷川裕子氏は、徳政による「モノの戻り」現象は、貨幣経済の発達した中・近世に特徴的なもので、貸借・質契約における債務・債権問題として捉えるべきであるとした。すなわち、勝俣氏によって提起された、徳政を開発に淵源をもつ本主という人とモノとの一体観念という所有の問題としてでなく、

債務の取り戻しとして追求すべきである、としたのである。(4)

ただ、笠松・勝俣氏らの徳政論を考えるとき、勝俣氏の論考には一つの前提があったことを忘れてはならない。それは、古代日本における永売は、債務者が債権者に所有地を質入れした不動産質が実体であったので、土地の「買い戻し」現象が存在したとする菊地康明氏の説である。(5) もちろん、菊地説に対しては吉村武彦・坂上康俊両氏の適切な批判がある。それでは、両氏は土地の「買い戻し」現象をどのように説明するのか。吉村氏は、永売が売り主による「買い戻し」をあらかじめ前提としているとすれば、土地が売り主≒本主に回帰する構造をもっているという点で賃租と同じであり、賃租と永売には同一の回帰構造があるとした。それでは本主の「買い戻し」権は何に基づくのか、という点に関しては不明なままである。(6) 一方、坂上氏は「取り戻し」現象を説明する方途について、「感情的・宗教的な祖先伝来の土地と人間との結びつき」を想定した。すなわち、令制下に売却された田地が往々に売却者の子孫等によって「取り戻さ」れているが、それは氏上が氏人に分有していた令制前の田土所有観念が背景に存していたからであるとした。(7) 坂上氏の説に勝俣氏らの本主権説との共通性を読みとることは容易であろう。

だが、はたして古代日本において本主が大地の最初の開墾主体であり、人と土地との一体観念が存在したから、売却地に対する本主（≒売り主）の「取り戻し」権や「買い戻し」権とされる現象が存在したのであろうか。管見の限りでは、坂上氏の論考以後、この問題については等閑に付されたままである。さらに、この問題を考える上で重要なことは、先に示した諸論考の中で、笠松・勝俣両氏の説のキーワードである「本主」という語そのものについての検討はこれまで行われていないことである。それゆえ本章は、日本古代史の立場から「本主」という人格の土地に対する関係・性格を、法と実体の両側面から分析することにしたい。

一　律令における「本主」

古代日本における「本主」を問題とする場合、前提として「主」という概念を問題とせざるをえない。かつて中田薫は土地私有主義学説を提唱したが、その根拠は律令法において土地に「主」の有無で区別が存在することであった(8)。それゆえ本章は、律令法における「主」は所有権または私有権を表す概念であるかを分析することから始めることにしたい。

「他人の土地で発見した埋蔵物を隠匿する罪について規定」している唐雑律59得宿蔵物条は、次のとおりである(9)。

諸於二他人地内一得二宿蔵物一、隠而不レ送者、計二合レ還レ主之分一。坐蔵論減二三等一。〈若得二古器形制異一、而不レ送レ官者、罪亦如レ之。〉

疏議の注釈部分は本章には直接関係しないので割愛し、問答部分のみを分析する。

問曰、官田宅、私家借得、令二人佃食一。或私田宅、有二人借得一、亦令二人佃作一。人於レ中得二宿蔵一、各合二若為分レ財。

答曰、蔵在二地中一、非レ可二預見一。

(1) 其借二得官田宅一者、以二見住（及）見佃人一為レ主。

(2) 若作人及耕犂人得者、合下与二佃住之主一中分上。

(1)は官の田宅を借りたときは、現在居住し現在耕作する借り主を「主」とする。(2)は官の田宅で作人・耕犂人という被傭者が埋蔵物を発見したときは、佃住の「主」である借り主と被傭者の間で中分（折半）する、という意味である。すでに菊地康明氏も指摘しているように(10)、現在居住し、現在耕作する借り主が「主」とみなされている。その場合、彼は今現在における「借得」権または占有権を有するにすぎない。したがって、唐律における「主」は必ずしも所有または私有の主体を表すとは限らなかった。

以上は官田宅の場合であるが、本条後半部の私田宅に関する問答は次のとおりである。

(3) 其私田宅、各有二本主一。

(4) 借者不レ施二功力一、而作人得者、合下与二本主一中分上。借得之人、既非二本主一、又不レ施レ功、不レ合レ得レ分。

(3)は田宅が私に属するものであれば、それぞれ「本主」がいる。(4)は私田宅において借り主が自ら耕作せず、現実に耕作している作人（＝借り主の被傭者）が発見したときは、埋蔵物は「本主」と被傭者とで中分しなければならない。「借得之人」（＝借り主）はもとより「本主」ではない上、また自ら耕作していないのであるから中分に預からないのは当然である、という論理である。私田宅の「主」＝「本主」は、借り主の被傭者が耕作しているときに埋蔵物を発見した場合でも中分の対象となるので、一見すると彼の権利はきわめて強固なものと考えられそうである。だが、官田宅で検証したように、前提となる「主」という概念は必ずしも所有や私有の主体を表すとは限らなかった。それゆえ、私田宅の「主」も、官田宅の場合と同じように、たんに「今現在の主」を表すにすぎない。

それでは、令においてはどうであろうか。「本主」をグローバルな視点から分析するため、律令における「本主」という語を可能な限りピックアップしてみよう（「表3　本主史料　律令一覧表」上段が律、下段が令。なお、左から条文名、該当箇所、律は引用箇所、令は「本主」の内容、巻数と頁数、条文の要約である）。

令における「本主」は、家人の主、化外奴婢の主、帳内・資人の主、家令の主、軍団官馬の主、動産の主、逃亡奴婢の主を意味し、日本令の本文には土地についての「本主」関係条文は存在しない。ちなみに、帳内は親王・内親王に与えられる従者（位分資人）、資人は五位以上の有位者、大臣・大納言に与えられる従者（職分資人）、家令は四品以上の親王・従三位以上の職事に与えられる従者のことである。それでは律においてはどうか。同じく帳内・資人の主、部曲・奴婢・客女の主、狂犬の畜主などとともに、ようやく口分田の売り主（No.4）、不当な商行為の被害者（No.7）、すでに言及した私田宅の主（No.8）として本稿の対象としたい、またはそれに関連する可能性のある「本主」が登場する。

まず、令における土地関係以外の「本主」史料として、「軍団の官馬の調習と正当な理由なく死失した場合の処置」を規定している厩牧令19軍団官馬条（No.9）を分析しよう。

凡軍団官馬、本主、欲下於二郷里側近十里内一調習上聴。在レ家非理死失者、六十日内備替。即身死、家貧不レ堪レ備、

条文の要約
帳内資人が仕える主を殺害したら八虐の不義
部曲・奴を養って子孫としたときの刑罰
客女・婢を放ち，良とした上で妾とするのは合法
口分田売買は，地は売主に戻し，代価はそのまま
狂犬は畜主が殺さなければ過失として笞四十
帳内資人が仕える主を殺害したら八虐の不義
不当な商行為によって得た利益は被害者に返還
作人が私田宅内で埋蔵物を発見したら本主と中分

条文の要約
家人身分の固定，駆使の方法，売買禁止
化外奴婢が自ら帰化したときは良として処置
帳内資人が及第したら内位に叙す，不第は本主へ返還
帳内資人の本主死亡後は式部省へ送致し処置
帳内が理務に堪えるときは内位に叙す
家令は本主が諸司の考法に準じて考を立てる
帳内資人の上・中・下三段階の評定方法
帳内資人への杖罪以下の懲罰権
官馬飼育兵士の調習と死失時の処置
帳内資人が主の喪に服すべき期間
亡失動産を拾得したときの本主への返還手続き
逃亡奴婢捕捉時の処置
捕捉奴婢死亡・逃亡時の褒賞
価値の決定と捕捉者への褒賞
逃亡・略盗奴婢の子の帰属と本主への返還
取調官と被告の関係の適用
薪進規定

表3　本主史料　律令一覧表

律

	条　文　名	該　当　箇　所	引用箇所	巻—頁
1	名例6十悪	帳内資人，於所事之主，名為本主	疏議	2—51
2	戸10養雑戸為子孫	所養部曲及雑戸，無本主	疏議注	2—366
3	戸11放部曲為良	本主不留為部曲，本主留為妾	疏議問答	2—368
4	戸14売口分田	地還本主，財没不追	本文	2—372
5	厩12畜産觝蹹齧人	狂犬本主（≒畜主）不殺之者	疏議	2—441
6	賊5謀殺府主等官	謀殺制使若本属府主（＝本主）	本文	3—503
7	雑33売買不和較固	贓既準盗論，即合徴還本主（≒被害者）	疏議	3—761
8	雑59得宿贓物	私田宅，各有本主，本主中分，既非本主	疏議問答	3—792

令

	条　文　名	該　当　箇　所	「本主」の内容	頁
1	戸令40家人所生	皆任本主駆使	家人の主	238
2	戸令44化外奴婢	本主雖先来投国，亦不得認	化外奴婢の主	239
3	選叙16帳内資人	（帳内資人）不第者，各還本主	帳内資人の主	274
4	選叙17本主亡	帳内資人等，本主亡	帳内資人の主	274
5	選叙19帳内労満	（帳内）本主欲於内位叙者聴	帳内資人の主	275
6	考課66家令	家令毎年本主，准諸司考法，立考	家令の主	299
7	考課69考帳内	（帳内資人）毎年本主量其行能功課	帳内資人の主	301
8	儀制24帳内資人	不称本主者，仗罪以下，本主任決	帳内資人の主	350
9	厩牧19軍団官馬	（官馬）本主欲於郷里側近十里内調習聴	官馬飼育兵士	418
10	喪葬17服紀	服紀者（帳内資人の）本主，一年	帳内資人の主	439
11	捕亡4亡失家人	亡失家人，券証分明，皆還本主	動産の主	448
12	補亡8捉逃亡	捉人欲侄送本主者，若送官司，見無本主	逃亡奴婢の主	449
13	補亡9逃亡奴婢	已入官司，未付本主	逃亡奴婢の主	450
14	補亡11平奴婢価	令本主与捉人対売分賞	逃亡奴婢の主	450
15	補亡14両家奴婢	略盗奴婢，所生男女，皆入本主	逃亡奴婢の主	451
16	獄49鞫獄官司	経為帳内資人，於本主亦同	帳内資人の主	470
17	雑26文武官人	其帳内資人，各納本主	帳内資人の主	481

者、不レ用二此令一。（傍点―大宝令の語句。〜は大宝令に存在しなかったか、養老令と異なっていた語句。以下同じ）

本条義解によれば、「案二唐令一（下略）」（1a／九三三）とあり、「本主」という語は復原できないものの、唐令にもほぼ同内容の条文が存在するので[11]、本条は唐令を参考に制定されたと考えられる。本条に登場する「本主」について、同じく義解は「本主者、養レ馬之兵士也」（5a／九三二）とし、古記も「本主、謂（軍団官馬を―引用者）令レ養兵士是也」（6b／九三二）と注釈している。つまり、「本主」とは軍団官馬の飼育に当たる兵士のことである。したがって、当然のことながら、所有や私有の主体ということはできず、まして本条から土地の開墾主体という意味を抽出することはできない。

さらに、この問題を律・令ともに登場する帳内・資人と「本主」との関係から考えてみよう。仁藤敦史氏によれば[12]、外位の対象者には郡司、軍毅、国博士・国医師とともに帳内・資人が含まれる。外位が規定された大宝令段階では、評定権はきわめて限定された人々にしか与えられなかったが、国司と「本主」には与えられた。国司は旧国造層の権限を分割し、律令制国家に奉仕させる必要から、令制国内での秩序の頂点に位置し、郡司らを指揮する権限を有した。一方、「本主は令制前における皇子宮や豪族の家政機関の伝統から帳内・資人との人格的結合や家族的擬制が認められた」とする。ただし、律令制国家成立以後「外位制度は天皇による位階授与権を優先した結果、郡司や従者に対する国司や本主の自由な評定権や位階授与権を制限したことになり、畿内豪族層にとって必ずしも有利な制度となり得ない」ものであった。すなわち、律令制下における帳内・資人と「本主」との関係は、外位制度という天皇を頂点とした官僚制的秩序の一部に組み込まれたのであって、令制前の人格的結合や家族的擬制を認めることはできない。

ただ、次の「薪進」規定が存在する点において、「本主」に評定権（№６）・決罰権（№８）が存在することはきわめて重要である。「文武官人が正月十五日に一定数量の薪を進納すべき規定」である雑令26〔文武官人条〕は、次のとおりである（No.17）。

凡文武官人、毎レ年正月十五日、並進レ薪。〈長七尺。以二廿株一、為二一担一。〉（中略）諸王准レ此。〈無位皇親、不レ在二此例一。〉其帳内資人、各納二本主一。

滝川政次郎・三上喜孝両氏によれば、文武官人が薪を進上するのは「天皇の臣隷たることを顕示する」行為である。(13)そのような「薪進」規定の中に帳内・資人が「本主」へ薪を納入することが義務づけられていることは、この儀礼が忠誠を誓うそれとしてきわめて重要であったことを意味する。しかし、ここで重要なことは、帳内・資人と「本主」の関係は、文武官人の天皇に対する関係と同様に、官僚制的秩序の一部であることである。「帳内・資人の本主が死亡した後の処置に関する規定」である選叙令17本主亡条（No.4）は、次のとおりである。

凡帳内資人等、本主亡者、朞年之後、皆送二式部省一。若任二職事一者、即改入〔入内当〕二内位一。其雑色〔当〕任用者、考満之日、聴下於二内位一叙上。若無位者、未レ満二六年〔考〕一、皆還二本貫一。若廻充二帳内〔親事〕資人一者、唐一三 亦聴レ通二計前労一。（『拾遺』二九一、『拾遺補』一〇七七）

集解諸説は、「本主」が死亡した場合の考（勤務成績）は「主家」が定めるとする。例えば、義解は「周忌之後月也。其考者主家校之」（7a／四九一）とする。朱説にも「更仕二他主一者、仕二先主一八九十月日通二計後仕所一与二三年考一歟何」（9a／同頁）とあり、「他主」に仕えた場合の考は「先主」に仕えた考と通計するかを問題としている。その「通二計前労一」について、古記は「前主考、後主考通計、聴二成選一也」（6a／四九三）と注釈している。古記の「前主」は朱説の「先主」、同様に「後主」は「他主」と同義であろう。とすれば、帳内・資人と「本主」との関係は、少なくとも大宝令以降「本主」が生きている限りのそれであって、官人として仕える場合、死後は後主＝他主に仕えるのが当然であったことになる。ちなみに、喪葬令17服紀条（No.10）で帳内・資人は「本主」の喪に服す期間が一年と定められているのに対し、同じく「本主」に仕える関係にある「文学（親王の家庭教師）」[14]や「家令」（No.６）は対象外とされていた。彼ら「文学」や「家令」と「本主」との関係は、官僚制的秩序の一部にすぎないのであり、彼らの間に令制前の人格的結合や家族的擬制を想定できないことは当然であろう。したがって、官人としての帳内・資人と、彼らが仕える「本主」との関係は、たんに「本主」が生きている限りでの管理者であり、それ以上ではなかったのである。

令における「本主」概念の検討を踏まえて、次に墾田永年私財法を分析しよう。「本主」は墾田永年私財法占定手続き規定の中に存在する語だからである。

但、人為レ開レ田占レ地者、先就レ国申請、然後開レ之。不レ得三因レ茲占二請百姓有レ妨之地一。若受レ地之後、至二于三年一、本主不レ開者、聴二他人開墾一。

この規定は、墾田地を占定するためにはまず国に申請し、許可された上ではじめて開墾することができる。もちろん、百姓に妨げある地を占定することはできない。ただし、地を受けて三年たっても開墾できないときは、「本主」の開墾権は剥奪され、第三者である「他人」の開墾を聴《ゆる》すという規定である。したがって、この規定の「本主」はその土地を開墾することを国に申請し、「三年（間）」という限定された期間の開墾権を認められた「主」ということになる[15]。

以上、本節では唐律、日本令、墾田永年私財法における「主」ならびに「本主」の意味を分析してきた。唐律における官田宅の「主」は現在居住し、現在耕作する借り主を表すので、「主」という概念は必ずしも所有または私有の主体を表すとは限らなかった。同様に、私田宅においても「本主」は「今現在の主」を表すにすぎなかった。一方、日本令の「本主」は、本来的には軍団官馬や帳内・資人の「今現在の管理者」を意味する語であり、所有または私有の主体を表す語ではなかった。さらに、墾田永年私財法の「本主」もたんに「三年（間）」という限定された期間の開墾権を有する「主」にほかならず、必ずしも土地の開墾主体であるとは限らなかった。それゆえ、古代社会における「本主」は、中世の本主権説のような、人と土地の一体観念を表す概念とすることはできない。

二　古代社会における「本主」

1　律令等とは異なる「本主」

それでは、「本主」という語は日本の古代社会において、実際にはどのように使用されていたのであろうか。まず土地関係においてどうであったかを、現実の社会で機能していた土地売券を分析素材として考えてみよう。(16)

□《(鴫)》野郷戸主生江子公戸口同広成解　申請□□□□《(墾田直事ヵ)》

合田《*「道守庄」》壱段伯貳拾歩〈既荒〉請直稲壱拾壱束

西北一条十一味岡里廿五味岡田分一段百廿六歩〈□本主□鴫田□小名郷戸主生江□〉

右件田直請既畢。仍注事状申上。謹解。

天平神護三年二月廿二日　今主生江広成

相知戸主生江子公

郡目代生江長浜

生江息嶋

上件稲、充畢。

知外少初位上生江臣村人

本文書によれば、事実書きの西北一条十一味岡里の一段一二六歩という地積の下に、「本主」という文字が記されている。ところが、天平神護三（七六七）年の時点では、一段一二〇歩は「既荒」と注記されている。とすれば、当該時点におけるこの地の「主」は「本主」ではない他の第三者であったと考えられる。それがこの地の直稲を受け取った「今主」の生江広成であろう。したがって、この土地売券における「本主」は、以前に開墾権を有していた「かつての主」であり、「今主」とは「今現在の主」であることになる。

次に、土地関係以外の史料ではどうであったかを分析しよう。逃亡奴婢の実体に関する史料としては、東南院文書第五櫃第十一巻に「東大寺奴婢籍帳」を表題とする九通からなる文書群が存在し、その中の一通に次のような文書がある。[17]

但馬国司牒上　造東大寺司

合進上奴貳人

奴池麻呂

奴糟麻呂

右件奴、依民部省去天平勝宝元年九月廿日符、以去正月八日進上已訖。此无故以二月廿六日逃来。仍捉奴正身、付本主大生部直山方等、進上如前。今具事状、謹牒。

天平勝宝二年三月六日史生正七位上臣（巨）勢朝臣「古万呂」

守従五位下勲十二等楊胡史「真身」　掾正六位上県犬養宿祢「吉男」

天平勝宝元（七四九）年に造東大寺司に売却された二人の奴が、翌年故郷の但馬国に逃げ帰った。国司の捜索の結果捉えられ、「本主」大生部直山方らに「付《さ》」づけて造東大寺司に進上された。注目すべきは、「本主」が奴を造東大寺司に送還していることである。とすれば、奴送還の義務は「本主」にあり、「本主」の立場は奴という動産の「かつての主」であったことになる。

この問題に関しては、「逃亡の奴婢を捕捉した者への褒賞と、主人の不明な奴婢の帰属に関する規定」である捕亡令7〔官私奴婢条〕を参照する必要がある（四四九頁）[18]。

凡官私奴婢逃亡、経㆓一月以上㆒捉獲者、廿分賞㆑一。一年以上、十分賞㆑一。

其年七十以上、及癃疾不㆑合㆑役者、并奴婢走捉㆓前主㆒、（中略）賞各減半。（下略）

本条は、官私の奴婢が逃亡して一ヵ月以上経過して捕捉したら、「主」が捕捉者に奴婢の価値の二十分の一を報賞せよ。一年以上ならば十分の一を報賞せよ。年齢が七十歳以上、および癈疾以上で使役することができないときや、奴婢が逃亡して「前主」に捉えられたとき、報賞はそれぞれ半減せよ、という規定である。ここで、「前主」について義解は、「奴婢逃亡、走捉㆓前主㆒。即為㆓前主捉送㆒。既異㆓佗人捉獲㆒。故前主得㆓其半賞㆒」と注釈している（10a／三〇五）。逃亡した奴婢は「前主」の許へ帰る可能性が高いので、「前主」が捕捉したときは、今現在の「主」に「捉送」せよ。ただし、「前主」による補捉は佗（＝他）人によるそれとは異なるので、褒賞は半減せよという意味である。この場合、「前主」が今現在の「主」に「捉送」することになっているので、逃亡した奴を今現在の「主」である造東大寺司に送還している「東大寺奴婢籍帳」のケースと一致する。したがって、「東大寺奴婢籍帳」の「本主」は、奴の「かつての主」を意味する「前主」とした先の推定は正しかったことになる[19]。

以上、現実の社会で機能していた文書類を分析することによって、「本主」の意味を考えてきた。土地売券の「本主」は、「今主」との対比でいえば、売却という事実によってたんなる「かつての主」の意となった。さらに、逃亡奴婢に関する文書類の「本主」も、「今主」と対比された、奴という動産の「かつての主」であった。したがって、現実の社会で使用されていた「かつての主」を意味する「本主」概念と、「今現在の主」を意味する律令や永年私財法の「本主」概念とは相違していた。

2　権利主体の基点となる「本主」

古代社会における「本主」は、右のような「かつての主」という使用のされ方にとどまるのであろうか。次にこの問題を分析しよう。(20)

□□(右得カ)左京一条一坊戸主従六位上刑部正永戸口土□(師)宿□□(祢吉)雄辞状偁、件地以貞観銭弐貫伍佰文充価直、沽与左京三条二坊戸主外従五位下善淵朝臣真鯨戸口同姓弘岑既畢。望請、依式立券文者。依辞状覆審、所陳有実、仍勒売買両人并保証署名、申送如件。以解。

売人土師宿祢「吉雄」（以下、相売妻、買人「弘岑」の署名略）

証人

大蔵省史生秦「永岑」（以下、二名省略）

貞観十八年三月七日

「件地(異筆)、以去貞観十八年三月七日買得已了。而今依彼本主所由皇太后宮舎人中臣弥春并珍継雄等買返。更不造券文。而彼吉男(雄)買券返与亦了。

仁和二年三月十一日　蔭子善淵弘岑」

貞観十八（八七六）年三月七日、土師宿祢吉雄は貞観銭二貫五〇〇文を価値に充て、善淵朝臣弘岑に某地を沽与した。弘岑本人が記したと思われる追筆記載によれば、それから十年後の仁和二（八八六）年三月十一日、彼が買得した地を「彼本主所由」である中臣弥春・珍継雄らが「買い返し」た。このときの対価はこの売券には記されていない。しかし、弘岑はあらためて券文を作成することをせず、吉雄から買得したときの券文＝本文書を返し与えている。この事実は、「本主所由」の「買い返し」によって、この土地を弘岑が「かつての主」である吉雄から買得する以前の状態に復帰させたことを意味する。吉雄が土師姓であるのに対し、弥春・珍継雄らは中臣姓を称している。「本主」の「所由」がどの程度の範囲までを指すのか不明であるが、本文書は「本主所由」による「買い返し」によって、土地を「かつての主」が売却する以前の状態に復帰させた史料となる。それゆえ、本文書の「本主」は、たんなる「かつての主」ではなく、「本主所由」による「買い返し」という行為を実践することのできる、権利の基点となる人格を意味することになる。

さらに、権利の基点となる人格という「本主」概念の意味がより明確となる文書群が存在する。東大寺薬師院に伝来する、次のような所領相論に関わる文書群がそれである。この文書群は、元興寺僧元阿の実効支配に対抗するため、東大寺上座であった慶賛（讃とも）が、大和国添上郡にある家地・墾田に対する刀祢・条司・郡衙の証判を求めるために提出したものである。関連する史料を年代順に記号を付して掲げれば、次のとおりである。(21)

Ⓐ弘仁七（八一六）年十一月六日付「雄豊王家地相博券文」（『平安遺文』一―四二）

Ⓑ貞観十四（八七二）年十二月十三日付「石川瀧雄家地売券」（『平安遺文』一―一六六）

Ⓒ延喜十一（九一一）年四月十一日付「東大寺上座慶賛愁状」（『平安遺文』一―二〇六）

本文書群の内容を理解する上でのポイントは次の点にある。すなわち、Ⓑの売券で石川朝臣瀧雄からこの地を買得した実行王こそが慶賛への譲与の出発点となる人格と思われる。にもかかわらず、彼ではなく石川朝臣瀧雄が「本主」とされているのはなぜか、ということである。この問題を、これらの文書群の成立過程を、時間を追って復原しなおすことによって明らかにすることにしたい（「表4　添上郡京東5条5上春日里5坪並びに4春日里32坪の相伝関係」参照）。叙述の都合上、もっとも重要なⒷ・Ⓒを提示しておこう。

Ⓑ　謹解　申売買立家□（地券文事ヵ）

合家壱区　地参段　墾田肆段壱佰歩（坪付注記省略）

（四至・立物記載省略）

右家、得左京六条一坊戸主従七位下石川朝臣真高之戸口同姓宗我雄一男瀧雄解状偁、己家充饒益銭弐拾捌貫文価直、与買実行王既畢。依勒売買両人之署名、欲立券文者、刀祢覆勘所陳有実。仍署名如件。以解。

貞観十四年十二月十三日売人石川朝臣「瀧雄」

相売人石川朝臣

買人「実行王」

保証刀祢（以下五名、署名略）

「（異筆）山階寺僧恩正処分已了

貞観十九年

正文処分已了」

----------大和国印一斜メニ捺ス----------紙継ギ目----------

租徴使上毛野公（以下四名、署名略）

郡司（擬大領以下四名、署名略）

貞観十五年六月廿六日勘大目大中臣朝臣

国判立券壱通　主料

守（署名なし、介以下三名、署名略）

Ⓒ

謹言

請蒙　刀祢証署并郡[　　]墾田等事

家地参段〈新開為田〉　墾田肆段佰歩

並在添上郡京東五条五上春日里五坪并四春日里卅二坪

右検案内、件墾田等、故専寺造司専当命順大法師、以去貞観十四年、従本主石川朝臣瀧雄之手所買得也。但彼大法師為恐格制実行之名立券也。□後、件命順賜処分於弟子僧恩正、恩正譲与於[　　]（譲）与於慶賛。而元興寺僧玄阿大法師、偁己墾田以妨領之。仍頃年、以彼公験経愁刀祢并郡衙、随即彼此公験可勘校之状、下符条司、随即公験可相向之状、牒送玄阿大法師、而件玄阿大法師左右遁避、不向公験、暗領地頭。其由在條司并刀祢日記文。望也蒙明裁、任於公験将被与判。仍副調度文[　　]

延喜十一年四月十一日東大寺上座大法師「慶賛」

件依慶讃大法師御愁、郡以去延喜六年、任彼此公験、可件坪々破定之由、条司并刀祢等、所被下帖也。而条使刀祢等障公務、経年不弁。而依彼大法師[　　]四月十九日、為破定件[　　]許、可相逢公験之由申送。而慶讃大法師者公験持向也。彼玄阿大法師者、公験无相向。又以今年三月十六日、又可公験向之由、重申送。而猶不出。即玄阿大法師〈云々〉、已附国郡帳、元興寺田五段百歩、是尤公験[　　]条司刀祢云、何乍□□図帳可無本公験

表4　添上郡京東5条5上春日里5坪並びに4春日里32坪の相伝関係

年　月　日	内　　容	備考（追筆）
Ⓐ弘仁7（816）．11.21 「雄豊王家地相博券文」	左5・1坊，小（雄）豊王 ↕　相博 左6・1坊，石川円足京家	以貞観14（872）年12月13日与沽実行王，以同15年6月26日立国判仍毀了
Ⓑ貞観14（872）．12.13 「石川瀧雄家地売券」	石川真高戸口宗我雄一男瀧雄 ↓ 実行王（≒命順，Ⓒによる）	貞観15年6月26日国判立券壱通山階寺僧恩正処分已了，貞観19（877）年，正文処分已了
Ⓒ延喜11（911）．4.11 「東大寺上座慶賛愁状」	命　順 ↓賜処分（Ⓑの追筆） 恩　正 ↓　譲与 X ↓　譲与 慶　賛（讃）	東大寺僧慶賛と元興寺僧元阿との所領相論

〈云々〉、雖然聿无相逢。而彼慶讃大法師所出
公験、国郡判明白也。仍加刀祢署。
県犬養（以下一〇名、七名署名）
「依刀祢等証験加署印
国老紀「田雄」（以下六名、署名略）」

Ⓐ〜Ⓒの文書群の成立過程でまず確認しなければならないことは、次の点である。すなわち、Ⓑの売券が作成される時点でこの地の「主」と国家に認識されていた人格は、Ⓐの券文で小（雄）豊王と京家を相博した石川円足のはずである。ところが、Ⓑの売券の売却主体は石川朝臣瀧雄となっている。それはなぜかという問題である。

史料に現れる限りでは、Ⓐ＝弘仁七（八一六）年〜Ⓑ＝貞観十四（八七二）年の五六年間に、あったならば張り継がれているか、この相論の際に提出されるはずであるが、この地の「相伝」に関する文書はこれら三通以外は現存しない。この間に複数の人物がこの地の相伝に関わった可能性は否定できないが、それは石川朝臣という親族内部の問題であって、他の第三者が介在した可能性はきわめて低い。つまり、この文書群で問題となっている土地は、五六年間にわたり石川朝臣という親族内部での「無券文相続」が行われていたの

である。[22] したがって、Ⓑの売券が作成される時点でⒶの券文を所持していたのは石川朝臣瀧雄であったことになる。

石川瀧雄から実行王へこの地を売却するに際して、田図上の「主」を変更することが必要となる。Ⓑが立券されて貞観十四年の時点におけるこの地の「主」は瀧雄と「認定」され、その上で瀧雄から実行王への売却が可能となるからである。Ⓑの売券は円足から瀧雄への「主」の変更、瀧雄から実行王への売却事実の「認定」を一紙で行っていることになる。それが可能であったのは、戸籍に基づく人格支配が前提にあったからである。[23] Ⓑの売券が作成された翌年に国判立券され、瀧雄から実行王への売却が田図において確定された。最終的にその国判に基づいてⒶの券文が国によって「毀」破されている。[24]

結果的に刀祢・条司・郡衙は、玄阿との争論においてⒶ・Ⓑの文書を所持している慶賛の主張を認め、「已附二国郡(図ヵ―引用者)帳一元興寺田五段百歩二」(Ⓒ)とする玄阿の主張を退けている。この事実は、一見すると田図による支配よりもⒶ・Ⓑの文書を所持していることの方が重視されたかのようにみえる。西山良平氏は、この相論を九世紀末から十世紀にかけて公験が重視される背景をうかがえる根拠とした。[25] だが、この争論は図帳と公験の対立を意味するわけではないであろう。刀祢・条司・郡衙は、図帳と公験が相違ないことを求めたにすぎないからである。玄阿は四段一〇〇歩の地を五段一〇〇歩と面積を過大に主張し、所持していないのであるから当然であるが、何ら公験を提出しなかった。これに対し、慶賛はⒶ・Ⓑの文書を所持していた。ことに彼がⒷの売券を所持していたことはきわめて重要な意味をもつ。Ⓑでは保証刀祢五名、租徴使四名、計九名もの人物が署名している。さらに、国判立券の部分では一般的には三通とある箇所に「壱」通と記されている。Ⓑこそがこの地の立券に際して作成された「本券」、すなわち「本公験」だったのである。事実、Ⓒで刀祢らは慶賛が提出した文書を「慶讃大法師所レ出公験」(傍点―引用者)としている。慶賛は「相伝」の出発点となる「本公験」(=本券)を所持していたのである。

問題は、田図上では実行王が買得主体であるにもかかわらず、実際には命順がこの地を買得し、結果として慶賛がⒶ・Ⓑの文書を所持していることを立証する必要があることである。それでは、「彼大法師（命順―引用者）為レ恐二格制一実行王之名立券」（Ⓒ）したことを証明できる人格とは誰か。「かつての主」である瀧雄をおいてほかにいないであろう。瀧雄こそが「本公験」であるⒷが作成された段階で、確実にこの地を実行王（≒命順）に売却した主体であると田図上で掌握された人格だからである。瀧雄からの「相伝」関係を立証することのできる「本公験」を所持している事実に対し、刀祢らは「国郡判明白也」（Ⓒ）としている。このことは、慶賛の主張の正当性を担保する最大の根拠も、「公験」の所持を前提とし、その「公験」が図帳と対応して相違しないという至極当然の事実であった。

ただし、これですべてが解決したわけではなかった。慶賛にはクリアーしなければならない課題がもう一つあった。慶賛への譲与の出発点となる、命順から弟子恩正への「賜処分」の問題である。この問題に関連するのがⒷの「山階寺僧恩正処分已了、貞観十九年、正文処分已了」という追筆記載である。この追筆は、貞観十九（八七七）年に命順から恩正に正文を「処分」したという内容を有する。つまり、正文類が命順から恩正に確実に渡されたことを証明するために記されたものである。

最後に、この文書群における「本主」は、必ずしも当該地の最初の開墾申請者または開墾を行った主体であるとは限らないことにも留意しておきたい（後述）。「本主」とは田図によってその地の「主」と国家的に掌握された人格のことであり、「相伝」関係を証明することのできる「本公験」に名前の記された人格にほかならなかった。ただしそれは、たんなる「かつての主」ではなく、土地相論や「相伝」関係における、当該時点において自らの所有の正当性を主張するための根拠となる人格のことであった。これまでとは異なる新たな「本主」概念が出現したのである。

九世紀にみられる以上のような「本主」概念は、それ以後どのように機能していたのであろうか。この問題を考えるため、平安時代における次の売券を分析しよう。[26]

□相慶解　申請　大和尚御房政所　裁事

　請　被殊蒙　鴻恩、任道理裁下、故相禅領知房舎資具并敷地、為僧成賀押取、又付属他人不安愁状（注略）

右、謹検案内、件房舎等、是故禅厳私領也。然相慶・相禅共為禅厳同宿弟子、送年序之間、相慶白地他行、不慮之外、禅厳頓死。其□（後カ）相禅称得付属、恣領知之。（中略）然成賀非本主禅厳弟子、又与伝領相禅非師弟。（中略）押領他人房地、恣付属他人。非道之甚、何事如於斯矣。望請　政所、任道理、被裁下禅厳門跡相慶□領知之由者。

（中略）仍□□状、以解。

　　嘉承元年六月十日

本文書は、嘉承元（一一〇六）年、僧相慶が故相禅の房舎や敷地などを僧成賀が押し取り、また他人に「付属」していることを大和尚御房政所に訴えた愁状である。相慶によれば、彼と相禅は故禅厳の同宿弟子であった。相慶が他所に行っている間に禅厳が急死し、相禅が「故禅厳私領」を「付属」を得たと称して勝手に領知した。相慶も禅厳の入室弟子であるので「分領」すべきであると訴えようとしたが、躊躇していたところ、相禅もまた死去して門跡が絶えてしまった。そのようなとき、「本主禅厳」の弟子でもなく、相禅と師弟でもない成賀が他人の房地を押領し、勝手に他人に「付属」する「非道」を行ったので、訴えたとしている。この相論の出発点となる敷地は「故禅厳私領」であり、その禅厳が「本主」とされている。したがって、平安時代における「本主」も、敷地の権利関係における、当該時点において自らの所有の正当性を主張するための根拠となる人格のことであった。

さらに、平安時代には次のような文書も存在する。[27]

僧湛慶　奉譲渡別所之山地壱処事

在紀伊国三上院重野郷奥山中〈字三瀧別所願成寺〉
四至〈東限峯道、南限瀧上黒山終、西限衣笠山、北限自大野界迄于古田口〉
右、件別所者、是湛慶之三上御庄令開発尅、切開深山奥、令建立壱宇伽藍、招居住僧等、以里田肆町宛行各食物、免除公事并官物、致帰依。故件山中東西拾陸町、南北拾陸町、以令寺領、可令至慈尊三会暁廻向者也。抑黒山者、是伐掃以為主、荒野者又以開発為主事、世□《(間カ)》常習也。就中件山之本主者、紀貞正相伝私領也。而彼貞正行得之、負物巨多之故、以重野郷并件山等、令弁済行得之出挙代畢。随又全以無曰《(ママ)》他主人。仍□別所、奉譲渡湛慶之舎弟中納言君宗顕者也。全以不可有後後他妨。以彼人門弟、件別所之用長吏、可令寺務執行之状、如件。故以解。
久寿二年正月　日　　僧（花押）
「本願上人湛慶」

この譲状は、久寿二（一一五五）年、僧湛慶が舎弟の中納言君宗顕に別所の山地一処を譲与した際に作成したものである。その別所（願成寺）は、湛慶が紀伊国三上院重野郷の深山の奥を切り開き、一宇の伽藍を建立して里田四町を免田として住僧等を招き居え、東西一六町、南北一六町を寺領としたものである。黒田日出男氏は、この譲状の「黒山」開発について、別所等の聖地としての開発に限定されず、民間の「常習」として、在地で広範に展開した「黒山」の「伐掃」＝開発の一環であったとする。それゆえ、件山＝「黒山」の「本主」が問題となり、「本主」紀貞正の相伝の私領であった「黒山」が、巨多の負物で出挙の代として僧湛慶の所有に帰したことが明記されねばならなかった。「開発領主紀貞正は、おそらく、重野郷と「黒山」に対する一定の開発を、湛慶以前に行なってい[28]」たとする。そうであれば、この譲状は勝俣氏らの本主権説の有力な根拠となる史料とすることができる。だが、黒田氏が重視した「抑黒山者、是伐掃以為レ主、荒野者又以二開発一為レ主事、世□《(間カ)》常習也」は、平安時代後期における「黒山」の一般的な私領化の進行を意味しているわけではなく、「黒山」を伐掃し荒野を開発した主体はほかならぬ僧湛慶であると述べているにすぎない。さらに、「就㆑中件山之本主者紀貞正相伝私領也」以下の大意は、「なかでも、件山＝「黒山」の「本主」は紀貞成であり、彼の（先祖）「相伝」の私領であったが、負物巨多により出挙の代として僧湛慶に売却した」[29]ということである。この場合の「本主」は、開発主体ではなく、所領を先祖から「相伝」した主体を表す。すなわち、正式な買得によって獲得したこの所領の所有権の出発点となる人格のことである。したがって湛慶は、この別所は湛慶自らが開発を行う一方で、所領を先祖から「相伝」した人格から正当に買得することの双方によって成立したとしているのであって、それゆえに他の「主人」はまったくいないと断言しているのである。

以上、古代日本における「かつての主」という「本主」の用例を検証してきた。それは、たんなる「かつての主」というだけでなく、当該時点において自らの所有の正当性を主張する根拠となる人格としてのそれである。換言すれば、当該時点における法的所有の正当性を付与する概念として使用されているところにきわめて大きな特徴を有する「本主」である。

古代における「本主」の用例は以上のとおりであるが、それでは、中世の本主権説につながるような、「あるべき本来の主」という意味での「本主」の用例は古代には存在しないのであろうか。最後にこの問題について分析することにしたい。

三　中世につながる「本主」概念の出現

現在、京都随心院には、佐伯麻毛利（真守とも）・今毛人兄弟が平城京の左京五条六坊の地に建立した佐伯院（俗名香積寺）に関する文書群が存在する。前節と同様、関連する史料とともに本文書群を年代順に記号を付して掲げれば、次のとおりである。(30)

A　天平勝宝八（七五六）歳六月十二日付孝謙天皇勅書案（随心院文書、『大日古』四―一一八）
B　宝亀七（七七六）年二月二十九日付大安寺三綱可信牒（随心院文書、『大日古』六―五八七）
C　宝亀七年三月九日付佐伯真守送銭文（随心院文書、『大日古』二三―六一五）
D　延喜二（九〇二）年十二月二十八日付太政官符案（猪熊信男氏所蔵文書、『平安遺文』九―四五五一）
E　延喜五年七月十一日付佐伯院付属状（随心院文書、『平安遺文』一―一九二）
F　延喜七年二月十三日付僧正聖宝起請文（三宝院文書、『平安遺文』九―四五五二）
G　延喜九年六月二十七日付伝燈満位僧平珍款状案（国立歴史民俗博物館所蔵文書）
H　『東大寺要録』（国書刊行会、巻第四、諸院章第四、東南院の項、一〇四頁）

この文書群の中でもっとも重要なのがEの「付属状」であるので、以下Eのみ提示する。(31)

（端裏書）「佐伯院付属状　　延喜五年」
参議正三位大宰帥佐伯宿祢今毛人曽孫同姓高相謹白
　奉付属寺家壱院〈号香積寺、俗名佐伯院〉在平城之左京五条六防（坊）
　田地五町六段百卅歩（四至記載省略）　在物（省略）
右件道場、故大蔵卿正四位下佐伯宿祢麻毛利・弟参議正三位佐伯宿祢今毛人卿等、為国家捨資財所建立也。唯彼地東大寺・大安寺両寺地也。此両卿有時寵、賜奉勅官符所買得也。荘厳已成之後、両卿相次薨卒。其後麻毛利宿祢一女子佐伯氏子居住彼寺。而不治之間、令破壊数屋。竟発邪心、彼田地奉沽故閑院大臣。即買留、便寄山階寺南円堂法華会料。因彼堂舎盛破損。爰今毛人之卿（ママ）後、故（ママ）五位下三松宿祢出雲掾和安雄等、各従任国仰歎女人邪心。令氏師西大寺僧承継大法師伝語。聞両卿之本願於氏大師貞観寺故真雅僧正。爰僧正哀憐彼氏人本願之意、執聞故太政大臣美濃公。（公脱カ）感嘆僧正実語、不返納本直、徒返与本主、令修治堂舎、荘厳仏像。〈但本新券等、自閑院未返得。〉爰元興寺僧永継法師、稱氏法師并檀越師、借住彼寺廿余年。而歳老治劣、無心修治。爰死去之後、奉預氏師山階寺安勢僧都、以令修治。而間彼永継法師弟子僧玄積無慙之人、偁已領住、敵彼僧都。因僧都曾不口入。彼堂舎亦破壊。爰建立之苗裔等、悲嘆彼堂舎仏像之俄無人修治。雖而彼僧都将為修治之間、去昌泰三年六月七日、東大寺別当故道義律師、偏稱東大寺地、不捜勘彼宝亀七年以来資財帳、唯依天平勝宝八年資財帳、申下官符。乗彼寺三綱苗裔等無力之隙、発三百余人夫工等、去延喜四年七月二日夜半許、至于仏（像脱カ）悉運移。即明日之内、堂舎破運、新立東大寺南大門内東掖方。唯件寺自彼宝亀七年建立以来至于延喜五年、一百卅三箇年也。而偏（ママ）被依勘天平（勝宝脱カ）八年資財帳、極甚不穏。須依実愁申公庭。返立荘厳、而事至善地。於加荘厳有何妨哉。唯今苗裔等案物意、件寺還得之功、尤是貞観寺故僧正御力也。仍尋其風門、謹奉付属権僧正法印大和尚位聖宝・権律師法橋上人位観賢両院已畢。加以荘厳仏像、修治堂舎、唯在聖徳。師資相転（伝カ）永々相続。荘厳堂舎、供養仏像。但其料物、本願所施田地五町六段百卅歩。以斯充用。望請被　聖恩。彼田地一向為此仏菩薩料物之官符、将為後代公験。仍唱氏署名、録付属之状、謹白。

延喜五年七月十一日蔭孫正六位下佐伯宿祢「高相」

（以下三名。さらに氏と記して四名。人名省略）

麻毛利・今毛人の子孫である佐伯高相らは、「付属状」において佐伯院の由緒を次のように述べている。[32] 佐伯院は麻毛利・今毛人兄弟が資財を捨施して建立したものである。ただ、この地は東大寺・大安寺地内にあったので、時の天皇の寵愛を受け、奉勅官符を賜って買得した。堂舎が建立されたのち、兄弟が相次いで死去した。その後は麻毛利の一女子が同院に居住したが、ついに「邪心を発」して田地を「閑院大臣」＝藤原冬嗣に沽却してしまった。冬嗣はそれを山階寺南円堂法華会料として寄進した。これは冬嗣の生きた時代から九世紀初頭のことと思われる。三松宿祢和安雄ら今毛人の子孫の嘆きを貞観寺僧真雅から聞いた「故太政大臣美濃公」＝藤原良房は、「本直」を受け取らずに、ただ「本主」に「返し与え」るだけでなく、堂舎を修治し仏像を荘厳させた。ただし、「本新券等」は「閑院」より返してもらっていない。これも同様に九世紀中葉のことと思われる。その後、幾多の僧が佐伯院に「借住」したが、昌泰三（九〇〇）年、東大寺別当道義は宝亀七年以来資財帳（Cの文書のこと。以下同じ）を捜勘せず、ただ天平勝宝八（七五六）歳資財帳（A）により官符を申し下した。それだけでなく、道義は延喜四（九〇四）年、多くの夫工等を動員して仏像をことごとく運び移し、堂舎を新たに東大寺南大門内の東掖方に移し建てた（E・G）。天平勝宝八歳資財帳だけでこのようなことが行われたことはきわめて穏やかではない。「公庭」（後文によれば太政官を指す―引用者）に愁いを訴え、事実によって元のように本来の地に佐伯院を還し建てたい。さらに、「寺還得之功」は真雅にあるので、その「風門」を尋ねて聖宝・観賢に「付属」するために、本願施入田地を仏菩薩料物となすことを認める太政官符を出してもらい、それを後代の公験としたい。[33]

本文書でもっとも重要なことは、麻毛利・今毛人兄弟が東大寺地を買得したというEやGにおける高相らの主張を裏づける根拠が薄弱なことである。案ではあるが、孝謙天皇勅（A・D）は存在する。一方、Gで平珍は「彼券契与㆓件佐伯院資財㆒共被㆓盗失㆒也」と記している。「彼券契」、つまり宝亀七年に東大寺地を買得したときに作成された券契は盗まれたとするのである。はたしてそうであろうか。彼は事実を隠蔽していると考えられる。

「付属状」には「但本新券等、自㆓閑院㆒未㆓返得㆒」という細字双行の注がある。まず、氏子が冬嗣に沽却したときに作成されたのが「新券」であろう。とすれば、宝亀七年に東大寺地を買得した際に作成されたのが「本券」ということになる。氏子から冬嗣への沽却が可能だったのは、たんに麻毛利の一女子＝娘だったからではなく、彼女が東大寺地を買得したときに作成した「本券」、すなわち「本公験」を所持していたからであろう。この「本券」は冬嗣への沽却の際に「新券」とともに彼の側に渡った。「美濃公」＝藤原良房の好意により無償で田地は「本主」に「返し与え」られたが、沽却に際して冬嗣に渡った「本新券等」は、まだ「閑院」より返されて佐伯氏は得ていないと記されている。つまり、田地を冬嗣に沽却した九世紀初頭から、「付属状」が提出された十世紀にいたるまで、佐伯氏の側には東大寺地を買得した券契は存在しなかった。「本券」＝「本公験」を所持していない高相らが、「付属状」で「本願」施入田地を「仏菩薩料物」となすことを認める太政官符を出してもらい、それを「後代公験」としたいとする理由はこの点にあった。

問題は、「返し与え」られた対象である「本主」は、どのような意味で使用されているかである。この問題を、氏子から冬嗣への沽却以降の事実関係をトレースしなおすことによって明らかにすることにしたい。まず今毛人の子孫と称する三松宿祢和安雄らが氏師の承継に女人の邪心を嘆き、「両卿」＝麻毛利・今毛人の「為二国家一」という「本願」を氏大師の真雅に伝言させる。真雅は、氏子が冬嗣に沽却した田地を返してもらいたいという「彼氏人」の「本願之意」が成就されていないことを哀しみ憐れみ、良房に取り次ぐ。良房は真雅の実語に感嘆し、「本直」を受け取らず、ただ田地を「本主」に「返し与え」ただけであった。この場合、本来は佐伯氏側が「本直」＝氏子が冬嗣に沽却したときの対価を支払って「返し与え」られることが前提であるが、良房はその対価を受け取らないでたんに「返し与え」ただけであった、ということであろう。一度沽却した田地を「返し与え」てもらい、沽却する以前の状態に復帰させるためには、「本直」が問題となるということである。この点を平安時代における、次の売券で検証してみ

よう。(34)

沽却　水田事

合参段百拾歩者〈字咒師庭〉

在大和国添上郡東大寺般若道坂下

(四至記載省略)

右件水田者、僧祐善先祖相伝之私領也。多年領掌間、更無他妨。雖然依有要用、限直米参拾斛、所令沽却于僧印懐院也。須雖可相副譲状等、依為連券、不能副渡。仍毀其面畢。向後更不可有違乱。若万之一令相違之事出来者、以本直米、可買返者也。仍為後代亀鏡、放新立券文之状、如件。

久安伍年八月十四日　売主祐善（花押）（以下、舎兄・舎弟・嫡女の花押略）

これは、久安五（一一四九）年八月十四日、僧祐善が先祖相伝の水田を僧印懐院に沽却した売券である。その際「譲状等」を副え渡すべきであるが、連券で渡すことができない。そこで表の三段一一〇歩の部分を抹消した。すなわち、「面ヲ毀ツ」ことによって今後の違乱が生じないようにした。もし何か発生したときは、売り主である祐善が「本直」米で「買い返す」ことを約束する。そこで後代の権威をもつ証文として新たにこの券文を作成し、「放券」＝売却するとしている。この売券は、「かつての主」である売り主自身が「本直」での「買い返し」を約束する違乱担保文言を記して「放券」している。つまり、「買い返す」ことによってかつて売却する以前の状態に復帰させるためには、売却したときの対価＝「本直」が必要条件であった。そしてそれは、必ずしも「本主所由」に限定されない現象であった。

九世紀中葉の時点で「返し与え」られた三松宿祢和安雄らは、たんなる「かつての主」の「所由」ではなく、麻毛利・今毛人「両卿」の「本願之意」を当該時点において体現している佐伯氏そのものであろう。それは、たんに現時点における所有の正当性を主張する根拠となる人格という意味ではなく、佐伯氏こそが「あるべき本来の主」という観念的な意味での「本主」ということになる。ただし、この場合の「本主」は、「本直」と有機的に関連していたことを忘れてはならない。十世紀初頭に作成された本文書における「本主」は、「あるべき本来の主」という新たな観念的意味を付与して使用されていることになる。(35)

平安時代末期には、さらに次のような「本主」の用例も存在する。(36)

左弁官下伊賀国

応任応徳元年宣旨、停止大中臣宣綱妨、令藤原保房領掌管名張郡内字矢河・中村所領事

右、得保房去年十月廿五日解状偁、謹検案内、件庄元者、当麻三子先祖相伝所領也。故薬師寺別当隆経、自三子之手所買得也。随則彼時国郡与判既畢。并在地刀祢等証署灼然也。領掌之間、敢無他妨。然間隆経卒去之刻、譲与保房又畢。保房依為隆経同母弟也。次第相伝之理、敢無疑殆。彼国前司清家朝臣初任、以件庄為別保。不令知本主之日、言上子細於公家之処、停止国司妨、可為保房領之由、被下宣旨先畢。(下略)

寛治六年二月十八日　(大史・中弁署名略)

本文書は、寛治五(一〇九一)年に提出された藤原保房の解を受けて、大中臣宣綱の妨げ(金峯山住侶の問題も含む)を停止して、保房に伊賀国名張郡内の矢河・中村所領を領掌させよという官宣旨である。保房がこの荘を領掌する法的根拠と主張するのが一〇八四年の「応徳元年宣旨」であるが、「本主」はこの宣旨が出される前提となった次の事件に登場する。すなわち、この荘は当麻三子から故薬師寺別当隆経が買得し、隆経死去にともなって同母弟である保房に譲与された。ところが、前伊賀国司の藤原清家朝臣初任のとき、この荘を貢納物弁済のための別保(=便補保)

としてしまった。その結果、当該時点においてこの地の所有を実現している「本主」が知行できなくなってしまった。それゆえ、ことの子細を「公家」に言上したところ、国司の妨げを停止して保房領とすべきであるとの宣旨が下された。それが「応徳元年宣旨」である。(37)前国司がこの荘を国衙領の別保としたときの「本主」は、「応徳元年宣旨」が下された対象である藤原保房をおいてほかにいないであろう。したがって、本文書の「本主」は、この地の権利関係において、当該時点において法的所有を実現している「あるべき本来の主」と主張する、争論の一方の当事者としてのそれである、ということになる。(38)

おわりに

以上、三節にわたる考察によって、古代日本における「本主」の意味を考えてきた。律における「主」は、現在居住し現在耕作する借り主が「主」とみなされているので、必ずしも所有または私有の主体を意味する語ではなかった。私田宅の「本主」も、たんに「今現在の主」を表す語にすぎなかった。また、令の「本主」も本来的には軍団官馬や帳内・資人の「今現在の管理者」を意味する語で、所有や私有の主体を表す語ではなかった。さらに、墾田永年私財法の「本主」も、たんに「三年(間)」という限定された開墾権を有する「主」にほかならず、必ずしも土地の開墾主体であるとは限らなかった。したがって、「本主」という概念にとって、私的労働の対象化＝「私功」は必要条件ではなかった。(39)そして、現実の社会で機能していた土地売券においても、「本主」は「今主」に対比される「かつての主」という意味で使用されていた。逃亡奴婢に関する文書類の分析によっても、「本主」の立場は「今現在の主」に対する、奴という動産の「かつての主」という相対的な存在であった。それゆえ、古代社会における「本主」は、本来的に中世の本主権説のような人と物との一体観念を意味するような概念として使用されてはいなかった。

一方、九世紀以降においては、「かつての主」という意味に新たな概念を付与して使用される「本主」概念の用法を検証した。当該時点において自らの所有の正当性を主張するための根拠となる人格のことである。それは、十世紀において「本直」と有機的に関連する「あるべき本来の主」という、律令等とは異なる新たな観念的「本主」概念を生み出す先蹤となったと考えられる。

著明な永仁の徳政令に登場する「本主」は、笠松氏が述べたように、たんなる売り主とか元の所有者ということではなく、鎌倉幕府にとって御家人こそが「あるべき本来の主」という意味であったと考えられる[40]。十世紀における「佐伯院付属状」の観念的な「あるべき本来の主」という意味での「本主」。さらに、平安時代末期における、当該時点において法的所有を実現している「あるべき本来の主」と主張する、争論の一方の当事者という意味での「本主」。これらの「本主」概念は、あるいは永仁の徳政令の「本主」概念の先蹤または淵源と考えられるかもしれない。ただし、その場合も売却地に対する「本主」(≠売り主)の無償での「取り戻し」権が留保されていたかといえば、断じてそうとはいえない。古代日本において、「本主」(≠売り主)による無償での「取り戻し」権が留保されている史料は存在しないからである。古代日本において、土地を売却以前の状態に復帰させるということは、本来的にはけっして無償ではなく、「本直」によって「買い返す」ことが必要条件であった。九世紀の「土師吉雄田地売券」では、「本主所由」が「買い返す」ことによって土地を売却以前の状態に復帰させているのであり、無償で「取り戻し」ているわけではなかった。「佐伯院付属状」においても、本来は氏子が冬嗣に沽却したときの対価、すなわち「本直」で「買い返す」ことが前提であった。古代日本における「あるべき本来の主」という律令等とは異なる「本主」概念は、かつての売買時における価格＝「本直」による「買い返し」によって土地を売却以前の状態に復帰させることと有機的に関連していた。「本直」という対価を支払って土地を売却以前の状態に復帰させる「買い返し」と、無償での「取り戻し」を同一概念として理解することはできない。[41]「買い返し」とは、再売買、すなわちA→B⇒B→Aということではなく、前回の売買にさかのぼってそれを「解除」することにほかならないからである。[42]それゆえ、かつて売買されたときの対価＝「本直」が必要条件となるのである。

私は、かつて土地売券などに登場する「常地」という概念を分析した。そこでは次のようなことを明らかにした。「常地」は、所有権または私有権そのものではなく、「国家的土地所有」の加功主義に基づかなくとも田主または地主の「競作」を排除できる排他的占有権または用益権を意味していた。それは、律令法的土地所有とは次元の異なる、独自の土地占有の指標が在地社会に脈々と息づいていた事実を発見したことを意味する。[43]

以上のような「常地」概念は、『平安遺文』による限り、元暦元（一一八四）年の「永代常地」（十―五〇九一）を最後に見られなくなる。一方、すでに述べたように、平安時代後期の久安五（一一四九）年には、「本直」での「買い返し」を約束する違乱担保文言を記して「放券」＝売却する土地売券が出現する。周知のように、違乱担保文言は中世の土地売券に定着する。[44]それは、違乱担保文言が在地社会において「常地」概念に取って代わったことを意味すると考えられる。「常地」概念から違乱担保文言への変化は、在地社会がまさにこの時代に中世的に変容した一つの指標となろう。

註

（1）笠松「中世闕所地給与に関する一考察」（『日本中世法史論』東京大学出版会、一九七九年、初出は一九六〇年）。
（2）笠松「中世の政治社会思想」（前掲、註（1）著書、初出は一九七六年）、同『徳政令』（岩波新書、一九八二年）。
（3）勝俣「地発と徳政一揆」（『戦国法成立史論』東京大学出版会、一九七九年）。

（4）長谷川「「モノのもどり」をめぐる日本中・近世史研究」（『歴史評論』七九九号、二〇一五年）。早島大祐『徳政令』（講談社現代新書、二〇一八年）は、十五世紀初頭以降の中世＝債務破棄が当然とされた時代が終焉し、債務破棄を非常識なものと見なす考え方が成立する過程を丹念に追っている。
（5）菊地『日本古代土地所有の研究』（東京大学出版会、一九六九年）。
（6）吉村「賃租制の構造」（『日本古代の社会と国家』岩波書店、一九九六年、初出は一九七八年）。
（7）坂上「古代日本における本主について」（『史淵』一二三、一九八六年）。
（8）中田「律令時代の土地私有権」（『法制史論集第二巻』岩波書店、一九三八年、初出は一九二八年）。ちなみに、中田説批判の代表的論考としては、虎尾俊哉「律令時代の公田について」（『日本古代土地法史論』吉川弘文館、一九八一年、初出は一九六四年）、菊地、前掲、註（5）著書がある。
（9）『訳注日本律令』三―七九二、八―二〇五。対応するのは、雑令22宿蔵物条（四八〇頁）である。
（10）菊地、前掲、註（5）著書、四〇〇頁。
（11）『拾遺』七〇九頁、『拾遺補』一三八七頁。
（12）仁藤「外位制度について」（『古代王権と官僚制』臨川書店、二〇〇〇年、初出は一九九〇年）。
（13）滝川「百官進薪の制と飛鳥浄見原令」（『法制史論叢第一冊律令格式の研究』名著普及会、一九八六年、初出は一九六一年）、三上「雑令の継受にみる律令官人制の特質」（『延喜式研究』一三号、一九九七年）。
（14）家令職員令1（一品条）、二〇七頁。
（15）ここで、大宝令に「主欲二自佃一先尽二其主一」（8a／三七〇）とあることから、私田主の田主権は強かったのではないかという反論が予想される。事実、『律令』の注釈も「私田の田主権を保護する規定」（29ｂ／五七八頁）としている。しかし、この規定は私田主の田主権の強弱に関するそれではない。この規定について、古記は「謂、他人先請二願佃一、経二官司一訖。後主聞二他人佃一、而未レ申二自佃一者、縦雖二後申一、猶令二主佃一」と注釈している。古記の注釈によって、この規定は私田の田主権を保護する規定ではなく、私田主の佃作の優先権を認めた規定にすぎないことが判明する。
（16）「鳴野郷生江広成解案」（『東南院』二―二四五）。
（17）「但馬国司牒」（『東南院』三―一八九）。

(18)『拾遺補』は、本条が参照した唐令が存在した可能性を指摘する（一四〇三頁）。

(19) さらに、造東大寺司の奴逃亡事件が発生した九年後の天平神護二（七六六）年には、「国分二寺」が寺別に「応レ買賤」を規定した次のような太政官符が出されている（巻三、国分寺事、一一〇頁）。

一1　国分二寺応レ買賤、寺別奴三人、婢三人。其年満二六十一、放免従レ良。（中略）其価直者、便用二寺家封物一。若誤買二悪奴婢一、必返二本主一。以二三年一為二留返之期一。（2国分寺田、3尼僧の数、4堂塔修理）。

以然、被二右大臣《（藤永手）》宣一偁、奉レ勅、如レ件。

天平神護二年八月十八日

本官符によれば、「悪奴婢」を買ったときは必ず「本主」に返せとし、「留返」してよい期間を三年としている。本官符の「本主」も、「悪奴婢」の「かつての主」と解して差し支えないであろう。念のため、「本」が「かつて」または「元の」という意味を表す、次のような事例を紹介しておきたい。かつては「陸奥国戸籍」（『大日古』一―三〇五）と呼ばれ、現在は「陸奥国戸口損益帳」（『正倉院古文書影印集成』八木書店、二〇〇〇年、二―五八）と題されている正倉院文書がある。その七行目に

本戸主古弓弥年六十七、耆老

という記載がある（引用は後者による）。この「本戸主」が「かつて」または「元の」戸主であることは、二行目の

戸主占部加弓石、年卅四、正丁

に付された次のような注によって確実に証明される。すなわち、

大宝二年籍、戸主占部古弓弥戸、戸主子、今為戸主

である。

(20)「土師宿祢吉雄田地売券」（『平安遺文』一―一七一）。

(21)『早稲田大学蔵資料影印叢書国書編第十四巻古文書集一』（早稲田大学出版部、一九八五年）には、Ⓐ〜Ⓒの文書の影印がそれぞれ一三・一四・一五号文書として掲載されている。なお、『平安遺文』には五号文書として延暦七（七八八）年十二月二十三日付「大和国添上郡司解」が存在する。本文書も薬師院文書であり、慶賛がこの相論の際に提出した可能性があるが、本章には直接関係しないので割愛する。

(22) 拙稿「古代土地売券分析の新視点」(村山光一編『日本古代史叢説』慶應通信、一九九二年、本書、第一部第二章)。
(23) 拙稿、前掲、註(22)論文。
(24) 拙稿「日本古代における国家的土地支配の特質――土地売券の判と「毀」をめぐって」(田名網宏編『古代国家の支配と構造』東京堂出版、一九八六年、本書、第一部第一章)。
(25) 西山「平安前期「立券」の性格」(岸俊男教授退官記念会『日本政治社会史研究中』塙書房、一九八四年)。
(26) 「僧相慶申文」(『平安遺文』四―一六六一)。
(27) 「僧湛慶譲状」(『平安遺文』六―二八〇九)。
(28) 黒田「広義の開発史と「黒山」」(『日本中世開発史の研究』校倉書房、一九八四年、初出は一九八〇年、三一一頁)。
(29) 「件山之本主者紀貞正相伝私領也」以下を本文のように解釈した根拠は、以下のとおりである。まず「相伝私領」は「相伝私領」単独で用いられるよりも、何らかの語を冠して使用される例が多い(対象は『平安遺文』とする)。中でも「先祖」を冠する例がもっとも多い(「岩見国清原正宗譲状」四―一二二五など)。ちなみに、「先祖」の部分には、「年来」(六―二九五〇)、「師資」(六―二九〇〇)、「譲渡」(七―三三二四)、「所謂」(七―三二四九)、「代代」(七―三二八二)、「譜代」(七―三三二四)などのヴァリエーションがみられる。「相伝私領」というとき、「先祖」からの「譜代」性が強調される傾向がうかがえる。次に多いのが、前出の「譲状」と同じ個人名を冠する例である。実例としては、「件田畠、元者藤原三子相伝私領地也」(「前安房守伴広親勘注案」五―二一三〇など)を挙げることができる。さらには「件所領者、尼序妙之先祖相伝私領也」のような、「個人名+先祖相伝私領」とする例もある(「尼序妙譲状」四―一四八五)。ここで、先の藤原三子の例に立ち返ると、同一文書の中で「件家地便田等、元者藤原三子先祖相伝私領也」とも記されているので、「個人名+相伝私領」とする例は、「先祖」という語を省略した書式とすることができる。これらの事例から帰納できることは、「個人名+相伝私領」とあるときの「個人名」は、所領を「先祖」から「相伝」した主体を表し、「相伝私領」は「先祖」という語が省略されている書式であるということである。したがって、「個人名+相伝私領」の「個人名」は、先祖「相伝」私領の所有者であって、開発主体であるとは限らない。
(30) 永村眞・西村亨両氏は、東南院関係の文書が随心院文書の中に伝来するのは、十五世紀末期以降に、九条家出身の随心院門主が東南院門主を兼務するようになり、東南院の重書が随心院にもたらされた結果であるとする。西尾知巳「随心院文書

「伊賀国築瀬庄兵部卿辞事之次第聊」」(『東京大学史料編纂所紀要』二二号、二〇一二年)。

(31) 本文書は、A〜Cの文書とともに、国立国会図書館デジタルコレクションによってweb上で閲覧することができる。

(32) 角田文衛『人物叢書佐伯今毛人』(吉川弘文館、一九六三年)、佐伯有清『人物叢書聖宝』(吉川弘文館、一九九一年)参照。

(33) 「付属状」以外の史料で高相らの主張を検証すれば、以下のとおりである。まずAの「孝謙天皇勅書案」は、聖武天皇が宮宅・田園を東大寺に勅施入したものである。表題に「佐伯院二」とあり、事実書きに「勅　奉入東大寺宮宅及田園等」とあるが、内容は後者の田園のみである。しかし、かつて岸俊男氏が「藤原仲麻呂の田村第」(『日本古代政治史研究』塙書房、一九六六年、初出は一九五六年)で指摘したように、本文書は案文であるので、書写に当たって「宮宅」の部分は省略したものと考えられる。

次にBの「大安寺三綱可信牒」は、大安寺三綱・可信が宝亀七年二月二十九日付で僧綱に井園を売却する認可を求めたものである。続くCの「佐伯真守送銭文」は、同年三月九日、真守が価銭四〇貫文で大安寺井園を買得した文書である。それから百年以上たった延喜二年、大和国司に対して出された太政官符がDである。佐伯氏が先祖の地と「称して」領掌している五条六坊の園と、同じく楊梅院が官符を申請して領掌している田村所の地を返納させ、東大寺に領掌させるという内容のものであった。それから二年後の延喜四年、道義が強硬手段に出たことは本文で述べたとおりであり、これに対抗するために提出されたのがEの「付属状」である。しかし、これで問題が解決したわけではなかった。延喜七年に東南院の院主房を移し立てることを起請したFの「聖宝起請」にも、「末世の喧」を断つためと記しているように、事態は膠着状態の様相を呈していた。事実、延喜九年、麻毛利・今毛人の苗裔と称する伝燈満位僧平珍が、旧地に佐伯院を還し建てたいとする太政官への申請を行ったGの「平珍款状案」が提出されているからである。

ところで、これまでの大安寺井園買得に関する理解の仕方は必ずしも正確ではない。Bには大安寺三綱・可信の連署の後に別筆で「判許　価値如二先東大寺薗一」とある。これについて山本信吉氏は、「随心院文書解説」で次のように説明している(『古文書研究』五号、一九七一年)。「末にその(大安寺井園または相替すべき田地の—引用者)価直を以って東大寺園地を買求めるように定めた僧綱の連署がある」。山本氏は大安寺井園売却の価直で東大寺園を買得したと解釈していることになる。しかし、僧綱の指示は大安寺井園売却の対価を先の東大寺園のそれと同じく一坊=十貫文とせよ、としているにすぎない。Ｇの「先買㆓東大寺地四坊㆒、後買㆓大安寺地一坊㆒」（傍点―引用者）が傍証となる。大安寺井園を買得する前に、東大寺地を買得したのである。それは、同じくＧに「買㆓大安寺地㆒之□去直法《（ママ）》如㆓先日㆒」（傍点―引用者）とあるように、大安寺地買得に近い時期に行われた。つまり、宝亀七年である。ちなみに、道義の強硬手段についても山本氏は、高相らは「訴訟で道義と争い、ようやく故地に佐伯院を還得することができたと伝えている」とする。「付属状」で高相らは、形式上は聖宝らに「付属」し、田地を仏供養料物に充てたいとしているが、「付属」を受けた聖宝は初代の東南院の院主となっている。佐伯院を「如㆑旧還㆓立本処㆒」（Ｇ）とする高相や平珎らの望みが叶うことはなかった。

(34) 「僧祐善田地売券」（『平安遺文』六―二六七五）。

(35) 佐伯氏側からすれば田地が「本主」に返還される以前は、「閑院」が「買い留め」ているという認識となる。一方、「本新券等」を「閑院」から返されて佐伯氏が得ることは、当該地を「あるべき本来の主」である「本主」に返すことであり、それは氏子が冬嗣に沽却する以前の状態に復帰させることを意味する。つまり、冬嗣が氏子から田地を買得した事実そのものを歴史的に消し去ることにほかならない。「閑院」が「本新券等」を渡すことを留保せざるをえなかったのは、そのためである。

(36) 「官宣旨案」（『平安遺文』四―一三〇四）、『伊賀国黒田荘史料一』（吉川弘文館、一九七五年、九四号文書、九七頁）。

(37) 前伊賀国司藤原清家との相論は、保房が述べるほど単純ではなかった。他の文書では官物の弁済は保房に課すことになっている。「伊賀国司解」（『平安遺文』四―一二〇五）、「官宣旨案」（『平安遺文』四―一二一〇）。ただ、そのこと自体は本章の論旨には直接関係ない。

(38) 永保二（一〇八二）年十二月　日付「陽明門院（禎子内親王）庁下文案」には、当該部分は「当時国司猥背㆓先例㆒、偏令㆑制㆓止領主之進退㆒、恣宛㆓行他人㆒、悉収公。田畠所当之地利、一切不㆑令㆑知㆓領主㆒」とある（『平安遺文』四―一一九八）、前掲、註（37）『伊賀国黒田荘史料一』七九号文書、八二頁）。この相論については、佐藤泰弘「立券称号の成立」（『日本中世の黎明』京都大学出版会、二〇〇一年、初出は一九九三年）参照。

(39) 石母田正『日本の古代国家』（岩波書店、一九七一年、のち『石母田正著作集第三巻』岩波書店、一九八九年、二六一頁）、吉村武彦「律令制国家と土地所有」（前掲、註（6）著書、初出は一九七五年）、吉田晶『日本古代村落史序説』（塙書房、一九八〇年）。

（40）笠松、前掲、註（2）著書。

（41）それでは、古代にも「悔返」という語があることをどのように考えるかが問題となる。『日本紀略』延暦十二（七九三）年十二月壬戌条には「勅、長岡京百姓宅地価直、不レ可二悔返一云々」とあって、宅地価直を「悔い返さない」とある。この「悔返」の内容を理解するためには、『続日本紀』延暦三（七八四）年六月丁卯条の「百姓私宅入二新京宮内一五十七町、以二当国正税四万三千余束一、賜二其主一」を参照する必要がある。延暦三年六月二十八日、長岡京の造営が始まり、宮内に宅地が入る百姓に山背国の正税から稲を賜った。移転の補償として正税で買い上げたということであろう。ところが、延暦十二年に平安京遷都が決定され、長岡京が放棄されることになった。本来なら百姓に支払った宅地価直の返還を要求すべきであるが、国家側の要請で百姓に移転を強いたのであるからあまりに理不尽であるので、それは行わないということである。したがって、ここでの「悔返」は一定の事情があって宅地価直の返還要求を停止することであって、たんなる無償での「取り戻し」要求ではない。ちなみに、長岡宮内に入ることになった百姓私宅がその後どうなったかは不明である。森田悌「古代の悔還」（『続日本紀研究』第三一一・三一二合併号、一九九七・九八年）参照。

（42）金子哲「民法579条とその周辺――現在に生きる「本主権」」（『遙かなる中世』一一、一九九一年）。

（43）拙稿「「常地」を切る――日本古代における私的土地所有の指標」（『歴史学研究』青木書店、七六二号、二〇〇二年、本書、第一部第三章）。

（44）佐藤進一『［新版］古文書学入門』（法政大学出版局、一九九七年、二六八頁）。

第五章　田籍と田図

はじめに

日本古代における土地所有は、一般に「国家的土地所有」とされている。その場合、石母田正氏の「国家的土地所有」論を重視しないわけにはいかない[(1)]。石母田氏は、「国家的土地所有」に立つ論理を次のように説明している。日本古代における私的土地所有のメルクマールは「私功」と「相伝」にある[(2)]。したがって、七世紀後半にそれに対して「公功」＝国家的開墾が行われ、そこにおいて獲得された「公田」が「国家的土地所有」地となったとするものである。石母田説にあっては、「国家的土地所有」の成立に重点が置かれており、その内実は「賦田」制において述べられているにすぎない。石母田氏は、収公または還授規定を伴わない一回的給田を「賦田」制と名づけた。そしてこの「賦田」制を浄御原令段階の班田収授制の直接的前提としたのである。

一方、吉田孝氏は日本の班田収授制は中国の均田制がもっていた限田制的要素（田地を調査して登録し、田地を占有する面積を規制しようとする体制）と屯田制的要素（公田や官田を一定基準で人民に割りつけて耕作させる体制）のうち、後者の屯田制的要素のみを継受した。それゆえ、隋唐の均田制下では農民の小規模な開墾田は已受田の中に吸収できる構造であったのに対し、日本の班田収授制は墾田を民戸の已受田に組み込む規定を欠いており、熟田を集中的・固定的

に把握する体制であるとした。(3)

だが、はたして七世紀後半に班田収授制の歴史的前提となる「国家的土地所有」地が創出されたのであろうか。(4)また、班田収授制は熟田すべてを把握する体制として成立したのであろうか。「国家的土地所有」について論じる場合、土地所有の内実、すなわち土地支配の具体的内容の分析が比較的軽視されてきたのではないかと思われる。

それゆえ、本章の課題は、土地支配の具体的内容を析出することによって、国家的土地支配の歴史的特質を明らかにすることにある。その場合、国家の基本的土地台帳とされる田籍・田図を考察の焦点にすえることにしたい。人民支配における戸籍・計帳と同様に、土地支配の具体的内容を析出することのできる格好の素材だからである。

一　班田収授制と田籍

「はじめに」で述べたように、田籍・田図は人民支配における戸籍・計帳に匹敵するほど重要であるとされ、一九五〇年代以降たんなる内容紹介にとどまらない多くの実証的成果が発表されている。(5)しかし、それがどのような意味で重要であるかはいまだほとんど明らかにされていない。例えば、田籍と田図はどのような点で共通性をもち、どのような点で相違しているのか。つまり、国家的土地支配の中での田籍・田図の占める位置の問題である。それには田籍・田図がそれぞれどのような地目を支配の対象としているのかを考えなければならない。この点を明らかにするために、田令の分析から始めることにしたい。

田籍・田図を問題とする場合、まず取り上げなければならないのは田令3口分条である（二四〇頁）。

凡給口分田者、男二段。〈女減三分之一。〉五年以下不給。其地有寛狭者、従郷土法。易田倍給。給訖、具

録二町段及四至一。（傍点―大宝令の語句。〰は大宝令に存在しなかったか、養老令と異なっていた語句。以下同じ）

口分田を班給し終わったあと、何に「町段及四至」を記録するのであろうか。「町段」＝田積は田籍・田図のいずれにも記録することが可能である。それでは、「四至」＝「田之四面所レ至表験」（義解、1a／三四九）は何にであるのか。田図はその地がどの坪に存在するかだけを示すのであるから、田図に「四至」を記載するとは考えられない。事実、宮本救氏が紹介した「山城国葛野郡班田図」のE図19坪には「公一段卌八歩」と記したあと、口分田主と田積が記されている。さらに、それぞれの田積の下には「西上」とか「東」の記載がある(6)。これによって、それぞれの田地がその坪内のどのあたりに存在するかはわかるものの、「四至」がどうであったかは不明といわざるをえない。「町段」＝田積と「四至」＝当該地の四周の地を記録するのは田籍であったと考えられる。

さらに、田令において田籍・田図が問題になるのは23班田条である（二四四頁）。

凡応レ班レ田者、毎二班年一、正月卅日内、申二太政官一。起二十月一日一、京国官司、預校勘造レ簿。至二十一月一日一、摠二集応レ受之人一、対共給授。二月卅日内使レ訖。「其収レ田戸内、有二進受一者、雖二不課役一、先聴二自取一。有レ余収授。」

（「　」内は田令24穴記所引「唐令」による。ただし、退は収に改めた。2a／三六七）

これに相当する唐令条文を天聖令から引用すれば、次のとおりである（二五八頁）。

諸応二収授一之田、毎年起二十月一日一、里正預校勘造レ簿。至二十一月一日一、県令摠二集応レ退応レ授之人一、対共給授。十二月三十日内使レ訖。符下案記。不レ得二輒自請射一。其退レ田戸内、有レ合二進受一者、雖二不課役一、先聴二自取一。有レ余収授。郷有レ余、授二比郷一。県有レ余、申レ州給二比県一。州有レ余、附レ帳申レ省。量給二比近之州一。

両条を比較すれば明らかなように、給田の実施時期が班年＝六年目ごとと毎年、給田主体が「京国官司」と里正というように、均田制と班田収授制では実務内容はおおいに異なる。しかし、「預校勘造レ簿」によって班給することは均田制・班田収授制ともに同じである。具体的班田業務の内容に関わる「預校勘造レ簿」について、義解は「校二勘田及応レ給人数一造レ簿」（2a／三六五）と注釈している。これに対し、古記は「造二田文一也」（7b／三六五）とするだけである。しかし、古記は班田収授の実務面に関する「二月卅日内使訖」の部分で、次のように注釈している（1a／三六六）。

問、籍六年一造、田六年一班、未レ知、同年造班以不。

答、造籍之後年、造二田簿一給授。同年不レ可レ得。為三依レ籍造二田文一故也。

仮令、籍今年起二十一月一、来年五月内使レ訖。即田文、此年起二十月一授造、又来年二月卅日内使レ訖。（傍点―引用者）

すなわち、(1)造（戸）籍→(2)造田簿（≒文）→(3)給授となるのであるが、義解との関係でこれを敷延すれば、次のとおりである。まず前提条件として(1)戸籍が作成される。この戸籍から班給対象者を抽出する。これが義解の「応給人数簿」である。これと並行して校田によって班給対象額を割り出す。これが義解の「校田数簿」である。義解の「応給人数簿」・「校田数簿」が古記の(2)造田簿（≒文）に相当すると考えられる。そして、(2)造田簿（≒文）によって(3)給授が実現される。(3)給授の後に田籍に「町段及四至」に記録するというのが田令に規定された班田業務の具体的内容であったと考えられる。したがって、田籍とはある班年における班田収授の実施状況を記録した授田簿的性格を有する文書であったことになる。ここで重要なことは、以上のことは、班田収授制が何を前提に成立しているかを知る上で、きわめて重要な論点を提示していることである。けっして、住民票で居住地の住民を確認し、校田によって耕地を確認した上で、口分田班給を行うという、牧歌的な班田実務を意味しているわけではない。人民支配の台帳である戸籍によって把握された人格に対して口分田を班給するのであるから、班田収授制は戸籍把握に象徴される人格的支配を前提に成立していることを意味しているからである。

この点をより具体的に考えるために、田籍・田図が登場することで著名な弘仁十一（八二〇）年十二月二十六日太政官符を分析しよう。(7)

太政官符

応下留二田図一除中田籍上事

右得二民部省解一偁。格云、天平十四年・勝宝七歳・宝亀四年・延暦五年、四度図籍、皆為二証験一。公式令云、文案詔勅及婚田市沽等案、如レ此之類常留。以外、年別検簡、三年一除。具録二事目一、為《ツクレ》レ記。其須レ為二年限一者、量レ事留納、限満准除者。今検二諸国田籍一、偏注二(1)戸頭姓名・(2)口分町段一。一班《ワカチテ》之後、不二必相同一。但図者、公私有レ用、永存可レ見。望請、内外田図、悉置擬二備此校一。畿内田籍、除二証年一外、毎レ経二一班一、為レ例除棄。其庫内先有二墾田籍一、亦従二簡留一。又有二七道諸国、進レ籍、不レ進《タテマツラ》レ図。自今以後、下二知諸国一、停レ籍進レ図者。大納言正三位兼行左近衛大将陸奥出羽按察使藤原朝臣冬嗣宣。奉レ勅、依レ請。

弘仁十一年十二月廿六日

本官符によれば、田籍とはひとえに(1)戸頭姓名と(2)口分田の町段を注したものであった。つまり、(1)班給対象者を戸主単位で記録した帳簿であり、(2)班給した口分田の田積を記録した文書である。それでは、田籍に記された班給対象者および班給対象額は、班年のたびごとに記録されなおしたのであろうか。同官符は先の部分に続けて次のように述べている。「一班之後、不二必相同一」である。ある班年ののち、次回の班年において田主権が移動することは当然である。もし、班給した口分田すべてが田籍に記載されているのであれば、そのような田主権移動について、後に述べる田図のように、その変化を知ることができるはずである。にもかかわらず、「一班之後、不二必相同一」という理由で田籍が田図より劣るとされているのは、田籍が一班（分）、すなわち、後に述べる「初班」の内容しか把握していなかったことを意味していると考えられる。とすれば、田籍とは、より厳密にいえば、ある班年においてはじめて班給された口分田の給田状況を記載した文書であったことになる。

以上の考察によって、班田収授制は均田制と同様に、授田簿的性格を有する田籍によって把握されていたことが明らかになったと考える。そしてこのことは、次のことを端的に示している。すなわち、田令体系からは田図の存在は直接的には抽出できないことである。

伊佐治康成氏は、この官符に対する本章の解釈には同意できないとして、次のように述べている。(8) 氏によれば、「『一班之後不二必相同一』という文言は田図にも係」る。「『但』以下の副詞節は前文に対する例外を限定的に表現したものであるから、田図が『一班之後不二必相同一』でないとすると、『公私有レ用永存可レ見』という例外的な限定句を付す意味がなくなってしまう」。したがって、この部分の解釈は「田図も田籍と同様に『一班之後不二必相同一』ではあるが、田図は『公私有レ用永存可レ見』という点で田籍とは異なると考えるのが至当であ」る。「田籍と田図との優劣は、飽くまでも『公私有レ用』か否かで区別されている」とし、田籍は「ある年において班給された口分田の給田状況のすべてが記載された」帳簿とする（七頁）。要約するとかえって誤解を招くおそれがあるので、極力氏の文章を引用したが、肝腎の「公私有レ用」の内実が説明されていないので、田図の優越の中身が不明であることに問題が残る。このことは、なぜ田図が登場してくるのかということと有機的に関連する重要な問題である。

均田制と班田収授制は、班給地の田種、班給対象者などをはじめ、様々な点で相違していた。ところが両者は、すでに述べたように、同じ授田簿的性格を有する田籍によって把握されていた。「はじめに」で述べたように、中国の均田制は限田制的要素と屯田制的要素の二つの側面からなっていたとされる。(9) 北魏の均田制では、桑田(=世襲田、後の永業田)と露田(=還受田、後の口分田)が班給されたが、男夫の場合でいえば、露田は正田四十畝と倍田四十畝からなっていた。この倍田は、世襲田である桑田と還受される露田を有機的に調節し、還受の盈縮(=過不足)を調整する機能を果たしていた。したがって、北魏の均田法では農民の小規模な開墾田も桑田や倍田の分にかぞえて給田体制に形式的に組み込むことができたので、農民の小規模な開墾田も、桑田や倍田として処理されたと推測されている。(10) 北魏の均田法においてこのような重要な機能を果たしていた倍田は、北斉になると露田の中の正田に吸収される。一見形式的な換算にすぎないこの改正によって「応受田額」(=田令によって班給すべき田数)の性格に変化が起こった。すなわち、北魏の均田法における露田の応受田額は、実際に班給しようとした目標額であったのに対し、北斉の露田の応受田額は、倍田の機能を吸収することによって、占田限度額に転化したのである。隋唐の口分田の応受田額も、北斉の露田の応受田額をそのまま継承した占田限度額であった。しかも墾田と関係の深い永業田(=世襲田)と、還受される口分田(=露田)との間には、やはり有機的な連関が保たれていたので、農民の小規模な開墾田も已受田(=実際の受田)の中に吸収される構造になっていた。すなわち、土地所有の現状維持を意図したものであったとされる。これに対し、班田収授制は均田制のもっていた屯田制的要素のみを継受したとされる。すなわち、班田収授制は均田制における口分田と永業田の二重構造を採用せず、墾田と関連の深い永業田を切り捨て、口分田だけとした。しかもその班給額は、実際に班給しようとした目標額であった。このように班田収授制は、墾田を民戸の已受田に組み込む仕組みを欠いており、熟田を集中的・固定的に把握する体制であったとするのである。

ところが、現実には熟田≠口分田すべてを把握する帳簿は存在しなかった。たしかに、班田収授制ではすべての口分田を班年のたびごとに班給するという法理念が存在する。田令21六年一班条冒頭部には「凡田六年一班」とある。

すなわち、田は六年（目）に一たび班たれる。それゆえ同条後半部の「毎レ至二班年一、即従二収授一」とは、田は班年＝六年（目）の班年に至るごとに収授されることにほかならない。この点は、大宝令でより明確となる。(11)

かつて整理したように、班田収授のシステムについて、大宝令の注釈書である古記は、一班・二班・三班という班田の系列と、初班（之年）・再班（之年）・三班（之年）という収授の系列とに分けて説明している。一班・二班・三班とは、班期が六年という期間であるとともに、第一回の班期・第二回の班期・第三回の班期を意味する。これに対し、初班（之年）・再班（之年）・三班（之年）とは、第一回の班年・第二回の班年・第三回の班年に収授することを意味している（図6参照）。このような注釈の存在はまさに口分田が班年のたびごとに班給され、収公されるという法理念の存在を如実に示している。しかしあるのは、ある特定の班年における、班田収授の実施状況を示す授田簿的性格を有する田籍だけであった。

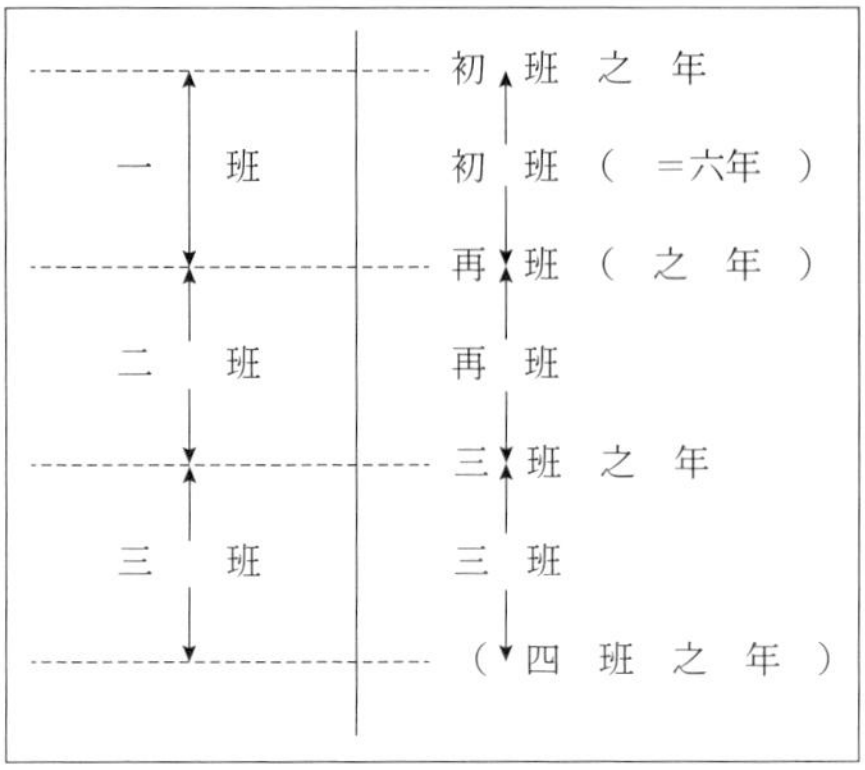

図6　古記の説明する班田収授のシステム

田籍が熟田≠口分田すべてを把握していなかったとすれば、田租はどのように収取されたのであろうか。この点で注目しなければならないのは青苗簿である。毎年の田の耕作状況を示す青苗簿は、

以二大計帳・四季帳・六年見丁帳・青苗簿・輸租帳等式一、頒二下七道諸国一。

とあるように、養老元（七一七）年に諸国に頒下されている。(12)さらに、律令制国家は国司の損田検定がいい加減であるとして、次のように命令している。(13)

国郡宜㆘造㆓苗簿㆒日必捨㆓其虚㆒、造㆓租帳㆒時取㆗其実㆖。

熟田≒口分田すべてを把握する帳簿として養老元年に成立するのが青苗簿であり、それに基づいて租や地子を徴収する帳簿が「租帳」であったことになる。ところが、戸令1為里条、田令1田長条、賦役令9水旱条の穴説（私案も含む）、および水旱条古記が注釈しているように、田租は口分田の田主ではなく現実の耕作者たる佃人によって輸される。田租の負担者が佃人であることは、口分田班給と田租徴収が直接的給付・反対給付の関係にないことを端的に示す。

田租本郷徴塡、若当土人買佃者、租是人買所㆑出。然則違㆑期不㆑充者、罪在㆓買人㆒。不㆑坐㆓本戸㆒。（戸令1為里条穴説所引私案、7a／二五九）

問、租何人出。答、佃人出耳。売進之田主不㆑出也。（田令1田長条穴説、4a／三四六）

但輸㆑租者、徴㆓見営人㆒。（賦役令9水旱条古記、1a／三九九）

それゆえ、青苗簿は佃人を把握する帳簿ではあっても、田地そのものを把握するものではなかった。したがって、熟田≒口分田中心主義とはいっても、班田収授制もまた、現実あるいは熟田≒口分田占有に対する国家的規制または「保証」にすぎなかったのである。

大化二（六四六）年八月辛酉には、著明な品部廃止の詔が出されている。

(A)以㆓収数田㆒、均給㆓於民㆒。勿㆑生㆓彼我㆒。
(B)凡給㆑田者、其百姓家、近接㆓於田㆒。必先㆓於近㆒。（中略）
(C)宜(α)観㆓国々境界㆒、(β)或書或図、持来奉㆑示。(γ)国県之名、来時将定。
(D)国々可㆑築㆑堤地、可㆑穿㆑溝所、可㆑墾㆑田間、均給使㆑造。

同詔の最後の部分を、石母田正氏は(B)給田、(C)「国県」の境界設定、(D)開墾の三項目とし、その上で重要なのは(D)の開墾であり、その前提条件として「堤」や「溝」等の灌漑施設の造営が指示されているとした。[14]すなわち、(D)の「公功」に基づく開墾によって新たに獲得された「公田」の給田規定が(B)であり、そこに条里制に基づく計画的な地割りが施されたことは、(C)の行政区画の設定と不可分の関係をもつとするのである。この詔は、石母田氏が七世紀後半に国家的開墾が行われたとする重要な論拠となるものである。これに対し、小林昌二氏は(D)の均給とは開発対象地の均給とその開発を指示したものであり、開発可能地を偏波なく割り当てようとしたものと解する。このことは、結果として開発が期待されはするが、徭役労働賦課権の国家的収奪と、それに基づく開墾が遂行されたことを意味するのではなく、国家が開発用地に支配と管理を確立し、その上に一般的に勧農すべきことを標榜しているとする。[15]これを受けて大町健氏は、(B)の均給はすでに存在していた(A)の田地の収公を前提としたものであり、(C)は全国の政治的領有を象徴・総括するものとして位置づけられていた。したがって、それに続く(D)は、(C)を前提とした一般的勧農を示すものとした。[16]小林・大町両氏の説を前提にして同詔を私なりに解釈すれば、次のようになる。(C)の(α)はいわゆる国境確定ではなく、クニガタをみる「国見」・「国占め」である。(α)を前提とした(β)は天武十（六八一）年の国郡図に連なる地形図と思われるが、それが「書」され「図」されるということは、服属儀礼または政治的領有を象徴する。そして(D)は、(C)を前提にした一般的開墾によって開墾田が成立するという論理構成になっている。したがって、七世紀後半から八世紀初頭にかけての国家による土地支配は、「国家的土地所有」というよりも、全国土の政治的領有という性格のものであったと考えられる。

「はじめに」でも述べたように、石母田氏は、班田収授制成立の固有法的な場を「賦田」制に求めた。すなわち、改新から天武・持統期にかけての「国家」的開墾と営田に基づく、新しい型の「計画村落」における土地配分の慣行に求めた（ただし、具体的内容は不明）。ここで注意しなければならないことは、それは首長の支配領域外に、首長制の生産関係とは別個の生産関係・「空間」を独自の「国家」―人民の関係として創設することを意味していることである。こうした歴史把握は、首長制の枠外に「国家的土地所有」が形成されることはいえても、首長制的土地所有がどのようにして「国家的土地所有」へ転化するのかという問題は、完全に閑却されてしまうことになる。それだけではない。律令制国家を首長制の生産関係の必然的発展と捉える石母田氏の理論体系自体にとっても、自家撞着といわざるをえない。石母田氏がなぜこのような自家撞着に陥ったのか。それは、石母田氏が浄御原令・大宝令の班田収授制の本質として、民戸の再生産条件の「保証」という側面のみを重要視したからであろう。つまり、班田収授制は均田制と異なり、一定期間の受田資格制限が存在するものの、課丁ではない女性や子供、さらには奴婢をも含む、基本的に男女全員に給田する給田制度を採用した。このような班給基準は、律令制国家の個別人身的支配と結合して形成されたもので、その前段階では戸を対象に、奴婢をも含むかたちで戸口数を基準として土地配分が行われたという仮説を前提に提唱されたものである。ここでは、土地制度は「国家」―人民の関係に単純化され、民戸を取り巻く歴史的環境ともいうべき共同体的諸関係の側面が捨象されてしまっている。

それでは、実際に田地全体を掌握するために成立してくるものは何か。いうまでもなく田図にほかならない。

二　国家的土地支配と田図

田図とは一体どのようなものであろうか。現存「班田図」によれば、田図には少なくとも次の三種の地目が含まれていたはずである。（一）口分田、（二）墾田、（三）墾田の前提ともいうべき野地である。特徴の第一は、口分田が含まれていることである。それは田図がたんなる授田簿ではないことを端的に示す。第二は、田令体系に包摂されるすべての田地が一括して把握されていることである。

それでは、田図はいつ成立したのであろうか。この点については、次の文書が貴重なデータを提供してくれる。(17)

民部省牒東大寺三綱所

(国郡名・田積記載省略)

右田、元公田。然百姓姧為己墾田、立券進寺。其時国司等、不練勘検、券文判許。加以、天平廿年・勝宝六年計田国司等、不検天平元年・十一(ママ)年、合二歳図、為百姓墾田也。以後天平宝字二年、前国司(人名略)依先図勘収為公田也。天平宝字五年、巡察使(人名略)所勘亦同之。(下略)

もともと公田(=口分田)だった地を、百姓らが自らの墾田と偽って立券し、東大寺にたてまつった。この文面からでは事実関係は必ずしも明らかではないが、口分田を墾田として東大寺に売却したのであろう。そのとき、国司らは十分に勘検しないまま券文を判許してしまった。そればかりでなく、天平二十(七四八)年・天平勝宝六(七五四)年の「計田国司」らも、「天平元年・十一(ママ)年合二歳図」を検査しないで、そのまま百姓の墾田だったと認定してしまった。しかし、天平宝字二(七五八)年の前国司は、「先図(=天平元年・十一(ママ)年合二歳図)」によってその墾田を還収して公田とし、天平宝字五年の巡察使の所勘も同様であった。「天平十一年」の図は、同年が班年でないことからすれば、天平七年か十四年のどちらかであると考えられる。しかし、ここで重要な事実は、「天平元年」「図」の存在である。「天平元年」「図」の存在は、田図の初見が同年であるというだけでなく、田図は同年の班田収授においてはじめて作成されたらしいことを推測させるからである。

それでは、田図の成立がなぜ天平元(七二九)年でなければならないのか。当然のことながらそれは、天平元年班

田に関連する。(18)

天平元年三月、「又班二口分田一、依レ令収授、於レ事レ不レ便。請、悉収更班」という太政官奏が出された。口分田班給を全面的にやりなおすことを奏上して許可された著明な天平元年班田である。さらに同年十一月、京・畿内班田使が任命された後の太政官奏の要旨を述べれば、次のとおりである。

(1)諸王臣の位田・功田・賜田と寺田・神田は、三月の太政官奏の対象外として班給しなおすことはせず、現在給田されている地のままとする。

(2)位田は田品が同じであれば換地を許すが、異なる場合は許可しない。ただし、換地が許されても、その地が人民に必須のものであれば、口分田として貧家に班給する。

(3)賜田は原則として必ず給田するが、充当する田地がない場合は、班田使は民部省と協議の上、処分する。位田も同様である。その他の田種は田令の条文による。

(4)職田は民部省があらかじめ田積を計算し、中・上田を畿内と畿外に半分ずつ給田する。欠員に応じて収公して新任者に授田し、職田保有者が肥沃地を争い求めないようにする。

(5)諸国司らが前任地で開墾した墾田は、三世一身法が出された養老七年より以降、自ら功力を加えて開墾した人と、他人から転買して得た人とを区別せずすべて還収し、口分田として「土人」に班給する。まだ転任していない者は、これまでと同様、田令荒廃条により耕作を許可する。国司以外の者の開墾は、養老七年格＝三世一身法による。

(6)阿波・山背国の陸田は、身分の高下を問わずすべて収公し、「当土の百姓」に班給する。ただし、山背国にある三位以上の陸田は、詳細に田積を記録して使者に上奏させ、それ以外はすべて収公する。荒地を開墾して熟田とする場合は両国とも許可する。

(7)（ただし、阿波・山背両国にある）勅による賜田と功田は還収の対象とはしない。

天平元年班田がどの程度実効性をもったかについては必ずしも明らかではない。だが、この官奏が口分田班給の障害となる官人への給田に注意を払っていることは疑う余地がない。この班田収授に関して宮本救氏は、あえて全面的班給地の更改を必要としたのは、口分田耕地の散在化の増大とともに、位田・功田・職田などの整備確立がその背景にあるとした。すなわち氏は、天平元年班田が直面した現実を、貴族層の良田集積が進行し、そのことが口分田班給における貴族対農民の対立を激化させるとともに、貴族層相互の土地争いを激化させていた点に求めた。そして天平元年班田は、国家がそのような事態を抑制し、明確な法基準によって整備確定しようとしたものである、とした[19]。ちなみに、田令においても「土人」以外の狭郷給田制限規定である7非其土人条は、4位田条、5職分田条、6功田条と官人への給田が続く条文群の次に配列されていた。それは、在地社会においていかに「土人」主義的関係が重要であるかを示すだけでなく、官人への位階や官職などに応じた給田に法的制約を付したことを意味する。田令に掲載された諸条文は、律令制国家の成立によって、前律令制段階の土地支配に新たな国家的規制を及ぼすことを意図して配列されていると考えられる。天平元年班田は、以上のような大土地支配の展開を前提にした、慶雲三（七〇六）年詔、和銅四（七一一）年詔に続く、律令制国家の土地支配に関する新たな現実的対応であったと考えられる[20]。それは、この段階だけの問題ではなく、すでに弘仁十一年官符でみたように、九世紀以降においても、田図の中央貢進制による土地支配強化の中で維持されたと考えられる。

以上のように、天平元年班田は良田集積による貴族層の大土地支配と、それに対する規制という意義を担ったものであったと考えられる。本章の視角から付け加えるべきことは、田図によって口分田が全面的に掌握され、それによってはじめて全面的な口分田の割り換えが可能になったということである。ただしそれは、後に四証図籍の問題が登場してくることから明らかなように、この段階において国家的土地支配が完成したことを意味するわけではない。

田図の成立を考える上で看過することができないことは、条里呼称法の問題である。なぜなら、田図が田地を二次元的平面において把握するものである以上、座標軸である条里呼称法の成立が不可欠の要件だからである。その意味で、次の史料には条里坪付けに関する興味深い記載がある。(21)

通高向堤樋流灌、其樋地二百代〈在河内志紀屯倉高向堤地、樋尻仁謂住吉俾文穿彫付也〉　墨江堰在〈同屯倉沙古田里十五坪堰地五十代〉

一般に「住吉大社神代記」と呼ばれるこの文書は、延暦八（七八九）年八月二十七日付の郡判と職判がある。ただ、内容は大宝二（七〇二）年の縁起など、神社の記録によって勘注したと記しているので、天平三（七三一）年時のものとして信用してよいとされている。(22)そのことを踏まえた上で、この史料を読み返してみると、志紀屯倉の高向堤に設けられた灌漑施設である墨江堰が「同屯倉沙古田里十五坪」にあるという記載は、条里坪付を記すもっとも早い事例として注目される。「天平元年図」の作成にともなって条里呼称法が出現したと考えられる。ただしそれは、天平十四年以降のX条Y里Z坪というほど正確なものではなく、固有名詞里—坪様式程度のものであったと考えられる。前掲天平神護三（七六六）年の「民部省牒案」によれば、「天平元年・十一（ママ）」年図と、天平二十年・天平勝宝六年の校田図の存在が知られた。前者の図を天平二十年・天平勝宝六年の計田国司が検じなかったのは、条里呼称法の記載様式が異なっていたことが原因ではないかと考えられる。つまり、天平元年の段階でも、後の制度化された条里呼称法が成立しておらず、その先蹤にすぎなかったのである。このことは、次の論点とも関連するだけに重要である。「はじめに」で述べたように、石母田氏は「国家的土地所有」の前提に、「国家」的開墾と営田に基づく、新しい型の「計画村落」を想定した。この点に関しては、国造制的校班田を提唱する吉村武彦氏も、「国家的土地所有」成立の前提に国家による開墾＝「加功」を措定する点に関しては同じである。[23] もし、「加功」によって「国家的土地所有」の成立を証明しようとするのであれば、条里制に対象を求めるほかはない。国家的開発＝「公功」の投入を示す証左となるのが統一条里の存在だからである。「国家的土地所有」が条里制開発によって実現されるのであれば、統一条里は少なくとも大宝年間以前に成立していなければならない。だが、一般的には統一条里の施行は和銅から養老期とみられている。[24] さらに、班田収授制の施行にとって都合のよい、方六尺の唐大尺が使用されるのが和銅六（七一三）年であることも、[25] 歴史的に国家的開発が班田収授制に先行したとは考えられない事実である。もちろん、本章も条里制的地割が和銅期以前に施行されていたことを認めるが、それは散在的・島宇宙的なものであった。国家の「加功」によって首長層の成果を「かりとる」以上、散在的・島宇宙的条里制的地割を含めて再開発されなければならない。そのような徴証が存在しない以上、「国家」的開墾や「加功」により「国家的土地所有」が成立したとする考え方に容易に従うことはできない。

それでは、天平元年班田における田図把握と口分田班給の割り換えは、それ以前の田地支配体制とどのような点で異なっていたのであろうか。同年が養老七（七二三）年の三世一身法が出されて最初の班年に当たっていることに注目する必要がある。三世一身法には「給伝三世」・「給其一身」とある。口分田だけでなく、墾田も「給」田主義の枠内に含まれるようになった。[26] つまり、「給」田主義の新たな展開にともなって天平元年班田は実施されたのである。

前節で触れた弘仁十一（八二〇）年十二月二十六日太政官符には、「公私有レ用」「擬二備此校一」という、田図を理解する上での鍵となる文言が記されていた。「公私有レ用」は、たんに公田（口分田）と私田（墾田）とに空間的に分離把握するものであったのか。仮にそのような問題として処理するにしても、「擬二備此校一」の問題を等閑に付すことはできない。それは、公田・私田の枠組みでは捉えられない地目の問題を考えなければならないことを示唆しているからである。一般的には、田図には山林原野がどのように分割されているかは掌握されていなかったと考えられているようである。しかし、「公私有レ用」という文言の中には、その後の歴史の展開をみても、山林原野の支配と領有の問題、言い換えれば、新たな矛盾が展開する大地の支配と領有の問題が含まれていたはずである。そうでなければ田図はたんなる絵地図になってしまい、「擬二備此校一」はできないからである。

天平神護二（七六六）年から翌年にかけて、東大寺は越前の寺領がそれまでの班田収授で口分田として班給されていることに対し、国衙に改正を求めた。そのことに対する国司の行政的対応を記したのが次の史料である(27)。

西北五条十一桜原社里卅鴨田壱町
　分弐伯拾陸歩〈安味郷戸主丸部月足口分〉
　分参段〈全輸正丁口分〉
野六段伯肆拾肆歩、已上相替為寺田。代給西北六条十一管（菅カ）江里九高岸田壱町。検田図、所注野。今寺佃
使申云、見開者。仍相替給。

西北五条十一桜原社里鴨田一町は、安味郷戸主丸部月足の口分田、全輸正丁口分田と野六段余から構成される。東大寺側は、この地と西北十一菅江里の高岸田一町とを交換しようとしたのである。ここで注目すべきは、代給地を国司が勘験した結果である。そこには「検二田図一、所レ注レ野」とある。すなわち、田図には条里坪内の野が存在したのである。この点をさらに具体的に考えてみよう(28)（五三頁図3参照）。

右、検案内、件田地、(a)以去天平三年七月廿六日、国司（人名略）等、判給丹羽郡岡本郷戸主佐味公入麻呂等已訖。然不為墾開。是依天平感宝元年四月一日詔書、国司（人名略）等、(b)以同年閏五月四日占東大寺田地已訖。

此年之間、寺家墾開成田。然後依入麻呂等訴訟、(c)以天平宝字二年八月十七日、国司（人名略）等、偏随前公験、復判給入麻呂等。仍以天平宝字三年、検寺田使（人名略）等論佣、荒野寺家墾開成田、何輙給他人者。即入麻呂申云、寺家墾開功力者、以稲壱千弐拾弐束、将進上者。至今未進、売入国分金光明寺。(d)以天平宝字五年、付図田籍。加以、更寺田弐町壱段柒拾弐歩、己田云妨不佃荒之。(e)今国司等勘覆、入麻呂有姧端、前国司判已似《ママ》不理、因玆、今改為東大寺田者。

天平三（七三一）年、国司によって佐味公入麻呂らに「田地」が「判給」された。天平感宝元（七四九）年、先に入麻呂らに「給」された「田地」は、同年「四月一日詔」によって国司が東大寺田とした。これに対し入麻呂らが訴訟を起こした。天平宝字二（七五八）年、国司らは「偏随二前公験一、復判二給入麻呂等一」した。この場合の「公験」とは、入麻呂らが最初に「田地」を「給」された天平三年時のものであろう。それは三世一身法施行下である。問題は天平三年時の「給」田において発給された「公験」が何をその対象としていたかである。(a)に「然不レ為二墾開一」、(b)に「此年之間、寺家墾開成レ田」とあることから、それは開墾の前提となる野地であったことは確実である。したがって、天平三年時の「判給」の対象は、開墾の前提である野地にほかならなかった。「給」田主義の中には野地をも含んでいたのである。このことは、国家的土地支配がたんなる規制ではなく、具体的な田地掌握の中で実質的意味をもつようになったことを意味する。それは口分田のみではなく、墾田も含め、野地をも付随した形で成立したのである。

ところが、平安初期以降、田地校勘の証験として四証図籍が定められている。それは墾田や野地をも包摂した、国家的土地支配の新たな矛盾の展開に対応するものと考えられる。それゆえ、次節では四証図籍を取り上げ、この問題を分析しよう。

三　国家的土地支配の展開と四証図籍

先に田籍に関して触れた弘仁十一（八二〇）年十二月二十六日太政官符は、諸国よりの田籍の造進を停止し、田図のみの造進を命じていた。さらに、同官符には、天平十五（七四三）年、天平勝宝七（七五五）歳、宝亀四（七七三）年、延暦五（七八六）年の四度の図籍が「証験」として定められていた。

それでは、同官符にいう「格」はいつ出されたのであろうか。岸俊男氏は延暦五年から延暦十年の間とした(29)。これに対し、宮本救氏は岸氏の説を穏当だとしつつも、田地校勘の証験を必要とするのは、何よりも校班田時であること、延暦五年から十年の間にはそれがないことから、四証図籍の制定を延暦十年の校田時であるとした(30)。従うべき見解であろう。

問題はその成立した理由である。四証図籍がたんなる田籍・田図の集積ではない以上、そこには四証図籍を制定した特定の意味があったと考えられる。この点については、宮本救氏の説を検証する必要がある。宮本氏は、第二と第四の証図籍がそれぞれ第一と第三の証図籍からいずれも同じく十三年目＝二回目の班田図籍といった一定の基準があった。その占定基準のとおりに実施されず、一班分＝六年間延長された第三の宝亀四年証図籍は「当時の一連の土地政策上異様な、そして変態的形態ともいえる道鏡政権によるものであった(31)」とする。後に述べるように、後者の点に関しては、加墾禁止令の解除という意味で宮本説に従うべきであると考える。ただし、前回の証図籍から二回目の班田図籍という一定の「基準」があったとする前者については、納得することができない。宮本説のようであれば、なぜ二回目の班田図籍が選定されねばならなかったのか。この問題が何ら解かれていないからである。それゆえ、この問題を解明するためには、あらためて四証図籍が選定された理由を一つひとつ明らかにする必要がある。

天平十四（七四二）年に関しては、班田図が一条一巻の形式で整備され、条里制の整備を基礎に班田図の整備・全国化を強調する岸俊男氏の見解がある。[32]本章の視角から付け加えるべきことは、宮本氏が詳細に考証したように、[33]班田図の整備・全国化が必要とされたのは、墾田永年私財法が出される直前の土地状況を掌握することを目指したものであると考えられるということである。それでは、天平勝宝七（七五五）歳に関してはどうか。天平勝宝元（七四九）年四月の宣命に「又寺々〈尓〉墾田地許奉〈利〉」とあるように、[34]寺院の墾田地占定が許可されている。[35]さらに、同年閏五月には寺院へ墾田地が施入されており、七月には諸寺墾田地の限りが定められている。[36]したがって、天平勝宝七歳は、天平勝宝元年に寺院の墾田開墾が許可され、寺院の墾田地占定が進み（といっても、実体は野地であるが）、そうした状況を次回の班年である天平勝宝七歳において掌握しようとしたものであろう。第三の宝亀四（七七三）年は、宮本氏が述べたように、[37]天平神護元（七六五）年に制定された加墾禁止令が、[38]前年の宝亀三年十月十四日に解除されるが、[39]それを受けて選定されたものであろう。そして最後の延暦五（七八六）年は、延暦十年に制定された「格」発布の前回の班田収授における土地状況の掌握を目指したものである。

このように、四証図籍は、〝永年不収〟となった墾田に関わる、すぐれて墾田永年私財法固有の問題と関連していた。そして、複数の図籍が必要であったのは、それぞれの段階でのその地の所有の出発点となる人格をどの段階までさかのぼって掌握できるかにあった（第一部第二章）。ただし、先に取り上げた入麻呂らの訴訟問題に関する文書によって明らかなように、墾田も「給」田主義の枠内に存在したことを忘れてはならない。この点は、第一部第一章で明らかにしたように、墾田売買にともなう田主権移動においても確認することができる。[40]

四証図籍に関してさらに注目しなければならないことは、最後に「格」発布の前回の班田収授における土地状況の

掌握を意図した延暦五年が選ばれていることである。そのことを具体的に知ることのできる、次の史料を分析しよう。(41)

先レ是、諸国司等、校二収常荒不用之田一、以班二百姓口分一。徒受二其名一、不レ堪レ輸レ租。又王臣家・国郡司、及殷富百姓等、或以二下田一、相二易上田一、或以レ便相二換不一レ便。如レ此之類、触レ処而在。於レ是、仰二下所司一、却拠二天平十四年・勝宝七歳等図籍一、咸皆改正。為二来年班一レ田也。

諸国の国司の中には、常荒不用の田を校収して口分田として班給する者がいる。そのため、百姓は租を出すことができない。また、王臣家・国郡司・殷富百姓の中には、下田を上田と、便のよい田を自らの不便な田と交換して利を貪っている者がいる。それゆえ、来年の班田収授のため、天平十四年・天平勝宝七歳などの図籍によって、そのような不正をあらためるよう指令している。この史料からは貴族や有力者などの良田集積から百姓口分田を「保護」することが国家側の政策意図であったことが判明する。四証図籍は、延暦段階において貴族・有力者層の良田集積を規制することに意義があったことになる。

さらに、四証図籍制定の「格」が出された延暦十（七九一）年には、次のようなきわめて重要な命令が出されている。(42)

先レ是、去延暦三年、下レ勅、禁下断王臣家及諸司寺家等専占二山野一之事上。至レ是、遣二使山背国一、勘二定公私之地一、各令レ有レ界、恣聴二百姓得一レ共二其利一。若有二違犯者一、科二違勅罪一。其所司阿縦者、亦与同罪。

延暦三年の勅は、王臣家および諸司・寺家がもっぱら山野を占めることを禁じている。すなわち、「山川藪沢之利、公私共利」(43)政策の徹底である。延暦十年にいたって、山背国に使者を派遣して「公私之地」を勘定させるのは、「恣聴二百姓得一レ共二其利一」とあるように、「公地」において百姓に山野の利を得させるためである。「公地」は「公私共利」の地である。ここでは境界を定めたことが注目される。というのは、「公地」は一定の領域を判定しているからである。このような一定の領域を指向した「公地」が行政上意味をもつには、吉村武彦氏も述べるように、田図による掌握と密接な関係がある。(44)延暦十年に四証図籍を制定した「格」が出されたのは、貴族や有力者層の良田集積、すなわち大土地支配の展開に対しての、律令制国家の対応であった。弘仁十一年官符に、田図のすぐれている理由として「公私有レ用」とあるのは、延暦十年にいたって「公私之地」を勘定させ、「公地」と私地の境界を定めたことと密接な関係があると考えられる。

すでに述べたように、弘仁十一年官符では、田籍をとどめて田図のみを貢進することが指令されている。それは、墾田永年私財法のもつ意味の、新たな展開と関連があると思われる。永年私財法は、吉田孝氏によれば、次の四項目から構成されていたとされる。(45)

(A)三世一身法の定める収公期間の廃止。
(B)位階等による墾田地占定面積の制限設定。
(C)国司在任中の墾田についての規定。
(D)墾田地の占定手続きとその有効期間についての規定。

このうち、(A)・(D)の二項が宝亀三(七七二)年格以後も有効法であったことは確実で、(46)(C)項も間接的に有効法であった可能性が高いとされている。ところが、永年私財法にとってきわめて重要な(B)項は宝亀三年または弘仁格が編纂された弘仁十(八一九)年までに廃止された可能性が高いとされる。結果的に、墾田地の占定面積が官人身分に応じて制限を受けなくなり、大規模な墾田地の占定が可能な体制ができあがったことになる。ただし、このような考え方に対しては、宝亀三年格は天平神護元(七六五)年の加墾禁止令の否定であるとともに、加墾禁止令を発布する根源となった永年私財法への完全復帰であったとする宮城栄昌氏の説が存在する。(47)弘仁二(八一一)年二月三日、墾田地の占定に当たっては「四至」によらず、「町段数」＝田積によるべしとする太政官符が出されている。(48)このような処置は、永年私財法の開墾面積制限額規定(B)項を前提にしなければ意味をなさない。弘仁十一年における田図の中央貢進制も、墾田地の占定に対する律令制国家の対応であった。それは、貴族や有力者層の大規模墾田地占定に対し、延暦十年の四証図籍制定の「格」と同様に、百姓口分田の「保護」を意図したものと考えられる。そして、弘仁十一年官符がそれに加えて田図の中央貢進制を定めたことは、国家的土地支配のさらなる強化を意図したものであろう。平安時代の土地所有や平安期以降の「公田」は、このような国家的土地支配の強化の展開過程として位置づけるべきであろう。

おわりに

班田収授制は戸籍把握に象徴される人格的支配を前提に成立し、その結果はある班年においてはじめて班給された口分田の給田状況を記載した文書である田籍に記録された。一方、日本古代における国家的土地支配は、貴族や有力者層による大土地支配が繰り広げられる中で成立した。それは、田図による律令制国家の田地掌握を内容としていた。国家的土地支配は、田図に記載された田地、すなわち口分田のみならず、墾田も含め、野地をも付随するかたちで成立するのである。さらに国家的土地支配は、墾田永年私財法の発布を契機とする、墾田の私的所有の展開により、崩壊過程に入るのではない。国家的土地支配は、九世紀以降においても、田図の中央貢進制による土地支配強化の中で維持されたと考えられる。古代における国家的土地支配を以上のように理解して、はじめてその延長上に平安期以降の「公田」を把握できるのではなかろうか。

鎌田元一氏は、いわゆる「弘福寺田数帳」の継目裏書によって、「墾田籍」以外にも「寺田籍」が存在することを実証した。さらに「田籍は基本的に戸籍と類似し、両者はその性格を同じくするものと考えられる。端的にいえば、本質的に（中略）戸籍（一般戸籍）とは人間の戸籍であり、田籍（一般口分田籍）とは戸主に属する田地の籍」である。「前者は課役の基本台帳であり、後者は田租徴収のための基礎台帳である」。「人と土地と、律令国家の公民支配は、戸籍と田籍を一体的基礎として成り立っていた[49]」とする。しかし、戸籍と田籍が類似することはいえても、戸籍が課役の基本台帳であり、田籍が田租徴収のための基礎台帳で、両者が「一体的」であることは「実証」された事実であろうか。一般的には、課役収取の基礎台帳は計帳とされている。さらに、口分田班給と田租徴収は直接には対応しないので、田籍が田租徴収のための基礎台帳とすることはできない。だからこそ、鎌田氏も述べるように「田籍から田図への重点の移動は、単に現実的な利便性といった機能面にのみ帰することのできない問題」（五〇〇頁）なのである。本章で強調したのはこの点である。古代における国家的土地支配から平安期以降の「公田」支配への展開過程の研究は、緒に就いたばかりである。

註

（1）石母田『日本の古代国家』（岩波書店、一九七一年、のち『石母田正著作集第三巻』岩波書店、一九八九年）。
（2）『類聚三代格』巻十六、山野藪沢河池沼事、延暦十七年十二月八日太政官符、四九七頁。
（3）吉田『律令国家と古代の社会』（岩波書店、一九八三年）。
（4）大町健『日本古代の国家と在地首長制』（校倉書房、一九八六年）。
（5）一九五〇年代の研究としては、彌永貞三・亀田隆之・新井喜久夫「越中国東大寺領庄園絵図について」（『続日本紀研究』五巻二号別冊、一九五八年）、宮本救「山城国葛野郡班田図について」（『律令田制と班田図』吉川弘文館、一九九八年、初出は一九五九年）、大井重二郎「大和国京北班田図について」（『続日本紀研究』六巻一〇・一一号、一九五九年）、岸俊男「班田図と条里制」（『日本古代籍帳の研究』塙書房、一九七三年、初出は一九五九年）等がある。さらに、七〇年代以降、『荘園絵図の基礎的研究』（三一書房、一九七三年）、彌永貞三「班田手続きと校班田図」（『日本古代の政治と史料』高科書店、一九八八年、初出は一九七九年)、『荘園絵図研究』(東京堂出版、一九八二年)が出版されている。また、八〇年代以降は石上英一「山田郡田図の調査」(『古代荘園史料の基礎的研究上』塙書房、一九九七年、初出は一九八六年)に代表される、田図それ自体の詳細な研究が行われている。

(6) 宮本、前掲、註(5)論文。

(7) 『類聚三代格』巻十五、校班田事、四二五頁。

(8) 伊佐治「古代田籍に関する初歩的考察」(『続日本紀研究』二九六号、一九九五年)。

(9) 吉田、前掲、註(3)著書。

(10) 堀敏一『均田制の研究』(岩波書店、一九七五年)。

(11) 拙稿「大宝田令六年一班条および口分条の復原について」(『続日本紀研究』二三一号、一九八二年、本書第二部第三章・第四章)。

(12) 『続日本紀』養老元年五月辛酉条。

(13) 『類聚三代格』巻十五、損田并租地子事、霊亀三年五月十一日太政官符、四二九頁。

(14) 石母田、前掲、註(1)著書。

(15) 小林「律令国家成立期の未墾地支配と開発政策の視点――「賦田」制批判の覚書」(『日本古代の村落と農民支配』塙書房、二〇〇〇年、初出は一九八四年)。

(16) 大町、前掲、註(4)著書。

(17) 天平神護三(七六七)年二月二十八日「民部省牒案」(『東南院』二―三五七)。

(18) 『続日本紀』天平元年三月癸丑条、同年十一月癸巳条。

(19) 宮本「律令制的土地制度」(前掲、註(5)著書、初出は一九七三年)。なお、吉村武彦氏は「律令制国家と土地所有」(『日本古代の社会と国家』岩波書店、一九九六年、初出は一九七五年)で、天平元年班田に触れる中で、班田収授制の階級的性格を、貴族層による田地の量的拡大と良田集積の面で理解しようとしている。

(20) 慶雲三年三月十四日詔に関しては、『続日本紀』および『類聚三代格』巻十六山野藪沢江河池沼事、四九六頁に「令㆔百姓樵蘇勿㆓輙禁止㆒焉」以外は同文が収載されている。和銅四年詔に関しては、『続日本紀』和銅四年十二月丙午条参照。

(21)「住吉大社司解」(『平安遺文』十―補一)。
(22) 田中卓『住吉大社神代記の研究』(国書刊行会、一九五一年、のち『田中卓著作集7』国書刊行会、一九八五年)。
(23) 吉村「律令制的班田制の歴史的前提について――国造制的土地所有に関する覚書」(井上光貞博士還暦記念『古代史論叢中巻』吉川弘文館、一九七八年)。
(24) 岸俊男「古代地割制の基本的視点」(『古代の日本9』角川書店、一九七一年)、吉田孝「編戸制・班田制の構造的特質」(前掲、註(3)著書、初出は一九七六年)。最近の金田章裕『古代国家の土地計画』(吉川弘文館、二〇一七年)では、八世紀には一筆の土地区画の形状がそれほど規則的ではなく、条里地割と条里呼称からなる土地計画の概念である「条里プラン」の完成時期は、八世紀後半としている。
(25) 田令1田長条古記所引和銅六年二月十九日格(8a／三四五)。
(26) 吉村「律令体制と分業体系」(前掲、註(19)著書、初出は一九八二年)。
(27) 天平神護二年十月二十一日「越前国司解」(『東南院』二―二一七)。
(28) 前掲、註(27)「越前国司解」(『東南院』二―一九五)。
(29) 岸、前掲、註(5)論文。
(30) 宮本「四証図について」(前掲、註(5)著書、初出は一九七〇年)。
(31) 宮本、前掲、註(19)論文。
(32) 岸、前掲、註(5)論文。
(33) 宮本、前掲、註(19)論文。
(34)『続日本紀』天平勝宝元年四月甲午朔条。
(35)『続日本紀』天平勝宝元年閏五月癸丑条。
(36)『続日本紀』天平勝宝元年七月乙巳条。
(37) 宮本、前掲、註(19)論文。
(38)『続日本紀』天平神護元年三月丙申条。
(39)『類聚三代格』巻十五、墾田并佃事、宝亀三年十月十四日太政官符、四四一頁。

(40) 拙稿「日本古代における国家的土地支配の特質――土地売券の判と「毀」をめぐって」(田名網宏編『古代国家の支配と構造』東京堂出版、一九八六年、本書第一部第一章)。
(41) 『続日本紀』延暦十年五月戊子条。
(42) 『続日本紀』延暦十年六月甲寅条。
(43) 雑令9国内条、四七六頁。
(44) 吉村「土地政策の基本的性格」(前掲、註(19)著書、初出は一九七二年)。
(45) 吉田、前掲、註(3)著書、V墾田永年私財法の基礎的研究。
(46) 前掲、註(39)宝亀三年十月十四日太政官符。
(47) 宮城「宝亀三年の墾田永代私有令について」(『歴史教育』七―五、一九五九年)。
(48) 『類聚三代格』巻十五、墾田并佃事、弘仁二年二月三日太政官符、四四二頁。ただし、『日本後紀』では正月甲子条に係ける。
(49) 鎌田「律令制的土地制度と田籍・田図」(『律令公民制の研究』塙書房、二〇〇一年、初出は一九九六年、五〇〇頁)。

〔付記〕
本稿を本書に収めるに際し、「一九八九年度日本史研究会大会報告批判　古代史部会報告批判」(『日本史研究』三三三号、一九九〇年)で述べたことを引用した。なお、田図については東京大学史料編纂所編『日本荘園絵図聚影』(東京大学出版会、〈図録七冊〉一九八八～二〇〇二年)、『同釈文編一古代』(二〇〇七年)が刊行されて研究条件が整えられた。さらに、荘園図に関する総合的論集として、『日本古代荘園図』(東京大学出版会、一九九六年)が刊行されている。

第二部　唐日田令の条文構成と大宝田令諸条の復原

第一章　唐開元二十五年田令の復原と条文構成

はじめに

日本の古代国家は律令制国家として完成した。それゆえ、律令法については古代国家を論ずるための基本史料として、これまでにも多くの研究が行われてきた。(1)古代国家の構造や性格を明らかにするためには、律令法の分析が必須となるからである。日本律令は、当時の日本の支配者が国家機構を構築するとともに、当該社会に施行するため、意図的に唐律令を改変して定立したものである。ところが、日本律令の直接の母法とされる唐永徽二（六五一）年律令はほとんどが散逸してしまった。そこで、日唐律令を分析するための前提として、逸文を収集して復原することが必要となる。仁井田陞『唐令拾遺』（以下、『拾遺』と略称する）がその最良の成果である。(2)『拾遺』でもっとも多くの条文が採録され、条文内容が原型に近い状態で復原されているのは、唐開元二十五（七三七）年令である。

本章は、開元二十五年令のうち、均田制に直接関わる田令を分析対象とする。田令に関しては、均田制・班田収授制ともに膨大な研究蓄積がある。班田収授制に関しては研究史の総括を行った著作まで出版されている。(3)ただし、これまでは特定の条文に研究がかたよる傾向があり、田令を全体的に把握しようとする視角は希薄であった。その中で、特筆すべき分析視角を提示したのは中国史の菊池英夫氏である。(4)菊池氏は『拾遺』を対象に唐令復原に当たっての史料の取り扱い方法の問題点を指摘し、唐令の編目・編次、条文配列の検討を行った。菊池説は視野がせまくなりがちな逐条的日唐令文の比較研究がおちいる弊害を批判し、体系的法としての律令法研究に関する新たな分析視角を提示したのである。

日本田令に関しては、菊池説以前に彌永貞三氏も部分的な条文構成の論理を考えていたが[5]、菊池説を受けて唐日田令全体の比較分析を試みたのは吉村武彦氏である[6]。これに対し、「養老田令の構成案を提示しその歴史的特質を検討する従来の作業において触れられていないことは、母法としての唐田令との比較である」と指摘し、継受法としての律令法分析の意義と方法を理論的に検討したのが石上英一氏である[7]。事例研究の一つとして田令を分析した石上氏は、唐代の杜佑が法制度の沿革を記録した『通典』に開元二十五年令が条文群としてまとまって引用されていることを媒介にして、唐田令の条文構成を復原した。その結果、日本田令は唐田令の官司・官職に就いた官人への給田群を、官人個人・百姓への給田群に取り込むというダイナミックな田令体系の改変を行ったと結論づけた。石上氏の条文構成案はまことに説得力があり、『拾遺』を補訂した『唐令拾遺補』[8]（以下、『拾遺補』と略称する）も石上氏の条文構成案を採用し、養老田令に依拠して唐田令の条文配列を行った仁井田説を訂正した。

ところが、二十世紀末に戴建国氏が寧波天一閣で「官品令」と題された文献を発見・紹介したことにより、唐令復原研究は新たな展開を迎えることとなった。戴氏による「官品令」の考証結果は以下のとおりである[9]。天一閣蔵「官品令」残本は、北宋の天聖七（一〇二九）年に、田令を含む複数の編目を録写して頒行された北宋天聖令である。天聖令の「田令」（以下、天聖田令と略称する）には唐令に改変を加えた、現行法である宋令七条のあとに、宋代で用いられていない開元二十五年令が引載されていた。引載された開元二十五年田令の条文配列は、『通典』のそれとは異なり、意外にも養老田令の条文配列とほとんどが一致した。それゆえ、養老田令によって唐田令を配列した仁井田説は結果的に正しかった。このように、天聖令の発見によって開元二十五年田令の条文配列のほぼ全容が判明し、『通典』のそれに依拠した石上説が誤りであることが明らかになった。

戴氏はさらに、宋令を媒介にして本来の開元二十五年田令全体を復原するための研究を行った(10)。天聖令に記された宋令は「旧文に因りて新制を以て参定」したものであるが、中には改変されていない条文が含まれている。つまり、新たに参定した宋令と旧文としての開元二十五年令は条文数という点で同じであるので、七条の宋令を媒介にして開元二十五年令全体を復原することができるとした。こうして天聖田令に引載された宋令を媒介にして、開元二十五年田令全体を復原する研究が開始された。その後、宋家鈺氏が天一閣に赴いて再校した結果を発表し(11)、二〇〇六年秋には影印本が出版された(12)。ここに天聖田令にもとづく開元二十五年田令復原研究の条件が本格的に整うことになった。

日本古代史で天聖田令をいち早く研究に利用したのは大津透氏である(13)。大津氏は、石上説を修正して田積、百姓・官人への給田、収授手続きや田主権、官司・官人への給田、屯田という条文構成案を提示した。なお、公廨田・職分田規定や屯田規定に関しては、条文配列に見解の相違はあるが、構成に関する対立点はないので、以下の説明では割愛する。次に服部一隆氏は、宋氏録文を前提に、大宝・養老田令作成過程の形式面の検討を行い、個人に対する給田、権利関係からなる構成案を提示するとともに、日本田令は唐田令の条文配列をかなり忠実に踏襲しているとした(14)。一方、中国史の山崎覚士氏は、給田、運用課種、雑規定からなる構成案を提示し、唐田令は田土運営的論理構造と身分制的論理構造を背景としているとした(15)。なお宋家鈺氏は影印本所収論文で、民戸授田額、官人受永業田額、寛狭郷・園宅売買等雑類、土地収授と非民戸授田額に分類している(16)。さらに、渡辺信一郎氏は次のように主張する(17)。唐田令は田土の種類、給付される者の身分、運用形態によって四区分でき、中核部分である第二部の諸条文は、ほぼ北魏太和九（四八五）年均田詔に由来する。それゆえ「唐田令の構成は、諸規定の論理的な編成というよりも、むしろ北魏均田詔の規定を中核に、その後歴史的に展開してきた新たな地目や規定を、順次増広・付加する形で、編纂されてきたもの」であり、唐田令は「戦国期以来の国家による土地所有・運用の歴史的な集約的規程である」。渡辺氏は、論理だけでは説明しえない、均田制成立過程における歴史性の問題を正当に評価すべきであるとした。以上の唐田令条文構成案を提示した、大津・服部・山崎・宋・渡辺五氏の説を図表化して示したのが、表5「従来の唐田令条文構成案」である。以下に引用する諸氏の説はすべてこれによる。本章に関連する論文が複数ある場合は、そのつど注記する。

以上のように日中の研究者から複数の開元二十五年田令に関する条文構成案が提出されている現在において、なすべきことは以下の二点に集約される。

第一に、宋令を媒介にして開元二十五年令田令本来の条文を全文復原し、配列し直すことである[18]。現状は表5に明らかであるが、宋1田広条（条文名は原則として条文頭書の文字を利用して仮称する。以下同じ）や宋4田為水侵射条のように[19]、諸説一致して同じ位置に配列する条文がある一方で、宋令は全部で七条であるにもかかわらず、復原・配列が確定しない条文が大半を占める。その意味で、復原・配列を確定した唐田令本来の姿を提示することが急務であろう。その上で、第二に、復原した唐田令の内容を分析することによって新たな条文構成案を提示することである。その際、現時点では石上説に代表される田令という編目の論理性を重視する考え方と、渡辺説にみられる歴史性を考慮すべきであるとの考え方が並立している。新たな条文構成案を提示することは、歴史性の問題を踏まえた上で、両説を越えた、さらなる論理の解明を目指すものでなければならない。

なお、天聖令の典拠となった唐令は開元二十五年令であるとの載氏の主張は、坂上康俊・岡野誠両氏の考証により、さらに強固になったと考えられる[20]。したがって、本章で唐令といえば開元二十五年令を指すこととする。その際、煩

表5　従来の唐田令条文構成案

（カッコ付き数字は天聖田令に引かれた宋令，それ以外の数字は開元二十五年田令）

番号	大津説		山崎説		服部説		宋説		渡辺説
(1)	Ⅰ田積	(1)	1給田	(1)		(1)	田畝面積額	(1)	地割形態・田積
1	Ⅱ給田Ⅰ 百姓への給田，唐は官人への永業田も規定.	1	永業口分田の基礎的規定	1		1		1	（丁男中男給田）
2		2		2		2	民戸授田額	2	
3		3		3		3		3	
4		4		4		4		4	
5		5	官人永業田	5		5		5	（官人永業田給田）
6		6		6		6		6	
(2)		7		(2)	給田（個人） 口分田・永業田などの支給に関する規定	7		(2)	
7		8		7		8	官人受永業田類	7	
8		9		8		9		8	
9		10		9		10		9	
10		11		10		11		10	口分田・永業田・園宅地，ならびにその収授・配分・運用→諸身分ごとの給田規定とその運用
11		12		11		12		11	
12		13	寛狭郷	12		13		12	
13		14		13		14		13	
14		15	官人口分田	14		15		14	
15		16	園宅地	15		16		15	
16		(2)	2運用課種	16		(2)	寛狭郷，園宅売買等雑類	16	
17	Ⅲ収授・田主 田地の収授手続きや，田主権を定める.	17	庶人永業口分田	17		17		17	
18		18	売買	18		18		18	
19		19	商工業者受田	19		19		19	（工商給田）
20		20	王事没落	20		20		20	
21		21	質貸し	21		21		21	
22		22	3返還口分田支給	22		22		22	
23		23	永業口分田還収	23		23		23	
24		24		24		24		24	
25		25		25	権利関係	25		25	
26		26		26		26		26	
27		27	4雑規定 田の雑規定	27		27	土地収授与非民戸受田額	27	
(3)		(3)		(3)		(3)		28	（道士僧尼給田）
28		28		28		28		(3)	
29		29		29		29		29	（官戸給田）
(4)		(4)		(4)		(4)		(4)	
30		30		30		30		30	
(5)		(5)		(5)		(5)		(5)	
31		31		31		31		31	
32	Ⅳ給田Ⅱ 公廨田・職分田など官司・官人への給田，日本は在外のみ.	32		32		32		32	
(6)		(6)		(6)		(6)		(6)	
33		33		33	給田 （官司・官職に対する給田）	33		33	公廨田・職分田・駅封田の支給・運用
34		34	公廨田職分田	34		34	公廨田職分田類	34	
35		35		35		35		35	
(7)		(7)		(7)		36		36	
36		36		36		(7)		(7)	
37		37		37		37		37	
38	Ⅴ屯田 日本では官田の規定.	38		38		38		38	
39		39		39		39		39	
40		40		40		40		40	
41		41		41		41		41	
42		42		42		42		42	
43		43	屯田	43	屯田	43	屯田類	43	屯田とその運用
44		44		44		44		44	
45		45		45		45		45	
46		46		46		46		46	
47		47		47		47		47	
48		48		48		48		48	
49		49		49		49		49	

雑を避けるため、天聖田令に引載された宋令を宋1～7（表中では(1)～(7)を使用する）、開元二十五年令を1～49と表記する。また、付論として〔天一閣蔵明鈔本天聖田令復原録文〕を掲載した。[21] 御参照願いたい。

一　開元二十五年田令の復原と条文配列

「はじめに」で述べたように、唐田令の条文内容を分析するためには宋令を媒介にして唐令本来の条文に復原し、配列しなおすことが前提となる。そこで本節は、宋令で問題となる条文を

1　復原および条文配列が確定しない条文
2　条文配列に問題のある条文
3　条文内容の理解に問題のある条文

の三種類に分類して分析することにしたい。

1　復原および条文配列が確定しない条文――宋2課種桑楡棗条・宋3官人百姓条

宋2課種桑楡棗条（本文の誤字・脱字を訂正した場合は傍点（・）を付した。以下同じ）

諸毎年課㆓種桑棗樹木㆒、以㆓五等分戸㆒。第一等一百根、第二等八十根、第三等六十根、第四等四十根、第五等二十根。各以㆓桑棗雑木㆒相半。郷土不㆑宜者、任以㆑所㆑宜樹充。内有㆓孤老・残疾及女戸無㆓男丁㆒者、不㆑在㆓此限㆒。其桑棗滋茂、仍不㆑得㆓非㆑理斫伐㆒。

桑棗の課種について規定している宋2は、宋令に採用された条文であるので唐令との異同が問題となる。本条が唐

令そのものでないことはすでに戴建国・兼田信一郎両氏が指摘している。仁井田陞氏は唐令相当条文を次のように復原し、「本条の順位は通典、冊府元亀及び山堂群書考索に従った」（六二一頁、『拾遺補』は一三一〇頁）としている。

六乙　諸戸内永業田、毎レ畝課二種桑五十根以上、楡棗各十根以上一、三年植畢。郷土不レ宜者、任以レ所レ宜樹充。

一見して明らかなように、宋2は課種対象を戸（五等戸）とするのに対し、仁井田復原案はそれを田土、それも戸内永業田とする。仁井田氏の復原根拠となった『唐律疏議』・『通典』の相当条文は次のとおりである。

『唐律疏議』戸婚律22里正授田課農桑条疏議（以下、本条を「疏議」と略称する）[22]

A依二田令一、戸内永業田、課二植桑五十根以上、楡棗各十根以上一。土地不レ宜者、任依二郷法一。（波線部は節略や文字の異同等がある場合。以下同じ）。

B又条、応二収授一之田、毎年起二十月一日一、里正預校勘造レ簿。　県令摠二集応レ退応レ受之人一、対共給授。（唐25）

C又条、授レ田、先課役、後不課役。先無、後少。先貧、後富。（唐26）

『通典』巻二食貨二田制下所引開元二十五年田令（以下、『通典』の引用は中華書局本による。二九頁以下）

α諸永業田、皆伝二子孫一、不レ在二収授之限一。即子孫犯二除名一者、所レ承之地亦不レ追。

β毎レ畝課二種桑五十根以上、楡棗各十根以上一。三年植畢。郷土不レ宜者、任以レ所レ宜樹充。

γ所レ給二五品以上一永業田、皆不レ得二於狭郷受一。任於二寛郷一隔越、射二無主荒地一充。〈即買二蔭賜田一充者、雖二狭郷一亦聴。〉其六品以下永業、即聴下本郷取二還レ公田一充上。願二於寛郷取一者亦聴。

仁井田氏が課種対象を戸内永業田とする根拠が「疏議」Aであり、課種単位が「毎レ畝」であることは『通典』βに明らかである。さらに、「六乙」とあるように、条文配列の根拠が『通典』βであることも説明を要さないであろう。

復原の問題から考えよう。載・渡辺両氏によれば、『通典』βの「毎レ畝」は「毎レ戸」の転写上の誤りで、さらに宋氏によれば畝ごとに桑五十根を植えることは不可能とする。[23] したがって、唐令には「毎レ戸」の字句が存在したと思われるが、そのことから「疏議」Aの戸内永業田を課種対象とする規定であったと即断することは許されない。『通典』βそのものに永業田の字句が存在しないからである。一般的には、すでにαに「諸永業田」とあるのでβのそれは省略したと考えられているのであろう。だが、次のγには永業（田）の字句が存在する。もし給田対象である永業（田）の字句を省略すれば、γは官人永業田狭郷給田制限規定として意味をなさなくなる。このように、αとγに永業（田）の字句が存在するにもかかわらず、βだけ省略されているとするのは不自然の感をまぬがれない。課種対象を戸内永業田とする根拠である「疏議」Aは、一つの解釈を示したものとなる。[24]

それでは、宋2を唐令相当条文の復原根拠とすることができるか。宋2は次の二つの事項を規定している。(1)課種対象（五等戸）への課種対象樹木（桑棗）の課種と本数、植樹の方法（相半）、課種に適さない場合の例外と、(2)戸に男丁がいない場合は本条の適用を受けないこと、桑棗が繁茂した場合、みだりに伐採してはならないことである。(1)の課種対象が五等戸であることは、対応条文と考えられる養老田令16桑漆条が三等戸制であるので、[25] 唐令相当条文が戸等に応じて課種する規定であった可能性が高いという意味で注目すべきである。ただし、唐代は九等戸制であり、宋2の五等戸は宋代両税法の前提としてのそれと考えられるので、宋2をただちに唐令相当条文の復原根拠とすることはできない。さらに、植樹の本数に関する規定も、[26] 後周顕徳三（九五六）年令の本数と一致するが、現時点においてはそれ以前にさかのぼるとすることはできない。(1)の植樹方法と(2)の戸に男丁がいない場合および桑棗が繁茂した場合の規定は、宋2唐令相当条文が成立するための必須の条件ではない。したがって、日本令との関係で戸等に応じて桑楡棗の課種を規定していた可能性は高いものの、宋2それ自体を直接の根拠として唐令相当条文を復原することはできない。

　それでは、唐令相当条文はどのように復原したらよいのであろうか。「疏議」Aと『通典』βを詳細に比較すると、両者で共通するのは課種対象樹木と本数、田土が課種に適さない場合の二点にすぎないことが判明する。「疏議」Aと『通典』βが取意文であり、多くの節略があることは明白である（表6）。それゆえ、完全な復原案を提示することは不可能であるが、以上の諸点を勘案して復原すれば、次のとおりである。

　諸毎レ戸課二種桑五十根以上、楡棗各十根以上一、三年植畢。郷土不レ宜者、任以レ所レ宜レ樹充。

表6　「疏議」Aと『通典』ßの各項比較

	「疏議」A	『通典』ß
課種対象	戸内永業田	
課種単位		毎畝
課種対象樹木と本数	桑50根以上 楡棗各10根以上	桑50根以上 楡棗各10根以上
課種期限		3年種畢
例外条項	土地不宜	郷土不宜

　次に、条文配列に関してはどうであろうか。これには次の二説がある。まず戴・渡辺両氏は、『通典』βを根拠に宋2を唐6皆伝子孫条の次に配列する。これに対し、山崎・宋両氏は養老田令の15園地条・16桑漆条と続く条文配列にしたがい、唐16給園宅地条の次に配列する。天聖田令に引載された唐令の配列は次のとおりである。

　唐5永業田（官人永業田給田額）条

　唐6皆伝子孫（官人永業田子孫「伝世」）条（『通典』α）

　この次に『通典』の条文配列にしたがって宋2の唐令相当条文を挿入したと仮定する。すると次の条文は、

　唐7五品以上（官人永業田狭郷受田制限）条（『通典』γ）

である。戴氏はこの配列を『通典』のそれに合致することから「合理的」とする。(27) たしかに永業田は桑田の系統を引く田土である。『通典』の著者・杜佑が宋2唐令相当条文を配列した根拠はこの点にあったのかもしれない。しかし、「疏議」Aは課種対象を戸内永業田としていた。戸内永業田は庶人・官人を問わず給田される。『通典』の条文配列にしたがえば、唐5・6・7と官人永業田に関する規定が続く中に、必ずしも官人に限定できない宋2唐令相当条文を配列することになる。それを「合理的」といえるであろうか。ここで、あらためて桑楡棗の課種対象が何であるかが問題となる。すでに述べたように、養老田令16桑漆条は三等戸制であった。これに対し、唐16給園宅地条は戸口数に基づく園宅地の給田規定であった。それゆえ、養老田令16桑漆条と唐16給園宅地条は、戸等に応じて課種する点において強い親近性が認められる。ここに、課種対象地としての園宅地がクローズアップされる。ところが、吉村武彦氏によれば、日本令の園地は唐令の園宅地よりも戸内永業田との関係が強く、唐令の園宅地と日本令の宅地ではヘレディウムか否かの決定的な違いがある。それゆえ、日本令の宅地と唐令の園宅地を同一に論じることはできないとする。(28) したがって、桑楡棗の課種対象地を戸内永業田や園宅地と特定することはできず、宋2唐令相当条文は戸等に応じて課種することだけが規定されていたと考えるべきこととなる。(29)

「はじめに」で述べたように、天聖田令が引載する唐令の条文配列は、養老田令の条文配列とほぼ一致し、『通典』のそれとは異なっていた。日本令が唐令の条文構成を変更して新条文を設けた例としては、5職分田条（唐33）・11公田条（唐32）などがあげられる。唐に比して未熟な、当該段階の日本の官僚機構とその経済基盤に関わるケースである。それゆえ、特別な事情を想定できない限り、宋2唐令相当条文は、山崎・宋両氏のように、養老田令にしたがって唐16給園宅地条の次に配列すべきであろう。

宋3官人百姓条

諸官人百姓、並不レ得下将二田宅一捨施及売易与中寺観上。違者銭物及田宅並没官。

宋3は寺観への田宅捨施・売易を禁止し、違反した場合の処置について規定した条文である。『拾遺補』は『大元聖政国朝典章』巻一九戸部典売条を典拠として次のように復原する（七五五・一三三四頁）。

諸官人百姓、不得将奴婢田宅、舎（捨）施典売与寺観、違者価銭没官、田宅奴婢還主。

これに対し、戴氏は宋3の対応条文と考えられる養老田令26官人百姓条（二四五頁）が奴婢に言及していないので、唐令相当条文も奴婢は捨施の対象として規定されていなかったとする。宋氏も唐令は奴婢を含まず、違反文言の「銭物」だけが唐代では「財物」であったとしている。官人百姓条所引古記が奴婢に沈黙していることは、同条の大宝令文には奴婢に関する規定が存在しなかった可能性が高いことを示唆する。事実、義解は「奴婢牛馬等、不レ在二禁限一」（9a／三六七）と注釈し、穴説にも「奴婢牛馬等捨施无レ禁」（2a／三六八）とある。義解・穴説は、田宅以外の財物として奴婢牛馬等を寺院に捨施することを禁止していないと注釈している。少なくとも穴説は、「本令云（例：戸令33国守巡行条、三一七頁）」とか「唐令云（例：田令24授田条、三六七頁）」と唐令を引用しているので、おそらくは唐令の原文を見ていたと考えられる。[30] 唐令を前提に穴説が上記の注釈を施していることは、唐令相当条文に奴婢に関する規定は含まれていなかったと推測するに十分であろう。

一方、渡辺氏は追収規定を必須とする均田制下の違反文言は「不レ追」文言をともなっているので、文末は「違者財没不レ追、地還二本主一」と改変して復原すべきであり、唐令から天聖令への改変は、均田制の解体にともなう違反文言部分にあったとする。最近では羅彤華氏も渡辺氏の復原案に賛同している。[31] だが、管見の限りでは、均田制に直接関わる「不レ追」文言は戸婚律17妄認盗売公私田条疏議の「財没不レ追」一例だけであり、その一例も田令＝唐18買地条そのものの引用にすぎない（二―三七七、六―二四六）。それゆえ、本章は本条の違反文言を改変することに慎重な立場をとる。なお、官人百姓条の「不㆑得㆓売易与㆒㆑寺」について、古記は「頓売易也。限㆓一年㆒売買非也。僧尼与㆑寺一種也。為㆑不㆑得㆔私蓄㆓園宅㆒故」（9b／三六七）と注釈している。唐令においても「園宅」の字句は存在した可能性が高い。以上の論拠によって本条の復原案を提示すれば次のとおりである。

諸官人百姓、並不㆑得㆘将㆓田宅園地㆒、捨施典売与㆗寺観㆖。違者財物没官、田宅園地還㆑主。

条文配列の問題に移ろう。山崎・宋両氏は宋3を唐28道士女冠条の前に置く。つまり、

唐27田有交錯条→宋3官人百姓条→唐28道士女冠条

の順である。その理由を山崎氏は唐17・18で田土売買、唐19で工商業者に対する給田が規定されている配列の仕方から、宋3・唐28の順で「並べておくのが正しい」（一〇八頁）とする。これに対し戴氏は、「論理からすれば」（一二六頁）宋3は唐28の次にあった方がよいとし、渡辺氏も官人・百姓の寺観への田宅捨施・売易の禁止、処置規定である宋3は、僧尼等への給田規定である唐28の次に配列するのが妥当であるとした。

唐27と養老田令25交錯条、宋3と26官人百姓条がそれぞれ対応することは歴然としている。したがって、唐28の対応条文が日本令に存在しないとされていることが問題となる。ところが、唐28を大宝令にのみ存在した「神田条」に対応させる服部説がすでに存在する。養老田令21六年一班条の「神田・寺田、不㆑在㆓此限㆒」条項には下記の古記の注釈が存在し、さらに古記には次のような「私此云」という注が付されていた（7a／三六三）。

古記云、神田条、不㆑在㆓収授之限㆒。謂、収而不㆑授㆓百姓㆒也。

私此云、在㆘田有㆓交錯㆒条下㆖。案㆑之、古令、神田・寺田別立㆑条、似㆑不㆑称㆓於此条㆒。新令、省㆓其条㆒、可㆑付㆓此条㆒、仍以㆓事緒相類㆒、付㆓此条中㆒也。

服部氏は上記の古記により「神田」・「不在収授之限」の字句が復原でき、神田の存在も想定できるとして唐28に大宝令「神田条」を対応させ、唐28・宋3の順に配列した。条文配列の問題として、服部説は正鵠を射ている。(32) ただし、右の説明だけではなぜ唐28と大宝令「神田条」が対応するのか必ずしも明らかではない。服部説では、条文配列に関してより重要な、「私」の説く内容の分析が行われていないからである。

それでは、「私此云」以下はどのように理解したらよいのであろうか。「私」によれば、大宝令では「此云」=古記の「神田条」に関する注釈は「田有二交錯一条下」にあった。新令=養老令では「神田条」が削除され、六年一班条の本注に挿入された。それゆえ、「此云」=古記の「神田条」に関する注釈は21六年一班条にあるとする。つまり「私」によれば、日本令は大宝令では交錯条・「神田条」・官人百姓条の順で配列されていたのである。ここで、前述した唐日田令の対応関係を想起すれば、大宝令「神田条」に対応するのは唐28しかないと考えられる。大宝令の条文配列に唐令を対応させれば、図7のとおりである。したがって、唐28・宋3の順で配列した戴・渡辺・服部説が正しく、宋3・唐28の順で「両者を並べておくのが正しい」とした山崎氏や宋氏の説は、唐令の論理をまったく逆に把握していたことになる。

交錯条	「神田条」	官人百姓条
↕	↕	↕
唐27田有交錯条	唐28道士女冠条	宋3官人百姓条

図7　大宝令と唐令との対応関係

先に、条文内容・配列を変更して新条文を設けた例として官僚機構の例をあげた。いま問題としている大宝令「神田条」も、唐28の道士以下への給田規定を神田・寺田を収授の対象としない規定へと大きく内容変更した顕著なケースである。その意味で唐令相当条文を換骨奪胎して継受した、典型的な例の一つといっても過言ではない。ただし同時に、唐令の条文配列を変更してまったく新たに設けた条文でないこともまた明らかである。大宝令「神田条」は、日本令がよほどの根拠または理由がない限り、唐令の条文配列を変更することがない典型的な例の一つといえるだろう。

戴・渡辺両氏は、相対的な条文配列の論理から宋3の位置を考えた。これに対し服部氏は、六年一班条古記により唐28と大宝令「神田条」を対応させた。だが、唐28と大宝令「神田条」を確実に対応させることができる根拠となるのは、服部氏が等閑に付した、古記に付された「私」という注釈であった。六年一班条所引古記、それも「私」の注釈は唐令を復原・配列するための貴重な史料の一つである。

以上で復原および条文配列が確定しない諸条の検討をおえたので、次に条文配列に問題があると考えられる宋5競田条を分析したい。

2　条文配列に問題のある条文——宋5競田条

諸競田、判得已耕種者、後雖二改判一、苗入二種人一。耕而未レ種者、酧二其功力一。未レ済二断決一、強耕種者, 苗従二地判一。

係争中の田の作物の帰属について規定している宋5は、「酬」字が「酧」字であること、「強耕種」が「耕種」であることを除けば、『宋刑統』巻十三戸婚律に同文がある。養老田令30競田条にいたっては、「酧」字以外は宋5と全く同文である（二四六頁）。したがって、宋令は唐令をそのまま踏襲したと考えられ、復原に関しての問題はない(33)。それでは条文配列に関してはどうか。これまでの諸説では次のように配列されてきた。すなわち、

唐30公私田荒廃条→宋5競田条→唐31田有山崗条

の順である。養老田令の29荒廃条・30競田条と続く条文配列にしたがう限り、唐30・宋5と配列するのは至極当然で

あり、何ら疑問をさしはさむ余地はなさそうである。だがそれは、宋5の次に配列されている唐31の分析を行った上でのことであろうか。唐31田有山崗条は次のとおりである。

諸田、有二山崗・砂石・水鹵・溝澗之類一、不レ在二給限一。若人欲レ佃者聴之。

唐31は今回新たに発見された、いわゆる「非水田」規定とされる条文である。戴氏は、唐31を「耕作に適さない土地は給田の範囲外にあると規定し」たもので、「この法令の意図は、給授田地の好悪の不均等から発生する混乱を回避するところにある」（一三三頁）とした。その後、「本条文は、養老令に対応条文はない。天聖令によって、そのまま復原する」（七九頁）とする渡辺説にいたるまで、唐31の条文内容と配列について問題とされることはなかった。しかし、唐31の内容把握は戴説のままでよいのであろうか。唐31全文の分析を行った上で、あらためて条文配列の問題を考える必要がある。

まず後半部の「若人欲レ佃者聴之」とは、もし佃作したい者がいれば、それを許可するという意味である。では佃作の対象となるのはどのような田土か。それが前半部に示されている田に「山崗・砂石・水鹵・溝澗之類」がある田土である。すなわち田として耕作するのに適さない部分を含む田土である。それはどのような田土か。未墾地をおいてほかにない。法的には唐7・12に登場する「無主荒地」である(34)。唐31は未墾地＝無主荒地を給田の対象とはしないが、もし佃作を希望する者がいれば、それを許可する無主荒地営種規定であった。すなわち、たんなる「非水田」規定ではなかったのである。

唐31が無主荒地営種規定であったことは、条文配列の問題にどのような影響を与えるのであろうか。この問題を考える前に、唐令継受の問題を考えておく必要がある。唐令継受の問題とは、唐令相当条文と日本令荒廃条との対応関係に関する問題である。養老田令29荒廃条は次のとおりである。

凡公私田、荒廃三年以上、有㆓能借佃者㆒、経㆓官司㆒、判借之。雖㆓隔越㆒亦聴。私田三年還㆑主、公田六年還㆑官。限満之日、所㆑借人口分未㆑足者、公田即聴㆑充㆓口分㆒。私田不㆑合。

其官人於㆓所部界内㆒、有㆓空閑地㆒、願㆑佃者、任聴㆓営種㆒。替解之日、還㆑公。

本条前半部は公私田荒廃借佃規定、後半部は官人空閑地営種規定である。これまでの諸説は、本条前半部と唐30公私田荒廃借佃規定の継受関係のみを論じてきた。しかし、本章で明らかにしたように、唐31は無主荒地営種規定にほかならなかった。唐31の「無主荒地」営種規定を官人＝国司のみに限定して継受したのが荒廃条後半部の官人空閑地営種規定であると考えられる。それゆえ日本令荒廃条は、養老令はいうまでもなく、おそらく大宝令も、唐30公私田荒廃条・唐31田有山崗条の二条を荒廃条一条に集約して継受したとすべきであろう(35)。

以上を確認した上で、条文配列の問題を考えればどのようになるのか。この問題について唯一注目すべきは、服部氏の次の指摘である。荒廃条後半部は唐31の「若人欲佃者聴之」規定を「参考にした可能性もある」(36)（傍点―引用者）。ただ、傍点を付したように、服部氏は「可能性もある」と指摘しただけで、それ以上の考察は行っていない。事実、氏の「唐日田令対照史料」では、これまでと同じように唐30・宋5・唐31の順に配列されている。しかし、本章で明らかにしたように、日本令荒廃条は唐30・唐31の二条を荒廃条一条に集約して継受したものであった。とすれば、養老田令の29荒廃条・30競田条と続く条文配列にしたがう限り、宋5競田条は、これまでの諸説とは逆に、唐31の次に唐30・唐31・宋5の順で配列すべきことになろう。

以上で復原と条文配列に問題のある諸条の分析をおえたので、本節の最後に、これまでの諸説で条文内容の理解に問題があると考えられる唐8応賜人田条の分析を行いたい。

3　条文内容の理解に問題のある条文——唐8応賜人田条

諸〔応〕ㇾ賜ㇾ人田、非㆓指的処所㆒者、不ㇾ得㆓於狭郷給㆒。（〔　〕内、意により補う）

唐8については、「応」字が欠落している以外、冒頭の「諸」字がない『通典』と同文であるので、復原に関しての問題はない。ただし、唐8の条文内容の理解に関しては様々な問題がある。唐8は一般的に賜田に関する規定とされている。たしかに唐8は、人に田を賜う場合、指定した場所以外の狭郷で給田することを規制する規定である。だが、「田を賜う」とは一般的な田土の給田のことであるのか、田種としての賜田の給田を意味するのであろうか。さらに、そもそも「人」とは誰を指すのか。管見の限りでは、これらの諸点に関する論証はなされておらず、ア・プリオリに賜田に関する条文とされているだけである。本章は、唐8の対応条文と考えられる養老田令7非其土人条の分析を媒介にして、以上の諸点を解明することにしたい。養老田令7非其土人条は次のとおりである（二四一頁）。

凡給ㇾ田、非㆓其土人㆒、皆不ㇾ得㆓狭郷受㆒。〈勅所ㇾ指者、不ㇾ拘㆓此令㆒〉。（傍点は大宝令の語句）

本条後半部の本注「勅所ㇾ指者」について、古記は「勅所ㇾ給田、名為㆓賜田㆒也」（9a／三五二）と注釈している。古記の注釈は、唐8の内容を大宝令が忠実に継受している可能性が高いことを示唆する。事実、唐8に続く唐9応給永業条には、除名の際の追収田種として永業田とともに賜田が存在する。唐9の前に賜田に関する条文が存在しなければ条文配列として唐突な感を与えかねない。換言すれば、唐9は賜田を規定した唐8の存在を前提としていることである。さらに、唐21不得貼賃質条には「其官人永業田及賜田、欲㆓売及貼賃・質㆒者、不ㇾ在㆓禁限㆒」とある。唐21には売・貼賃・質禁止の例外として、官人永業田・賜田がこの順に登場し、これらの田地のみ売・貼賃・質を許可する規定である。これも唐8が官人賜田の給田に関する条文であることの傍証となろう。唐8応賜人田条は、百姓・官人双方を含む、狭郷での賜田の給田を制限する規定ではなく、官人のみを対象とする、狭郷での賜田の給田を制限する規定であった。

唐8が官人賜田狭郷給田制限規定であったことは、前述した唐9が解免除名の際の官人永業田・賜田の措置規定であるので、唐5～7の官人永業田給田規定群に、官人の経済的特権に関わる条文が二条付け加えられたことを意味する。これに唐10子孫による官人永業田の追請禁止規定・唐11襲爵者による官人永業田以外の別請禁止規定を加えれば、少なくとも唐5～11までが官人永業田・賜田に関わる条文群を構成することになる。

三谷芳幸氏は、養老田令12賜田条を前提に、日本令は官僚制的給田の範囲が狭く、唐令と比較すると、日本令の賜田は、個別的な君恩の給付である、人格的給田の役割が大きいが、それは前律令制段階の田制の影響を強くとどめているためとした[37]。前述したように、本章は唐8と養老田令7非其土人条本注部分との対応関係を分析し、賜田に言及した。注目すべきは、非其土人条は(1)「土人」以外の狭郷での給田を制限すること、(2)本注で賜田は本条に拘束されないことの二つの事項を規定していることである。非其土人条は唐8官人賜田狭郷給田制限規定だけでなく、唐7官人永業田狭郷給田制限規定の二条を一条に集約して継受した条文であることは明白である。唐令は官人に限定しているのに対し、非其土人条は狭郷での給田の制限を受ける対象を「土人」以外としている。つまり、非其土人条は唐7・8の条文内容を賜田に関しては継受しているものの、条文全体としては狭郷での給田対象を「土人」以外へと拡大し、唐7・8を換骨奪胎した内容となっているのである。したがって、日本令の賜田を考える場合、官僚制的給田と人格的給田の比重という観点だけでなく、在地の共同体における「土人」主義の問題も考慮に入れなければならない。

二　開元二十五年田令の条文構成

前節では、これまでの開元二十五年田令研究において、復原および条文配列が確定しない条文、条文配列に問題のある条文、条文内容の理解に問題のある諸条文を分析した。本節では、以上の分析結果を踏まえ、復原された開元二十五年田令全体の内容を分析し、そこに内在する論理を解明することにしたい。条文配列を理解するに当たって、そこに論理性ではなく歴史性を読み取ろうとする渡辺氏は、均田法の中核的規定である唐1〜31を一括して理解しようとする（表5参照）。後述するように、唐1〜31は明らかに一定の論理で区分され、相互に関連性がある。もちろん、これまでにも唐1〜31を複数に区分する説もあった。だが、区分の論拠が必ずしも明確ではなく、区分相互の関連性を意図的に追求しているとも思われない。本章は、たんに区分するだけでなく、区分相互の論理的連関の解明を目指すことにしたい。なお、以下の考察では、理解の便宜のため、分析結果を図表化して示した表7「開元二十五年田令の条文構成」を先に提示した上で叙述することにしたい。

まず、宋1は給田の前提となる、田土の面積に関する規定である。内容的に養老田令1田長条とほぼ同じであり、宋令は唐令の原文を踏襲して改変を加えなかったと考えられる。諸説一致するように、宋1はすべての給田を行う前提であるので第一条に置かれており、本条のみで田積算定基準を規定した条文としてⅠ群とする。

次に、唐1は丁男以下への永業田・口分田の給田額、すでに永業田がある場合は口分田に充当する規定であり、唐2は黄・小以下の「丁男」および「中男年十八以上」以外の者が戸をなすときの給田額規定である。要するに、唐1の対象者以外の者が戸をなすときの給田額規定である。唐3は寛郷での給田は前条（唐1・2）によること、狭郷で

表7　開元二十五年田令の条文構成

番号	条文名(仮)	推定	条文配列の論理構成			
(1)	田広	1	Ⅰ	田積		田積算定基準
1	丁男給永業	2	Ⅱ給田	1 給田の一般規定	① 給田額	永業田・口分田の給田額
2	黄小中男女	3				黄小以下当戸の給田額
3	給田寛郷	4			② 給田の原則	狭郷半給規定
4	給易田	5				易田倍給規定
5	永業田	6		2 官人への給田規定	① 給田額	官人永業田の給田額
6	皆伝子孫	7			② 給田の原則	官人永業田伝世
7	五品以上	8				官人永業田狭郷受田制限
8	応賜人田	9				官人賜田狭郷給田制限
9	応給永業人	10				解免除名の際の官人永業田・賜田の措置
10	因官爵	11				子孫による官人永業田の追請禁止
11	襲爵	12				襲爵による官人永業田以外の別請禁止
12	請永業	13				官人永業田欠田時給田
13	州県界内	14		3 附則1	① 概念規定	寛郷・狭郷の概念の定義
14	狭郷田不足	15			② 寛郷遙授	狭郷田不足時寛郷遙授
15	流内九品	16		4 附則2	官人口分田追収	官人口分田追収の条件
16	応給園宅地	17		5 附則3 田以外の給地	① 給地の種類	園宅地給地基準
(2)	課種桑棗	18			② 課種対象樹木	桑楡棗の課種
17	庶人有身死	19		6 附則4 売買・帖賃・質規制	① 売田	永業・口分田売却の条件
18	買地	20			② 買地	買地手続き・刑罰
19	以工商為業	21			③ 工商業者給田	工商業者永業・口分田半給，狭郷不給
20	因王事	22			④ 王事没落外蕃	王事没落外蕃死不追
21	不得帖賃質	23			⑤ 帖賃・質	帖賃・質禁止，永業田・賜田帖賃質聴
22	務従便近	24	Ⅲ収授	7 授田の原則（施行）規定	① 給付地	口分田の給田場所
23	以身死応退	25			② 退田・追収	永業・口分地身死追収，絶戸当年追収
24	応還公田	26			③ 返還	返還の手続き
25	応収授田	27			④ 収授	収授の手続き
26	授田先課役	28			⑤ 授田の順序	授田の優先順位
27	田有交錯	29			⑥ 交錯田の交換	授田時における交錯田の交換
28	道士女冠	30		8 良人身分以外への給授規定	① 道士女冠僧尼	道士女冠僧尼への給田額・給田優先権
(3)	官人百姓	31			② 捨施・売易禁止	寺観への田宅捨施・売易禁止・刑罰
29	官戸受田	32			③ 官戸受田	官戸・奴への百姓口分半給規定
(4)	田為水浸射	33		9 授田後の原則（措置）規定	① 水害	水害による田の損害の措置
30	公私田荒廃	34			② 公私田借佃	荒廃田の借佃者への給田
31	田有山崗	35			③ 荒地営種	荒地を営種する者の認可
(5)	競田	36			④ 競田	係争田の作物の帰属
32	在京公廨田	37	Ⅳ公廨田・職分田	10 官衙・官職にともなう給田規定	① 給田額	在京諸司公廨田額
(6)	在外公廨田	38				在外諸司職（公廨）田額
33	京官職分田	39				京官文武職事職分田額
34	外官職分田	40				在外諸司等職分田額
35	駅封田	41			② 駅封田	匹別の駅封田設置基準
36	公廨職分田	42		11 附則	① 給付地	公廨田・職分田の給田場所
(7)	職分陸田	43			② 交代時の措置	在外諸司交代時の職分陸田の取り扱い
37	内外官無地	44			③ 職分田無地	内外官の職分田がない場合，地子支給
38	屯隷司農事	45	Ⅴ屯田	12 設置と経営規定	① 設置基準	田積基準による屯田の設置基準
39	屯田応用牛	46			② 牛	地質による牛の設置基準
40	応役丁	47			③ 経営	屯田の経営，所管官司
41	所収雑子	48		13 附則	① 雑子貯納場所	所収雑子の貯納場所
42	卿小卿巡歴	49			② 巡検・推罪	司農事の巡検・推罪
43	所収藁草	50			③ 藁草飼牛貯積	所収藁草・飼牛の貯積，所司上申処分
44	収雑種	51			④ 運送方法	雑種車運，扶車子，均融取充
45	納雑子	52			⑤ 収納方法	雑子の収納方法
46	収刈時警急	53			⑥ 労働力徴発方法	収刈時の労働力徴発方法
47	管屯処百姓田	54			⑦ 褒貶	収穫量にともなう百姓への褒貶
48	屯官欠負	55			⑧ 欠負時の措置	屯官欠負時の本処理塡
49	屯課帳	56			⑨ 屯課帳の上申	屯課帳は計帳とともに尚書省へ上申

新たに受田する場合は寛郷口分田の半額を給田する規定である。唐4は口分田を給田する場合、易田は倍給し、寛郷三易以上の場合は郷法により易給するという規定である。以上の唐1〜4は、唐1・2で給田額を規定し、唐3・4で狭郷・易田の場合における給田の原則を規定した条文からなる。その場合、対象を庶人とのみ限定していないことに注意しなければならない。表5に明らかなように、宋氏は給田対象を明確に「民戸」としている。だが、「民戸」のみに限定できる徴証は何もなく、後述するように宋説に反する事実も存在する。それゆえ、唐1〜4は庶人・官人双方を対象とする永業田・口分田の給田規定として、[1]給田の一般規定とする（以下、煩雑になるので条文群は通し番号で表記する）。

次の唐5〜11は、すでに述べたように、官人永業田・賜田の給田規定であり、次が今回新たに発見された唐12である。唐12は永業田が規定額に達しない場合の申請手続き規定である。同条について、戴建国氏は庶人・官人双方を対象とする永業田の申請手続き規定とする。戴説が正しければ、唐12はこれまでの官人を対象とする永業田・賜田の給田規定とは異質な条文ということになる。はたしてそうであろうか。唐12は次のとおりである。

諸請二永業一者、並於二本貫一陳レ牒、勘二験告身一。并検レ籍知レ欠、然後録、牒二管レ地州一。検勘給訖、具録二頃畝四至一、報二本貫一上レ籍。仍各申レ省計会付レ簿。

其有下先於二寛郷一借二得無主荒地一者上、亦聴二迴給一。

「もし官品を有する者ならば」（傍点—引用者）とあるように（一二八頁）、戴氏は唐12を官人だけでなく庶人をも含めた永業田申請手続き規定とする。だが、告身（官に叙任する辞令書）を勘験されるのは官人以外にありえない。つまり、唐12は庶人を対象としていないと考えられる。これに対し、渡辺氏は「耕地面積・四至を詳細に書き上げ、本籍地に報告して籍帳に登録する」（五七頁）主体を「受田申請者」＝官人とする。官人永業田が規定額に達しない場合、本貫地に牒を提出する主体はたしかに官人自身である。だが、本条は「永業田を申請する場合、（官人が）本貫地（の州）に牒を提出するとともに、（それを受けた本貫地の州は、当該官人の）告身を調査せよ」で始まるので、「勘二験告身一」以下の部分は、一転して申請を受けた、官の側の行政行為を問題にしていると考えられる。唐10因官爵条・唐11襲爵条は、官人永業田を規定どおり給田されないで死亡した官人子孫の追請・別請禁止規定である。この二条は、官人子孫を主体とした追請・別請禁止規定と考えられてきた。しかし、それはことの半面でしかない。つまり、唐10・11は官人子孫の追請・別請を受け付けない、官の側の行政行為を問題とした条文でもあった。唐12はそれらの条文の次に配列されていた。条文配列の視点からも、唐12は官の側の行政行為を問題とした条文であることになる。唐12は庶人・官人を主体とする永業田の申請・受田手続き規定ではなく、官人永業田が規定額に達しない場合における官の側の行政行為を問題とした、欠田時永業田給田規定であった。

唐12が欠田時永業田給田規定であったとすれば、唐5～12は賜田をも含む官人への永業田給田規定として、[2]官人への給田規定とすることができる。唐5で官人への永業田給田額を品級に応じて規定し、唐6～12で唐5を前提とした賜田をも含む官人永業田に関わる給田規定群を構成する。これは、庶人・官人を問わない[1]給田の一般規定とは区別される、官人のみの経済的特権に関わる給田規定群ということになる。

それでは唐13・14はどうか。山崎・宋両氏は唐12までと唐13・14を分離する。だが、山崎説では唐13・14が孤立して存在するだけであり、宋説も「寛狭郷・園宅地・売買等雑類」とするだけで、唐12までとの関係は不明なままである。唐13は寛・狭郷の概念の定義、唐14は狭郷で田が不足する場合の寛郷遙授規定である。唐13は少なくとも[1]の唐3や[2]の唐7・8などの狭郷給田制限規定を受けて設けられている条文であり、唐14は[1]・[2]を前提とし、[1]・[2]の給田規定にあてはまらない寛郷遙授規定である。その意味で唐13・14は[1]・[2]の狭郷というケースの給田に関わる規定として[3]とする。[3]は本来的に[1]・[2]の給田に付随する規定として存在するものである。[1]・[2]それぞれの、特に②の部分（唐3・4と唐6～12）を給田に関する一般原則を規定した条文とすれば、[3]はそのような規定に付随する個別の事項について規定していることになる。本章では前者の給田や収授に関わる一般原則を規定した条文を原則規定、後者のそれに付随する個別の事項、すなわち例外事項や施行細則を定めた条文を附則規定と定義しておく。

それでは次の唐15はどうであろうか。

諸流内九品以上口分田、雖レ老、不レ在二追収之限一。聴レ終二其身一。

其非二品官一年六十以上、仍為二官事一駆使者、口分亦不二追減一。停レ私之後、依レ例追収。

本条は流内九品以上官人の口分田は死亡後追収し、品官ではない六十歳以上の官人は役務停止後に口分田を追収するという規定である。一見すると、唐15は流内九品以上官人の口分田追収規定であり、官人に対する給田規定群の中に追収規定が含まれていることになる。しかし、唐15は⑴流内九品以上官人の口分田は死亡時まで追収しない、⑵品官ではない六十歳以上の官人は、庶人とは別に、経済的補助として役務停止後まで口分田を追収しないとする規定である。[38] 唐15は口分田の給田に関わる官人のみの経済的特権を問題とした規定である。その意味で、唐15は庶人・官人双方を対象とする永業田・口分田の給田規定[1]、官人のみの経済的特権に関わる給田規定[2]の二つを前提としなければ成立しえない。

以上のように、唐13・14は[1]・[2]の給田に付随する、狭郷で田が不足する場合の寛郷遙授規定として[3]、唐15は狭郷というケースに関わる唐13・14とは異質だが、[1]・[2]の給田規定に付随し、特に[1]の口分田の給田に関わる、官人のみの口分田追収の条件を規定した条文として[4]とする。ちなみに、以上の考察結果は、[1]を「民戸」を対象とするとした宋説が誤りであることを別の側面から明らかにしたことになる。

次の唐16・宋2は、園宅地の給地基準（給地の種類）と課種対象樹木（桑楡棗）に関する規定である。これは、永業田・口分田の給田に関する[1]・[2]を前提とし、それに付随する田以外の給地および課種規定として[5]とする。

それでは唐17以下はどうか。渡辺氏は唐1〜31を給田（配分）・運用規定として一括して理解する。一方、大津氏や服部氏は唐17〜31を権利関係の条文とし、宋氏は唐17〜21を唐13〜16との関係でとらえようとする。渡辺説であれば一見して条件や手続きに関する規定と考えられる唐17〜21がなぜこの位置に存在するのか不明であり、大津・服部説では[1]・[2]との関係が不明確である。さらに、「寛狭郷、園宅地、売買等雑類」（傍点—引用者）とあるように、宋説では条文群の論理をとらえきれていない。以上を踏まえて、唐17以下を分析すれば次のようになる。まず唐17は庶人が例外的に永業田または口分田を売却できる条件の規定である。唐18は買い主が買地できる限度額、売り主には再び給田しないこと、および売買手続きと違反した場合の処置を規定した条文である。唐19は工商業者の永業田・口分田は良人の半額を給田するが、狭郷では給田しないことを規定している。唐20は王事没落外蕃者の田地の処置に関する優遇処置規定である。唐21は庶人の貼賃・質禁止・違反した場合の処置およびその例外、官人のみの永業田・賜田の売・貼賃・質認可規定である。唐17〜21は、庶人・官人のうち、主に庶人を対象とした給付地の田主権が売・貼賃・質によって移動することを規制する規定群ということになる。これは、[1]・[2]の給田規定を前提とし、それに付随する売買・貼賃・質を規制する規定として[6]とする。

以上のように、唐1〜21（条文群[1]〜[6]）は、[1]給田の一般規定、[2]官人への給田規定、の二つの原則規定と、[3]〜[6]からなる四つの附則規定によって構成されていた。以上の[1]〜[6]を、全体として庶人・官人への永業田・口分田を給田するに際しての一般的・包括的事項を規定した条文群としてⅡ給田とする。

次の問題は、唐22以下はⅡ給田とどのように関連するかの解明にある。まず唐22は口分田の給田場所に関する規定であり、唐23は死亡した場合の永業田・口分地の退田および絶戸の場合における追収に関する規定である。唐24は公に返還する田の形態、収授時追収を規定した、田の返還手続きに関する規定で、唐25は収授の日程や退田戸内での進受、郷―県―州に余裕がある場合の比近への給授を規定した収授の手続き規定である。唐26は課役負担者か否か等で授田の前後関係を規定した、授田の優先順位に関する規定で、唐27は授田時において田が交錯するときの処置に関する交換手続き規定である。唐22〜27は、給田の場所（唐22）→退田・追収（唐23）→返還方法（唐24）→収授の日程（唐25）→授田の優先順位（唐26）→交換手続き（唐27）と続く。(39)この収授の手続きに関わる一連の行政的手続き規定群を7収授の原則（施行）規定とする。

次の唐28は道士・女冠・僧尼への給田・収授、寺観に属する道士・僧尼等で、給田されていない者に給田を優先する規定であり、宋3は官人・百姓の寺観への田宅捨施・売易の禁止、処置に関する規定である。唐29は官戸・奴への百姓口分田半給規定である。以上の唐28・宋3・唐29の三条は、これまでとは異質の道士・女冠・僧尼および官戸・奴という身分を対象にした、8寺観をも含む良人身分以外への給授規定ということになる。

さらに、宋4は田が水によって侵され水流が変化したときの損害に対する処置規定である。唐30は公私田が荒廃して借佃者がいれば佃作することを許可し、期間内に耕種されない場合は追収する公私田荒廃借佃規定である。唐31は未墾地＝無主荒地を給田の対象とはしないが、もし佃作したい者がいれば、それを許可する無主荒地営種規定である。この唐30・31の二条が日本田令荒廃条一条に集約されて継受されたことが明らかとなり、係争中の田の作物をどのように帰属させるかを規定した宋5は、唐31の次に配列を変更しなければならなくなった。それでは、宋5は唐31までとどのような関連にあるのか。7収授規定に属する唐27田有交錯条は、授田時における田の交換手続き規定であった。とすれば、宋5競田条は、たんなる係争中の田の作物をどのように帰属させるかに関する規定ではなく、授田後における係争中の田の作物をどのように帰属させるかに関する規定であることになる。それゆえ、宋4・唐30・唐31・宋5の四条は、[9]収授後の原則（処置）規定とすべきであろう。

以上のように、唐22〜宋5（[7]・[8]・[9]）は、[7]良人への収授の原則（施行）規定、[8]寺観をも含む良人身分以外への給授規定、[9]収授後の原則（処置）規定から構成されていた。ここで[8]がなぜこの位置に存在するのかを考える必要がある。[8]は⑴道士・女冠・僧尼への給授、⑵寺観への田宅捨施・売易の禁止、⑶官戸・奴への給田規定からなる。⑴・⑵は給田・収授をとおして道教や仏教といった教団統制機構の整備と強化を行うため、唐代初期に設けられた条文と考えられる[40]。一方、⑶は周知のように北魏に始まる。これら成立年代を異にする二つの条文群は、[7]良人への収授の原則（施行）規定を前提に、遅くとも唐代初期までに田令に取り入れられたことになる。その場合、北魏に始まる田令の論理構成を前提にすれば、配列すべき位置は実際の収授に関わる[7]と[9]の間しか想定できないのではなかろうか。つまり、[7]〜[9]の関係は、良人身分への実際の収授に関わる規定[7]があり、[7]に付随する規定として[9]が存在した。そして、それらを前提に[8]が群として挿入された。結果的に、[7]良人への収授の原則（施行）規定、[8]寺観をも含む良人以外への給授規定を受けるかたちで、[9]収授後の原則（処置）規定が配列されていることになる。それゆえ、均田制を実際に運用するための[7]〜[9]を、内容に従ってⅢ収授規定とする。以上のⅠ・Ⅱ・Ⅲ群が均田制の中核的規定群である。

Ⅳ公廨田・職分田規定、Ⅴ屯田規定については最小限のコメントを付すにとどめたい。まずⅣ公廨田・職分田規定については、宋6在外諸司公廨田条が問題となる。宋6には唐後半期にあらわれる「藩鎮」が記されており、本来なら公廨田を給田すべきはずが職田とされているからである。兼田信一郎・渡辺両氏が指摘するように、宋6が唐令そのものでないことは明らかである。宋6の復原に関しては、複数の典籍から復原案を導き出した渡辺説に従いたい。

一方、条文配列に関して渡辺氏は、『通典』により宋6を唐32在京公廨田条の次に配列する。『通典』の条文配列を絶対視できないことは、「はじめに」で述べたとおりである。ただ、唐33・34は京官・外官と続く公廨田給田規定である。それゆえ、唐32で在京諸司、次の宋6で在外諸司への公廨田の給田が規定されていたとしても不自然な感を抱くことはない。したがって、本章も結論的には渡辺氏と同様に、在京諸司（唐32）・在外諸司（宋6）の順で公廨田の給田が規定されていたとしておきたい。すると、次の唐35駅封田条を含め、唐32〜35で⑩官衙・官職にともなう給田規定を構成することになる。

さらに、宋7職分陸田条の配列については、唐35駅封田条の次に配列する戴・大津・山崎・服部説に対し[41]、宋・渡辺両氏は唐36公廨職分田条の次に配列する[42]。結論的には宋・渡辺説が正しいと考える。唐35駅封田条の次には今回新たに発見された唐36公廨職分田条が存在した。在外諸司交代時の職分陸田の取り扱いを規定している宋7は、公廨田・職分田の給田場所を規定した唐36公廨職分田条を前提としなければ成立しえない。つまり、唐36で公廨田・職分田の給田場所を規定し、次の宋7で在外諸司交代時の職分陸田の取り扱いを規定した。さらに、次の唐37は職分田がない場合、かわりに地子を支給する規定である。したがって、唐36・宋7・唐37は、給付地・交代時の処置・職分田がない場合の処置を規定し、⑩に付随する附則規定として、⑪給田後の処置規定として位置づけられる[43]。

以上、Ⅳ公廨田・職分田規定は、⑩官衙・官職にともなう給田規定と、それに付随する給田後の処置規定⑪からなると考えられる。

最後に、天聖田令には養老田令にみられない屯田に関する条文が数多く存在した（唐41〜49）。屯田規定については坂上康俊氏が重要な問題提起を行っているが[44]、復原と条文配列を問題とする本章は、屯田の考察は割愛し、⑫屯田の設置と経営規定とそれに付随する附加規定⑬の二群から構成されていると考えていると記すにとどめたい。

以上で宋令七条のうち、開元二十五年田令の復原と配列に問題のある条文の分析をすべておえた。

おわりに

以上、天聖令に引載された宋令を媒介にして本来の開元二十五年令を復原・配列し、その内容を分析することによって同田令の条文構成を明らかにした。本来の開元二十五年令は、Ⅰ田積規定、Ⅱ給田規定、Ⅲ収授規定、Ⅳ公廨田・職分田規定、Ⅴ屯田規定という構成であった。渡辺氏によれば、このうち、Ⅳ公廨田・職分田規定、Ⅴ屯田規定は同じく均田法に規定された条文とはいえ、成立・編成過程においてⅠ～Ⅲまでの均田法の中核的規定とは性格が異なるとする。(45)

「はじめに」で述べたように、田令の編目としての論理性を追求した石上英一氏は、唐田令を⑴田積を定め、⑵給田を定め、⑶給田の収授・田主を定める、という論理展開となっているとして、〝給田の体系〟と評価した。(46)これに対し、渡辺氏は論理的な編成よりも、歴史性の問題を重視すべきであるとした。

石上説には次のような問題がある。本章のⅢ収授規定は、必然的に田主権移動の問題を惹起する。このことは当然としても、Ⅱ給田規定に属する[6]も、給付地の田主権が売買・貼賃・質などによって移動することを規制する規定群であった。したがって、田主権の問題を⑶給田の収授・田主のみに関わるとする石上説、およびその修正説である大津説には容易にしたがうことはできない。

次に渡辺説である。たしかにⅡ給田の原則規定である[1]・[2]に付随する[3]～[6]は、渡辺氏が主張するように、歴史的に追加・形成された条文が大半を占めると考えられる。ただしそれは、たんなる夾雑物として羅列的に配列されたものではなかった。附則規定は、Ⅲの8のように、北魏以来の論理構成を前提に、群として田令体系のしかるべき位置に組み込まれるか、Ⅱの3のように、条文群の最後尾に群としてまとめて設けられていることに注意する必要がある。すなわち、ある原則規定に付随する附則規定が設けられる場合、対応する条文の直後に単独で設けられるのではなく、附則規定が属する条文群の、最適な位置に群として挿入されるか、最後尾に群としてまとめて設置されるのである。このことは、条文構成の問題を考えるとき、歴史性の問題も重要であるが、論理性の問題を等閑に付してはならないことを意味する。開元二十五年田令は、それぞれの規定群で原則規定と附則規定が有機的に関連しており、これまでの諸説の想定よりもきわめて論理整合的に構成されていた。

さらに、官人永業田以外の無主荒地開発規定が存在したか否かは、開元二十五年田令だけでなく、墾田永年私財法以前の「百姓墾」（＝班田農民階層の墾田、田令29荒廃条古記、3a／三七二）が存在したかどうかの可能性の問題にも影響を及ぼす。坂上康俊氏は、官人永業田以外の無主荒地開発規定は原則的に存在しなかったか、あったとしても施行細則としての式に規定のあるレヴェルの問題とした(47)。周知のように、唐戸婚律には占田過限条が存在した（二―三七四、六―二四三）。このことは、唐代だけでなく、当該段階の日本における班田農民層の未墾地開発をどのように考えるかを含め、あらためて唐30・31の両条を荒廃条一条に集約して継受した日本令と墾田永年私財法との対応関係を考えなおさねばならないことを意味する。

以上のことは、唐令継受の問題にも新たな論点を提起することになる。これまでは、日本令は可能な限り唐令を継受し、継受できない場合のみ新たな条文を設けたとされてきた。ところが、本章で検証したように、日本令は一見すると唐令を継受するようにみせながら、内容的には換骨奪胎しているケースや、二条を一条に集約して継受しているケースも少なからず存在した。日本令制定者は、表面上唐令を継受しているようにみせながら、その実、官僚機構の成熟度の問題だけでなく、社会的発展段階差の問題としても、唐令以前のレヴェルの日本社会に適合させるよう、苦心して条文を書き換えている。日本令はこれまで考えられていたよりも、複雑な編纂過程を経て成立していると考えられる。それゆえ、天聖田令によって本来の開元二十五年田令を復原した本章にとって、次の課題は、復原された開元二十五年田令を媒介にして日本田令の内容を分析し、条文構成を明らかにすることであるが、章を改め第二章において詳述したい。

註

（1）紙幅の関係上、凡例に掲げた『訳注日本律令』、『日本思想大系3律令』をあげるにとどめる。
（2）本章での仁井田氏論文の引用は、凡例に掲げた『唐令拾遺』による。
（3）均田制については、堀敏一『均田制の研究』（岩波書店、一九七五年）、氣賀澤保規「均田制研究の展開」（『戦後日本の中国史論争』河合教育研究所、一九九三年）、班田収授制については、村山光一『研究史　班田収授』（吉川弘文館、一九七八年）参照。
（4）菊池「唐令復原研究序説――特に戸令・田令にふれて」（『東洋史研究』三一巻四号、一九七三年）。
（5）彌永「条里制の諸問題」（『日本古代社会経済史研究』岩波書店、一九八〇年、初出は一九六六年）。
（6）吉村「律令制国家と土地所有」（『日本古代の社会と国家』岩波書店、一九九六年、初出は一九七五年）。
（7）石上「日本律令法の法体系分析の方法試論」（『東洋文化』六八号、一九八八年、一七六頁―A論文）。なお、同「貢納と力役――古代村落史研究と租税収奪体系・序論」（『日本村落史講座4政治Ⅰ』雄山閣出版、一九九〇年―B論文）、同『律令国家と社会構造』（名著刊行会、一九九六年）も参照。
（8）凡例の『唐令拾遺』参照。
（9）戴「天一閣蔵明鈔本《官品令考》」（『歴史研究』一九九九年三期）。本章での引用は、兼田信一郎「戴建国氏発見の天一閣博物館所蔵北宋天聖令田令について――その紹介と初歩的整理」（『上智史学』四四号、一九九九年）による。なお、本章で引用する以外の天聖令関連論文については、紙幅の関係上、服部一隆「日本における天聖令研究の現状――日本古代史を中

心に」（『班田収授法の復原的研究』吉川弘文館、二〇一二年、初出は二〇一〇年）の文献目録、岡野誠・服部一隆・石野智大編「「天聖令」研究文献目録（第2版）」（『法史学研究会会報』一四号、二〇〇九年）参照。

(10) 戴「唐《開元二十五年令・田令》考」（『歴史研究』二〇〇〇年二期）。本章では、兼田信一郎「戴建国『唐開元25年令・田令研究』」（『マテシス・ウニウェルサリス』三巻二号、獨協大学外国語学部言語文化学科、二〇〇二年）による。

(11) 宋家鈺・徐建新「明抄本北宋天聖「田令」とそれに附された唐開元「田令」の再校録」（『駿台史学』一一五号、二〇〇二年）、宋家鈺・徐建新・服部一隆「明抄本北宋天聖「田令」とそれに附された唐開元「田令」の再校録についての修補」（『駿台史学』一一八号、二〇〇三年）。

(12) 凡例の『天一閣蔵明鈔本天聖令校証　附唐令復原研究』参照。

(13) 大津「農業と日本の王権」（『岩波講座天皇と王権を考える3生産と流通』岩波書店、二〇〇二年）。

(14) 服部「日唐田令の比較と大宝令」（前掲、註（9）著書、初出は二〇〇二年）。

(15) 山崎「唐開元二十五年田令の復原から唐代永業田の再検討へ——明抄本天聖令をもとに」（『洛北史学』五号、二〇〇三年）。

(16) 宋家鈺「唐開元田令的復原研究」（前掲、註（12）著書。本章では、拙稿「宋家鈺『唐開元田令的復原研究』訳注」（『駒場東邦研究紀要』三六号、二〇〇八年）での翻訳を前提とする。以下、本章で引用する宋氏の論文はすべてこれによる。

(17) 渡辺「北宋天聖令による唐開元二十五年令田令の復原並びに訳注」（『京都府立大学学術研究報告「人文・社会」』第五八号、二〇〇六年）。

(18) 宋令に相当する唐令が存在するかは必ずしも自明ではない。したがって、唐田令を復原する前提として、宋令七条のそれぞれに相当する唐令条文が存在するかを確認することが第一に行うべき作業となる。紙幅の関係上、本章ではこの作業は割愛した。

(19) もちろん、末尾に『宋刑統』の記す「若合二隔越受一田者、不レ取二此令一」が存在したかどうかの問題がある。本章は、当該部分は『宋刑統』の附加と考える。

(20) 坂上「天聖令の藍本となった唐令の年次比定」（『日唐律令比較研究の現状』山川出版社、二〇〇八年）、岡野誠「天聖令依拠唐令の年次について」（『法史学研究会会報』一三号、二〇〇九年）、坂上「天聖令藍本開元二十五年説再論」（『史淵』

一四七号、二〇一〇年）。

（21）紙幅の関係上、本章の初発表のときに掲載することができず、「天一閣蔵明鈔本天聖田令復原録文」として『駒場東邦研究紀要』（三七号、二〇〇九年）に掲載された拙稿を、補訂の上、掲載したものである。

（22）凡例の『訳注日本律令』参照。

（23）宋、前掲、註（16）論文。

（24）『拾遺』で武徳七年令として復原された**六甲**（六二〇頁）は、『拾遺補』では削除され、開元二十五年令のみを復原条文とする（七五一頁）。なお、「疏議」の引用する「令」については、開元二十五年令とする仁井田陞・牧野巽「故唐律疏議作成年代考」（前掲、註（1）『訳注日本律令一』に所収、初出は一九三一年）に対し、楊廷福「《唐律疏議》製作年代考」（『唐律初探』天津人民出版社、一九八二年、初出は一九七八年）、劉俊文『唐律疏議箋解上・下』（中華書局、一九九六年）など、主に中国の研究者は開元二十五年令説に否定的である。なお、楊氏の論文は岡野誠氏の翻訳による（明治大学『法律論叢』五二巻四号、一九八〇年）。このように、「疏議」の引用する令の編纂年次については必ずしも自明ではない。この問題については今後の研究の進展を待ちたい。

（25）凡例の『日本思想大系3律令』参照。

（26）兼田、前掲、註（9）論文。

（27）戴、前掲、註（9）論文。

（28）吉村「律令制的班田制の歴史的前提」（井上光貞博士還暦記念『古代史論叢中巻』吉川弘文館、一九七八年）。

（29）ハタケに関する論考に、北村安裕「古代におけるハタケ所有の特質――「園地」を中心に」（『日本古代の大土地経営と社会』同成社、二〇一五年、初出は二〇一〇年）がある。北村氏は、田令15園地条の園地を農民の強固な私有権が確立されていたとする通説を批判する中で、条文配列の問題に触れて次のように述べている。田令16「桑漆条を介して日本令の「園地」と対応する地目は、住宅と無関係に一定の広がりをもった耕地」であるとする（一八〇頁）。しかし、その対応関係を戸内永業田に特定するのであれば、本文で述べたように賛同しがたい。また、「少なくとも桑漆条周辺に関する限り『通典』における唐田令の条文配列は正確であ」り、「唐令が日本令と同じ条文配列であったと想定する根拠は薄弱である」（二〇〇頁）とする点に関しては、『通典』の条文配列に関する北村氏の詳細な分析結果の公表を待ちたい。

（30）坂上康俊「日本に舶載された唐令の年次比定について」（『史淵』一四六号、二〇〇九年）によれば、唐から舶載された令は開元三（七一五）年令までであるが、穴説が披見したのが何年令であったかは、必ずしも確定できないとする。

（31）羅「宋家鈺「唐開元田令的復原研究」論文書評」（『唐研究』一四巻、北京大学出版会、二〇〇八年）。

（32）服部、前掲、註（14）論文、八〇頁、「唐日田令対照表」九九頁。

（33）一般的に、宋令に採用された唐令は、何らかのかたちで改変されたと考えられがちである。しかし、宋5や後述する諸条のように、唐令の条文がそのまま採用された例があることも忘れてはならないであろう。

（34）唐7・12によれば、永業田は本来開墾することを前提とし、規定額に達しない場合は自ら開墾することになっていた。このことは、かつて吉田孝氏が「墾田永年私財法の基礎的研究」（『律令国家と古代の社会』岩波書店、一九八三年）で指摘したとおりであろう。ちなみに、日本の墾田も、「墾田地者、未レ開之間、所レ有草木令二共採一」（延暦十七〈七九八〉年十二月八日官符、『類聚三代格』巻十六、山野藪沢河池沼事、四九七頁）とあるように、墾田地が未墾地を含むことは当然の前提であった。

（35）服部氏は「天聖令を用いた大宝田令荒廃条の復原」（前掲、註（9）著書、初出は二〇〇六年）で、天聖令を参照して自身の大宝田令荒廃条復原案を提示した。服部氏の復原案の骨子を氏自身の要約によって示せば次のとおりである。大宝田令荒廃条には、⑴「公私」の規定が存在する。⑵「荒地」が存在し「空閑地」は存在しない。⑶「百姓墾」規定は存在しない。そして、荒廃条と唐令相当条文との継受関係を次のように「具体的に説明」した。「唐令では借佃のみの規定であった荒廃条に、大宝令では前半の借佃規定にくわえ後半に未墾地の開墾規定を盛り込んだため、前半部の区別が不明確になった。そこで、養老令において、前半部の「公私荒廃」を「公私田荒廃」に、後半部の「荒地」を「空閑地」に変更した」。以上の服部氏の説明は、日本令荒廃条が唐30の公私田荒廃条のみを継受したことを前提とする。だが，本章で明らかにしたように、荒廃条後半部も唐31有山崗条を官人＝国司のみに限定して継受したものであった。このことを認識していない服部説は、大宝令荒廃条の復原に氏が前提とする天聖令を用いていないという致命的な欠陥を有していることになり、その復原案には様々な恣意的解釈が混入しているといわざるをえない。この点は、服部氏の復原案を「私見と重なる部分も多い」（四六頁）とする北村安裕「古代の大土地経営と国家」（前掲、註（29）著書、初出は二〇〇九年）も同様である。

（36）服部、前掲、註（14）論文、八〇頁。

(37) 三谷「田令公田条・賜田条をめぐって」(『律令国家と土地支配』吉川弘文館、二〇一三年、初出は二〇〇八年)。
(38) 「停レ私」の解釈は、「民間にあって生活すること」とする渡辺氏の解釈に従いたい(前掲、註(17)論文、五九頁)。ちなみに、『新唐書』五五食貨志に「流内九品以上、口分田、終二其身一、六十以上、停レ私乃収」(一三九四頁)とある。
(39) 校班田については、田中禎昭「「諸国校田」の成立」(『史苑』六七巻一号、二〇〇六年)、三谷「律令国家と校班田」(前掲、註(37)著書、初出は二〇〇九年)参照。
(40) 諸戸達雄「唐代僧道・寺観への給田問題について」(『中国仏教制度史の研究』平河出版社、一九九九年)。
(41) このうち、根拠をあげているのは戴氏のみである。なお、ここでの服部説は、註(14)論文を指す。
(42) ただし、宋氏の「条文配列表」ではそうなっていない。
(43) 誤解のないように申し添えれば、以上の分析結果は養老田令の条文配列を軽視するものではない。なぜなら、唐36は継受されなかったが、宋7・唐37の配列は34在外諸司条、35外官新至条としてそのまま系統的に継受されているからである。
(44) 坂上「律令国家の法と社会」(『日本史講座2律令国家の展開』東京大学出版会、二〇〇四年)
(45) もちろん、現存均田詔は本来の均田詔が発布されてのち、最初に編纂された太和十六(四九二)年令が採録されたものと考えられる。堀敏一、註(3)著書、参照。
(46) 石上、前掲、註(7)A論文、一八二頁。
(47) 坂上、前掲、註(44)論文、二四頁。

〔付記〕

本章は、坂上康俊「均田制・班田収授制と天聖令」(『史淵』一五〇号、二〇一三年)の批判を受け入れ、史料の解釈を一部あらためた箇所がある。それゆえ、初稿発表時の補訂は極力避け、あらためた箇所については、日本田令が論理的にどのような条文構成になっているのかを分析した第二部第二章で述べることにした。

付　天一閣蔵明鈔本天聖田令復原録文（上段―復原開元二十五年田令、下段―日本田令〈養老田令〉）

【凡例】

1　宋1等の下の数字は、渡辺信一郎「北宋天聖令による唐開元二十五年令田令の復原並びに訳注」（『京都府立大学学術報告「人文・社会」』第五八号、二〇〇六年）の該当頁数、『拾遺』条文番号、『天一閣蔵明鈔本天聖令校証附唐令復原研究』上・下巻の頁数を指す。なお、新出条文は新と表記した。

2　養老令の下の数字は、『日本思想大系律令』該当頁数。

3　本文自体の衍字・誤字を訂正した場合は、傍点（・）を付し、意により語句を補った場合は〔　〕を付した。

4　古記により大宝令が復原できる語句には傍点（、）を付した。大宝令に存在しなかったか養老令と異なっていた語句には波線を施した。

5　7a／三六三などの数字は、上の数字が行数。aまたはbは細字双行のaが右、bが左。スラッシュ下の数字は新訂増補国史大系本『令集解』の該当頁数を指す。

田令巻第二十一

1　諸田、広一歩、長二百四十歩為レ畝、畝百為レ頃。

（宋1、四二、拾一、上二七、下二五三）

賦役

4　諸租、準二州土収穫早晩一、斟二量路程険易遠近一、次第分配。

田令巻第九　凡参拾柒条

1　田長条「田の面積の単位、田租の徴収基準についての規定」（二四〇頁）

凡田、長卅歩、広十二歩為レ段。十段為レ町。〈段租稲二束二把。町租稲廿二束。〉

2　田租条「田租の輸納の時期、舂米の運京時期についての規定」（二四〇頁）

本州収穫訖発遣。十一月起輸、正月三十日納畢。〈江南諸州、従㆓水路㆒運送之処、若冬月水浅、上㆑灘艱難者、四月以後運送、五月三十日納畢〉。其輸㆓本州㆒者、十二月三十日納畢。若無㆑粟之郷輸㆓稲麦㆒者、随㆑熟即輸、不㆑拘㆓此限㆒。納㆓当州㆒、未㆑入㆓倉窖㆒、及未㆑上㆑道、有㆓身死㆒者、并却還。

（賦役唐3、拾二一、上五六、下二六九）

凡田租、准㆓国土収穫早晩㆒、九月中旬起輸。十一月以前納畢。其舂㆑米運㆑京者、正月起運。八月卅日以前納畢。

2　諸丁男、給㆓永業田二十畝、口分田八十畝㆒。其中男年十八以上、亦依㆓丁男㆒給。老男・篤疾・廃疾、各給㆓口分田四十畝㆒。寡妻妾、各給㆓口分田三十畝㆒。先有㆓永業㆒者、通充㆓口分之数㆒。

（唐1、四三、拾三、上二九、下二五四）

3　諸黄・小・中男、女及老男・篤疾・廃疾・寡妻妾当㆑戸者、各給㆓永業田二十畝、口分田三十畝㆒。

（唐2、新、四五、拾三丙、上三〇、下二五四）

4　諸給㆑田、寛郷並依㆓前条㆒、若狭郷新受者、減㆓寛郷口分之半㆒。

（唐3、新、四六、拾三丙、上三〇、下二五四）

5　諸給㆓口分田㆒者、易田則倍給。〈寛郷三易以上者、仍依㆓郷法㆒易給。〉

（唐4、新、四六、拾三丙、上三〇、下二五五）

3　口分条「給田対象・給田額・受田資格・郷土法・易田倍給・給田後の処置」（二四〇頁）

凡給㆓口分田㆒者、男二段。〈女減㆓三分之一㆒。〉五年以下不㆑給。其地有㆓寛狭㆒者、従㆓郷土法㆒。易田倍給。給訖、具録㆓町段及四至㆒（唐12）。

（32郡司職分田条所引古記による。7a／三七四、本書二四三）

6　諸永業田、親王一百頃、職事官正一品六十頃、郡王及職事官従一品各五十頃、国公若職事官正二品各四十頃、郡公若職事官従二品各三十五頃、県公若職事官正三品各二十五頃、職事官従三品二十頃、〔侯〕若職事官正四品各十四頃、伯若職事官従四品各十一頃、子若職事官〔正五品各八頃、男若職事官〕従五品各五頃、六品・七品各二頃五十畝、八品・九品各二頃。

上柱国三十頃、柱国二十五頃、上護軍二十頃、護軍十五頃、上軽車都尉一十頃、軽車都尉七頃、上騎尉六頃、騎都尉四頃、驍騎尉・飛騎尉各八十畝、雲騎尉・武騎尉各六十畝。其散官五品以上、同二職事一給。兼有二官爵及勳一倶応レ給者、唯従レ多、不二並給一。若当家口分之外、先有レ地、非二狭郷一者、並即迴受、有レ賸追収、不レ足者更給。

（唐5、四七、拾四、上三〇、下二五五）

4　位田条「位田の給田対象・給田額」（二四一頁）

凡位田、一品八十町、二品六十町、三品五十町、四品卌町。正一位八十町、従一位七十四町、正二位六十町、従二位五十四町、正三位卌町、従三位卅四町、正四位廿四町、従四位廿町、正五位十二町、従五位八町。〈女減二三分之一一〉。

39　諸京官文武職事職分田、一品一十二頃、二品一十頃、三品九頃、四品七頃、五品六頃、六品四頃、七品三頃五十畝、八品二頃五十畝、九品二頃、並去二京城一百里内給。其京兆・河南府及京県官人職分田、亦准レ此。即百里内地少、欲下於二百里外一給上者亦聴。

（唐33、八四、拾三一、上四一、下二六〇）

5　職分田条「職分田の給田対象・給田額」（二四一頁）

凡職分田。太政大臣卌町。左右大臣卅町。大納言廿町。

7　諸永業田、皆伝二子孫一、不レ在二収授之限一。即子孫犯二除名一者、所レ承之地亦不レ追。
（唐6、五〇、拾五、上三二、下二五五）

8　諸五品以上永業田、皆不レ得二於狭郷受一。任於二寛郷一隔越、射二無主荒地一充。〈即買二蔭賜田一充者、雖二狭郷一亦聴。〉其六品以下永業田、即聴下本郷取二還レ公田一充上。願二於寛郷取一者亦聴。
（唐7、五一、拾七、上三二、下二五五）

9　諸〔応〕レ賜レ人田、非二指的処所一者、不レ得二於狭郷給一。
（唐8、五三、拾八、上三二、下二五六）

10　諸応レ給二永業一人、若官爵之内有二解免一者、従レ所レ解者追。〈即解免不レ尽者、随二所レ降品一追。〉其除名者、依二口分例一給。自外及有二賜田一者並追。若当家之内、有二官爵一及少二口分一応レ受者、並聴二廻給一。有レ賸追収、不レ足更給。
（唐9、五三、拾九、上三三、下二五六）

11　諸因二官爵一応レ得二永業一、未レ請及請未レ足而身亡者、子孫不

6　功田条「功田の等級と伝世」（二四一頁）
凡功田、大功世々不レ絶、上功伝二三世一、中功伝二二世一、下功伝レ子。〈大功、非二謀叛以上一、以外、非二八虐之除名一、並不レ収。〉

7　非其土人条「土人以外の狭郷での受田制限、賜田は此令の対象外」（二四一頁）
凡給レ田、非二其土人一、皆不レ得二狭郷受一。〈勅所レ指者、不レ拘二此令一。〉

8　官位解免条「官人が解免や除名されたときの給田の処置についての規定」（二四一頁）
凡応レ給二職田・位田一人、若官位之内、有二解免一者、従レ所二解免一追。其除名者、依二口分例一（給）。若有二賜田一者、亦追。当家之内、有二官位一、及少二口分一応レ受者、並聴二廻給一。有レ乗追収。

9　応給位田条「位田を規定通り給せられないで死亡したときの規定」（二四二頁）

㆑合㆓追請㆒。
（唐10、五五、拾一〇、上三三、下二五六）

凡応㆑給㆓位田㆒、未㆑請、及未㆑足而身亡者、子孫不㆑合㆓追請㆒。

12　諸襲㆑爵者、唯得㆑承㆓父祖永業㆒。不㆑合㆓別請㆒。若父祖未㆑請及請未㆑足而身亡者、減㆓始受㆑封者之半㆒給。
（唐11、五六、拾一一、上三三、下二五六）

10　応給功田条「功田の全額または規定額を給せられないで死亡したときの規定」（同）
凡応㆑給㆓功田㆒、若父祖未㆑請、及未㆑足而身亡者、給㆓子孫㆒。

13　諸請㆓永業㆒者、並於㆓本貫㆒陳㆑牒、勘㆓検告身㆒、并検㆑籍知㆑欠。然後録、牒㆓管㆑地州㆒。検勘給訖、具録㆓頃畝四至㆒、報㆓本貫㆒上㆑籍。仍各申㆑省、計会附㆑簿。其有㆘先於㆓寛郷㆒借㆓得無主荒地㆒者㆖、亦聴㆓迴給㆒。
（唐12、五六、新、上三三、下二五六）

cf.給田後の処置→3口分条へ

11　公田条「公田の賃租の方式とその価の使途」（二四二頁についての規定）
凡諸国公田、皆国司随㆓郷土估価㆒賃租。其価送㆓太政官㆒、以充㆓雑用㆒。

（参）9　諸〔応〕㆑賜㆑人田、非㆓指的処所㆒者、不㆑得㆓於狭郷㆒給㆒。（唐8）

12　賜田条「賜田の定義についての規定」
凡別勅賜㆑人田者、名㆓賜田㆒。

14　諸州県界内、所部受田、悉足者、為㆓寛郷㆒、不㆑足者、為㆓狭郷㆒。
（唐13、五七、拾一二、上三四、下二五六）

13　寛郷条「寛郷・狭郷の定義についての規定」（二四二頁）
凡国郡界内、所部受田、悉足者、為㆓寛郷㆒。不㆑足者、為㆓狭郷㆒。
（戸令15居狭条所引古記による。7b／二七八）

15 諸狭郷田不レ足者、聴二於寛郷遥授一。 (唐14、五八、拾一三、上三四、下二五六)	14 狭郷田条「狭郷で田が不足する場合には寛郷で遙受する規定」(二四二頁) 凡狭郷田不レ足者、聴二於寛郷遥受一。
16 諸流内九品以上口分田、雖レ老、不レ在二追収之限一。聴レ終二其身一。 其非二品官一年六十以上、仍為二官事一駆使者、口分亦不二追減一。停レ私之後、依レ例追収。 (唐15、新、五八、上三四、下二五六)	
17 諸〔応〕レ給二園宅地一者、良口三口以下給二一畝一。毎二三口一加二一畝一。賤口五口給二一畝一。毎二五口一加二一畝一。並不レ入二永業・口分之限一。 其京城及州県郭下園宅地、不レ在二此例一。 (唐16、五九、拾一四、上三四、下二五六)	15 園地条「園地の均給と絶戸収公」(二四三頁) 凡給二園地一者、随二地多少一均給。若絶レ戸還レ公。
18 諸毎レ戸課二種桑五十根以上、楡棗各十根以上一、三年植畢。郷土不レ宜者、任以レ所レ宜樹充。 (宋2、五一、拾六乙、上二七、下二五三、本書一八八)	16 桑漆条「桑漆を戸等に応じて期限内に課種」(二四三頁) 凡課二桑漆一、上戸桑三百根、漆一百根以上、中戸桑二百根、漆七十根以上、下戸桑一百根、漆卌根以上。五年種畢。郷土不レ宜、及狭郷者、不二必満一レ数。
19 諸庶人有二身死一、家貧無二以供一レ葬者、聴レ売二永業田一。即流移者亦如レ之。 楽レ遷二就寛郷一者、并聴レ売二口分田一。〈売充二住宅邸店碾磑一者、雖レ非レ楽レ遷、亦聴二私売一。〉	

（唐17、六一、拾一五、上三五、下二五七）

20　諸買レ地者、不レ得レ過二本制一。雖レ居二狭郷一、亦聴レ依二寛郷制一。其売者不レ得二更請一。
凡売買、皆須下経二所部官司一、申牒、年終彼此除附上。若無二文牒一輒売買者、財没不レ追、地還二本主一。

（唐18、六二、拾一六・一七、上三五、下二五七）

21　諸以二工商一為レ業者、永業・口分田、各減レ半給之。在二狭郷一者並不レ給。
（唐19、六三、拾一八、上三五、下二五七）

22　諸因二王事一、没二落外蕃一不レ還、有二親属同居一者、其身分之地、六年乃追。身還之日随レ便先給。即身死二王事一者、其子孫雖レ未レ成レ丁、身分地勿レ追。其因二戦傷一入二篤疾・廃疾一者、亦不二追減一、聴レ〔終〕二其身一。
（唐20、六四、拾一九、上三六、下二五七）

23　諸田不レ得二貼賃及質一、違者財没不レ追、地還二本主一。若従二遠役外任一、無二人守レ業者、聴二貼任賃及質一。其官人永業田及賜田、欲二売及貼賃・質一者、不レ在二禁限一。
（唐21、六五、拾二〇、上三六、下二五七）

17　宅地条「宅地の売買手続きについての規定」（二四三頁）
凡売二買宅地一、皆経二所部官司一、申牒、然後聴之。

cf.大宝令にも養老令本条に相当する規定が存在したと考えられる。吉村武彦「律令制的班田制の歴史的前提について――国造制的土地所有に関する覚書」（井上光貞博士還暦記念『古代史論叢中巻』吉川弘文館、一九七八年、三一三頁）。

18　王事条「王事によって外蕃に没落、または死亡したときの田地の処置」（二四三頁）
凡因二王事一、没二落外蕃一不レ還、有二親属同居一者、其身分之地、十年乃追。身還之日、随レ便先給。即身死二王事一者、其地伝レ子。

19　賃租条「田の賃租、園の賃租・売買についての規定」（二四三頁）
凡賃二租田一者、各限二一年一。園任賃租、及売。皆須下経二所部官司一、申牒、然後聴上。

20　従便近条「口分田を班給する場所についての規定」（二四

24 諸給㆓口分田㆒、務従㆓便近㆒。不㆑得㆓隔越㆒。若因㆓州県改隷㆒、地入㆓他境㆒、及犬牙相接者、聴㆓依㆑旧受㆒。其城居之人、本県無㆑田者、聴㆓隔県受㆒。
（唐22、六六、拾二一、上三六、下二五七）

25 諸以㆓身死㆒応㆑退㆓永業・口分地㆒者、若戸頭限㆓二年㆒追、戸内口限㆓一年㆒追。如死在㆓春季㆒者、即以㆓死年㆒統入㆓限内㆒。死在㆓夏季以後㆒者、聴㆘計㆓後年㆒為㆖始。其絶㆑後無㆓人供㆑祭、及女戸死者、皆当年追。
（唐23、六七、新、上三七、下二五七）

26 諸応㆑還㆓公田㆒、皆令㆘主自量、為㆓一段㆒退㆖。不㆑得㆓零畳割退㆒。先有㆑零者聴。其応㆑追者、皆待㆘至㆓収授㆒時㆖、然後追収。
（唐24、六八、新、上三七、下二五七）

27 諸応㆓収授㆒之田、毎㆑年起㆓十月一日㆒、里正預校勘造㆑簿。至㆓十一月一日㆒、県令摠㆓集応㆑退応㆑授之人㆒、対共給授。十二月三十日内使㆑訖。符下案記。不㆑得㆓輒自請射㆒。其退㆑田戸内、有㆑合㆓進受㆒者、雖㆓不課役㆒、先聴㆓自取㆒。有㆑余収授。郷有㆑余、授㆓比郷㆒。県有㆑余、申㆑州給㆓比県㆒。州有㆑余、附㆑帳申㆑省。量給㆓比近之州㆒。

四頁）
凡給㆓口分田㆒、務従㆓便近㆒。不㆑得㆓隔越㆒。若因㆓国郡改隷㆒、地入㆓他境㆒、及犬牙相接者、聴㆓依㆑旧受㆒。
本郡無㆑田者。聴㆓隔郡受㆒。

21 六年一班条「田を収授する年次（班年）についての規定」
（二四四頁）

凡田、六年一班。〈神田・寺田、不㆑在㆓此限㆒。〉若以㆓身死㆒応㆑退㆑田者、毎㆑至㆓班年㆒、即従㆓収授㆒。

22 還公田条「公に還す田の形態についての規定」
凡応㆑還㆓公田㆒、皆令㆘主自量、為㆓一段㆒退㆖。不㆑得㆓零畳割退㆒。先有㆑零者聴。

23 班田条「班田の日程や手続きについての規定」（二四四頁）
凡応㆑班㆑田者、毎㆓班年㆒、正月卅日内、申㆓太政官㆒。起㆓十月一日㆒、京国官司、預校勘造㆑簿。至㆓十一月一日㆒、摠㆓集応㆑受之人㆒、対共給授。二月卅日内使㆑訖。「其収㆑田戸内、有㆓進受㆒者、雖㆓不課役㆒、先聴㆓自取㆒。有㆑余収授。」

（「　」内は田令24穴記所引「唐令」による。ただし、退は収に改めた。2a／三六七）

（唐25、六八、拾二三一・二三・一三甲、上三七、下二五八）

28　諸授レ田、先課役、後不課役。先無、後少。先貧、後富。
（唐26、七〇、拾二三、上三八、下二五八）

29　諸田有二交錯一、両主求レ換者、詣二本部一申牒、判聴二手実一以レ次除附。
（唐27、七一、新、上三八、下二五八）

30　諸道士・女冠、受二老子道徳経以上一、道士給二田三十畝一、女冠二十畝。僧尼受二具戒一者、各准レ此。身死及還俗、依レ法収授。
若当観、寺有二無レ地之人一、先聴二自受一。
（唐28、七二、拾二四、上三八、下二五八）

31　諸官人百姓、並不レ得下将二田宅園地一、捨施及売易与中寺観上。
違者財物没官、田宅園地還レ主。
（宋3、七三、上二七、下二五三、本書一九一）

32　諸官戸受レ田、随二郷寛狭一、各減二百姓口分之半一。
其在レ牧官戸・奴、並於二牧所一各給二田十畝一。即配二戍鎮一者、亦於二配所一準二在レ牧官戸・奴例一。

24　授田条「授田の優先順位についての規定」（二四四頁）
凡授レ田、先課役、後不課役。先無、後少。先貧、後富。
（賦役19舎人史生条では「田給」。2a／四一七）

25　交錯条「田主を異にする田が交ざり合っているときの交換手続きの規定」（二四五頁）
凡田有二交錯一両主求レ換者、経二本部一、判聴二除附一。

（26）「神田条」（大宝令）
（凡）神田・（寺田）、不レ在二収授之限一。

26　官人百姓条「官人・百姓が田宅園地を寺に捨施・売易するのを禁ずる規定」（二四五頁）
凡官人・百姓、並不レ得下将二田宅園地一、捨施及売易与上レ寺。

27　官戸奴婢条「官戸・家人・奴婢の口分田給田（額）」（二四五頁）
凡官戸奴婢口分田、与二良人一同。家人・奴婢、随二郷寛狭一、並給二三分之一一。

（唐29、七四、拾二五、上三九、下二五八）

33　諸田、為レ水侵射、不レ依二旧流一、新出之地、先給二被レ侵之家一。
若別県界新出、亦準レ此。其両岸異レ管、従二正流一為レ断。
〔若合二隔越受一レ田者、不レ取二此令一。〕cf.〔　〕内『宋刑統』
（宋4、七五、拾二六、上二七、下二五三）

34　諸公私〔田〕、荒廃三年以上、有二能〔借〕佃者一、経二官司一申牒借レ之。雖二隔越一亦聴。〈易田於二易限之内一、不レ在二倍限一。〉私田三年還レ主、公田九年還レ官。
其私田雖二廃三年一、主欲二自佃一、先尽二其主一。

限満之日、所レ借人口分未レ足者、官田即聴レ充二口分一。

〈若当県受田悉足者、年限雖レ満、亦不レ在二追限一。応レ得二永業一者、聴レ充二永業一。〉私田不レ合。

其借而不レ耕、経二二年一者、任レ有レ力者借レ之。即不二自加レ功転分一与レ人一者、其地即回借二見佃之人一。

若佃人雖レ経二熟訖一、三年〔之〕外、不レ能二耕種一、依レ式追収、改給。

（唐30、七六、拾二七、上三九、下二五八）


「給田対象除外地の佃作希望者への認可」

35　諸田、有二山崗・砂石・水鹵・溝澗之類一、不レ在二給限一。若

28　為水侵食条「田が水によって侵食され、水流が変化したときの規定」（二四五頁）
凡田、為レ水侵食、不レ依二旧派一、新出之地、先給二被レ侵之家一。

29　荒廃条「公私田荒廃借佃」（二四五頁）
凡公私田、荒廃三年以上、有二能借佃者一、経二官司一、判借之。雖二隔越一亦聴。

私田三年還レ主、公田六年還レ官。

〈主欲二自佃一、先尽二其主一。〉

限満之日。所レ借人口分未レ足者、公田即聴レ充二口分一。

私田不レ合。


（上段・復原34波線部は荒廃条所引古記の引用箇所、8b／三七〇）

「官人空閑地営種」

人欲レ佃者聴之。
（唐31、七九、新、上四〇、下二五九）

36　諸競田、判得已耕種者、後雖二改判一、苗入二種人一。耕而未レ種者、酬二其功力一。未レ経二断決一、強耕種者、苗従二地判一。
（宋5、七八、拾二八、上二八、下二五三）

37　〔諸〕在京諸司公廨田、司農寺給二十六頃一。殿中省二十五頃、少府監二十二頃、太常寺二十頃、京兆・河南府各一十七頃、太府寺一十六頃、吏部・戸部各一十五頃、兵部・内侍省各一十四頃、中書省・将作監各一十三頃、刑部・大理寺各一十二頃、尚書都省・門下省・太子左春坊各一十一頃、工部十頃、光禄寺・太僕寺・秘書省各九頃、礼部・鴻臚寺・都水監・太子詹事府各八頃、御史台・国子監・京県各七頃、左右衛・太子家令寺各六頃、衛尉寺・左右驍衛・左右武衛・左右威衛・左右領軍衛・左右金吾衛・左右監門衛、太子右春坊各五頃。太子僕寺・左右衛率府・太史局各四頃、宗正寺・左右千牛衛・太子僕寺・左右司禦率府・左右清道率府・左右監門率府各三頃、内坊・左右内率府・率更寺、各二頃。〈其有レ管二署・局・子府之類一、各准二官品・人数一均配。〉
（唐32、七九、拾二九、上四〇、下二五九）

38　諸在外諸司公廨田、大都督府四十頃、中都督府三十五頃、下都督・都護・上州各三十頃、中州二十頃、宮総監・下州各十五頃、上県十頃、中県八頃、中下県六頃、上牧監・上鎮各

其官人於二所部界内一、有二空閑地一、願レ佃者、任聴二営種一。替解之日、還レ公。

30　競田条「係争中の田の作物の帰属についての規定」（二四六頁）
凡競田、判得已耕種者、後雖二改判一、苗入二種人一。耕而未レ種者、酬二其功力一。未レ経二断決一、強耕種者、苗従二地判一。

五頃、下県及中牧・下牧・司竹監・中鎮・諸軍折衛府各四頃、諸冶監・諸倉監・下鎮・上関各三頃、互市監・諸屯監・上戍・中関及津各二頃〈其津隷二都水使者一不レ給〉、下関一頃五十畝、中戍・下戍・獄瀆各一頃。

（宋6、八二、拾三〇、上二八、下二五三、渡辺、前掲論文復原案による）

39 諸京官文武職事職分田、一品一十二頃、二品一十頃、三品九頃、四品七頃、五品六頃、六品四頃、七品三頃五十畝、八品二頃五十畝、九品二頃。並去二京城一百里内給。
其京兆・河南府及京県官人職分田、亦准レ此。即百里内地少、欲下於二百里外一給上者亦聴。

（唐33、八四、拾三一、上四一、下二六〇）

40 諸州及都護府・親王府官人職分田、二品一十二頃、三品一十頃、四品八頃、五品七頃、六品五頃〈京畿県亦準レ此〉、七品四頃、八品三頃、九品二頃五十畝。鎮・戍・関・津・嶽・瀆及在外監官五品五頃、六品三頃五十畝、七品三頃、八品二頃、九品一頃五十畝。三衛中郎将・上府折衝都尉各六頃、中府五頃五十畝、下府及郎将各五頃。上府果毅都尉四頃、中府三頃五十畝、下府三頃。上府長史・別将各三頃、中府・下府各二頃五十畝。親王府典軍五頃五十畝、副典軍四頃。千牛備身左右・太子千牛備身各三頃〈親王府文武官隨レ府出藩

（参）5 職分田条「職分田の給田対象と給田額」（二四一頁）

凡職分田、太政大臣、卌町。左右大臣卅町。大納言廿町。

31 在外諸司職分田条「大宰府官人と国司に対する職分田の給田対象と給田額」（二四六頁）
凡在外諸司職分田、大宰帥十町、大弐六町、少弐四町、大監・少監・大判事二町、大工・少判事・大典・防人正・主神・博士一町六段。少典・陰陽師・医師・少工・算師・主船・主厨・防人佑一町四段。諸令史一町。史生六段。大国守二町六段。上国守・大国介二町二段。中国守・上国介二町。下国守・大上国掾一町六段。中国掾・大上国目一町二段。中下国目一町。史生如レ前
（34在外諸司条古記による。5a／三七六）

者、於二所在処一給〉。諸軍上折衝府兵曹二頃、中府・下府各一頃五十畝。

其外軍校尉一頃二十畝、旅帥一頃、隊正・隊副各八十畝。皆於二領側州県界内一給。

其校尉以下、在二本県及去レ家百里内領一者不レ給。

（唐34、八六、拾三一、上四二、下二六〇）

41　諸駅封田、皆随レ近給。毎二馬一疋一、給二地四十畝一、驢一頭、給二地二十畝一。若駅側有二牧田一処、疋別各減二五畝一。
其伝送馬、毎二一疋一給二田二十畝一。

（唐35、九〇、拾三三、上四四、下二六一）

42　諸公廨・職分田等、並於二寛閑及還レ公田内一給。
（唐36、九一、新、上四四、下二六一）

43　諸職分陸田、限二三月三十日一、稲田限二四月三十日一、以前上者、並入二後人一。以後上者、入二前人一。
其麦田以二九月三十日一為レ限。若前人自耕未レ種、後人酬二其功直一。已自種者、准二租分法一。

其価六斗以下者、依レ旧定、不レ得レ過二六斗一。

並取二情願一、不レ得二抑配一。

（宋7、九一、拾三四、上二八、下二五四、渡辺、前掲論文復原案による）

32　郡司職分田条「郡司職分田の給田対象と給田額」（二四七頁）
凡郡司職分田、大領六町。少領四町。主政・主帳各二町。

狭郷不レ須三要満二此数一（大宝令：皆従二郷法一給）。

33　〔駅田条〕「駅田の設置基準についての規定」（二四七頁）
凡駅（起）田、皆随レ近給。大路四町。中路三町。小路二町。

34　在外諸司条「在外諸司が交代したときの職分田の扱いについての規定」（二四七頁）
凡在外諸司職分田、交代以前種者、入二前人一。若前人自耕未レ種、後人酬二其功直一。

闕官田用二公力一営種。所レ有当年苗子、新人至日、依レ数給付。

44　諸内外官応レ給二職田一、無二地可一レ充、并別勅合レ給二地子一者、率一畝給二粟二斗一。雖レ有レ地而不レ足者、準レ所レ欠給レ之。鎮戍官、去二任処一十里内、無二地可一レ給、亦準レ此。王府官、若王不レ任二外官一在レ京者、其職田給レ粟、減二京官之半一。応レ給者、五月給レ半、九月給レ半。未レ給解任者、不二却給一。剣南・隴右・山南官人、不レ在二給限一。
（唐37、九三、拾三五、上四四、下二六一）

35　外官新至条「外官が新たに着任したときの給粮についての規定」（二四七頁）
凡外官新至レ任者、比レ及二秋収一、依レ式給レ粮。（令釈所引前令1b／三七七）

45　諸屯、隷二司農寺一者、毎二地三十頃以下、二十頃以上一、為二一屯一。隷二州・鎮・諸軍一者、毎二五十頃一、為二一屯一。其屯応レ置者、皆従二尚書省処分一。
（唐38、九四、拾三六、上四五、下二六一）

36　置官田条「官田を畿内に置く基準についての規定」（二四七頁）
凡畿内置二官田一、大和・摂津各卅町。河内・山背各廿町。毎二二町一配二牛一頭一。其牛令三一戸養二一頭一。〈謂。中々以上戸。〉

46　諸屯田、応レ用レ牛之処、山原川沢、土有二硬軟一。至二於耕墾一、用レ力不レ同者、其土軟之処、毎二地一頃五十畝一、配二牛一頭一。彊硬之処、一頃二十畝、配二牛一頭一。即当屯之内、有レ硬有レ軟者、亦准二此法一。其地、皆仰二屯官一、明為二図状一。所管長官、親自問検、以為二定簿一、依レ此支配。其営二稲田一之所、毎二地八十畝一、配二牛一頭一。若芟レ草種レ稲者、不レ在二此限一。

36　置官田条「官田を畿内に置く基準についての規定」（二四七頁）
凡畿内置二官田一、大和・摂津各卅町。河内・山背各廿町。毎二二町一配二牛一頭一。其牛令三一戸養二一頭一。〈謂。中々以上戸。〉

（唐39、九五、拾三七、上四五、下二六二）

47　諸屯、応レ役レ丁之処、毎レ年所管官司、与二屯官司一、準二来年所レ種色目、及頃畝多少一、依レ式料レ功、申二所司一支配。其上役之日、所司仍準二役月閑要一、量レ事配遣。
（唐40、九七、新、上四六、下二六二）

48　諸屯、毎レ年所レ収雑子、雑用之外、皆即随レ便貯納。去レ京近者、送二納司農一。三百里外者、納二随近州県一。若行二水路一之処、亦納二司農一。其送輸斛斗、及倉司領納之数、並依レ限各申二所司一。
（唐41、九八、新、上四六、下二六二）

49　諸屯、隷二司農寺一者、卿及少卿、毎至二三月一以後、分レ道巡歴。有二不レ如レ法者一、監官・屯将、随レ事推罪。
（唐42、九九、新、上四六、下二六二）

50　諸屯、毎レ年所レ収藁草、飼牛、供屯・雑用之外、別処依レ式貯積、具言下去二州・鎮及駅路一遠近上、附二計帳一申二所司一処分。
（唐43、一〇〇、新、上四六、下二六二）

51　諸屯、収二雑種一、須下以レ車運納上者、将二当処官物一、勘レ量市付。其扶レ車子力、於二営田及飼牛丁内一、均融取充。
（唐44、一〇〇、新、上四七、下二六三）

52　諸屯、納二雑子一、無レ藁之処、応レ須籧篨及供レ窖調度、並於二

37　役丁条「官田の経営についての規定」（二四八頁）
凡官田、応レ役レ丁之処、毎レ年宮内省、預准二来年所レ種色目、及町段多少一。依レ式料レ功、申レ官支配。其上役之日、国司仍准二役月閑要一、量レ事配遣。其田司、年別相替。年終省校二量収獲多少一。附レ考褒貶。

営田丁内一、随近有レ処、採取造充。
（唐45、一〇一、新、上四七、下二六三）

53　諸屯之処、毎二収刈時一、若有二警急一者、所管官司、与二州・鎮及軍府一相知、量差二管内軍人及夫一千人以下一、各役二五日功一、防援助レ収。
（唐46、一〇二、新、上四七、下二六三）

54　諸管レ屯処、百姓田有二水・陸、上・次及、上熟・次熟、畝別収穫多少一。仰二当界長官一勘問、毎レ年具レ状申上。考二校屯官一之日、量二其虚実一、拠レ状褒貶。
（唐47、一〇三、新、上四七、下二六三）

55　諸屯官欠負、皆従二本色一、本処理塡。
（唐48、一〇四、新、上四八、下二六三）

56　諸屯課帳、毎レ年与二計帳一同レ限、申二尚書省一。
（唐49、一〇四、新、上四八、下二六三）

田令巻第二十一

右令不レ行

37　役丁条「官田の経営についての規定」（二四八頁）
凡官田、応レ役レ丁之処、毎レ年宮内省、預准二来年所レ種色目、及町段多少一。依レ式料レ功、申レ官支配。其上役之日、国司仍准二役月閑要一、量レ事配遣。其田司、年別相替。年終省校二量収獲多少一。附レ考褒貶。

第二章　日本田令の構成史的位置

はじめに

日本の古代国家について論じる場合、律令法の分析を避けてとおることはできない。日本の古代国家は、律令制国家として完成したからである。本章で取り上げる田令は、土地に関する法を規定した編目である。前近代社会研究において、権力の基礎としての土地支配に関わる法を分析することは、支配構造の内実にせまることである。田令に関する膨大な研究蓄積があるのもそのためである(1)。しかしそれは、日唐令文の逐条的分析が主流であった。そのような分析方法の限界を指摘し、条文構成の比較という視点の導入を説いた菊池英夫氏の所説は示唆に富む(2)。石母田正氏が述べるように、中国から継受した律令法の特徴は体系性と組織性にあり、まず編目が設定され、関連条文が編目ごとに配置されるのであって、単行法のたんなる集成ではないからである(3)。大宝令・養老令の母法が散逸しているので確定的なことはいえないが(4)、部分的に復原できる大宝令、残存する養老令の編目・条文数等から考えて、両令ともに中国令を体系的・組織的に継受したことはほぼ間違いない。

田令に関する日唐令文の条文構成の比較という視点から研究史を振り返れば、次のとおりである。菊池説が発表される以前に彌永貞三氏は日本令の条文構成に言及し、養老令に規定された諸条文の「順序」を次の四グループに大別

できるとした。(5)

(1)田積と田租に関する規定（1～3条）

(2)土地の種類による取り扱い方の規定（4～16条）

(3)所有権ないし占有権の移動に関する規定（17～26条）

(4)特殊な田地にたいする取り扱い方の規定（27～37条）

ただ、彌永氏の問題関心は地積法と班田法との関係にあったので、氏は田令冒頭部の論理を考えただけであった。

その意味で、菊池説を受けて田令全体の条文構成の比較を初めて試みたのは吉村武彦氏である。(6) 吉村氏は養老令の構成を次の四つに区分できるとした。

(1)1田長条と2田租条。田の面積単位と田租の規定。

(2)3口分条～16桑漆条までと、27官戸奴婢条の部分。給田に関する原則を規定したもので、園地の給地規定と公田の取り扱いが含まれる。

(3)17宅地条～30競田条までの部分。田地の収授と田主の移動に関わる諸原則を述べたもので、宅地と園地の規定が含まれる。

(4)31在外諸司職分田条～37役丁条までの部分。在外諸司の職分田と駅田・官田に関する規定。

さらに吉村氏は、唐令と比較した日本令の特徴として以下の三点を指摘した。

第一に、日本令は人格的支配・隷属関係の性格が強く、唐令は課税との関係が濃い。

第二に、日本令は国家的土地所有の性格が強いが、唐令は私有的要素が含まれる。

第三に、唐令の工商業者への永業田・口分田の半給規定が、日本令では採用されていない、社会的分業の発展段階差の問題。

吉村氏は、日本令は課税ならびに商工業を含む「私有」に対する関心が低く、「人格的支配・隷属関係の性格」の強い、国家的規制が濃厚な土地所有体系を反映しているとした。

以上の諸説に対し、法体系分析の意義と方法を検討し、唐日田令の比較分析を行ったのが石上英一氏である。(7) 石上氏は、唐代の杜佑が法制度の沿革を記録した『通典』に、複数箇所に群として引用されている開元二十五（七三七）年令から部分的な条文配列（相対的順位）を確定し、復原しなおした唐田令の論理構成を次のように「概観」した。

1群は一条のみで田令の基礎となる田積を定める。
2群は庶人・官人への永業田・口分田・園宅地の給付規定群で、給田Ⅰとする。
3群は官司・官職についた官人への公廨田・職分田等の給付規定群で、給田Ⅱとする。
4群は給付された田地等の売買・収授・田主権等についての規定群で、収授・田主とする。
5群は屯田経営を定める規定群で、屯田とする。

唐令は1田積を定め、2・3給田を定め、4収授・田主を定めるという論理展開となっており、給田の体系と評価できる。これに対し日本令は、1群―田積（1・2条）、2群―給田Ⅰ（3〜16条）、3群―収授・田主（17〜30条）、4群―給田Ⅱ（31〜35条）、5群―屯田（36・37条）からなっている。日本令は1群で田積・田租を定め、2群で田租を収取する口分田班給を定め、3群で口分田を中心とした班田収授に関する土地用益・権利関係を定める論理展開に改変している。これは、唐令で給田Ⅰ・Ⅱをうけての土地用益・権利規定群であった収授・田主規定群を、班田収授法の施行規定群に性格をあらため、口分田を中心とした給田Ⅰ規定群と接続させることにより、きわめて単純で鮮明な構成に改変したことを意味する。ここには、日本田令編纂の目的が百姓への口分田班給を主題とする班田収授法体制の確立にあったことが明示されている。以上の石上説は、条文構成に関する客観的分析方法を開拓した研究として高く評価すべきであろう。

ところが、周知のように北宋天聖令が発見され、同令に付された開元二十五年令の配列が、養老令のそれとほぼ一致することが明らかになった。それゆえ、石上氏が依拠した『通典』の条文配列は開元二十五年令のままでないことが判明し、養老令に従って配列した仁井田陞氏の復原案が結果的に正しかったことが証明された(8)。

その後、大津透・三谷芳幸両氏が、田積、百姓・官人への給田、収授手続きや田主権、官司・官人への給田、屯(官)田の五群に分ける条文構成案を概括的に提示した(9)。以後は再び個々の条文に関する論考が発表されているのが近年の特色である(10)。これまで述べてきた諸説を図表化して示すと表8「従来の養老田令条文構成案」となる。

以上、日本田令の条文構成に言及した従来の諸説を振り返った。結果として、日本田令全体にわたる条文構成の本格的分析は、不十分であるといわざるをえない。つまり、条文構成史研究の課題である、条文内容と配列の双方の条件を満たす論理の説明ができていないのが現状である。前章は、日本田令を分析する前提として、母法である唐田令の内的編成を分析したものである。その結果、唐田令は歴史性を踏まえ、それぞれの規定群で原則規定と附則規定が有機的に関連しており、きわめて論理整合的に構成されていることが判明した(11)。本章は、前章での分析結果を前提に、従来の区分論を越えた日本田令の条文構成案を提示することを目的とする。すでに述べたように、彌永・吉村両氏は、日本令のみで論理構成を考えた。日本令独自の論理が存在すると考えたからである。これに対し、石上氏は唐令との対比で日本令独自の論理を考えようとした。ところが、天聖令の出現は日本令の条文配列が唐令とほぼ同じであることを証明した。日本令は唐令を前提とし、唐令の論理の枠内で条文構成を考えたのである。それゆえ、本章の課題は、唐日田令の比較を中心に日本田令の条文構成の論理を析出することを目的とする。それは、たんに区分するのではなく、区分相互および区分内の各条文が、それぞれどのような論理的連関をもっているかを考えることにほかならない。

なお、本章で日本令という場合、原則として養老令を指し、必要に応じて大宝令に言及する。また、以下の叙述は、理解の便宜上、前章の分析結果を図表化した表7「開元二十五年田令の条文構成」（一九九頁）に、日本令の条文配列を対応させた表9「唐日田令条文構成および対応表」を事前に提示した上で行うことにする。

一　田積・田租規定

まず1田長条は、給田の前提となる田の面積、すなわち田積算定基準について規定するが、それにとどまらず本注として田租の徴収基準も規定している。次の2田租条はそれを受け、国衙への田租の輸納時期、さらには舂米を運京するときの輸納時期を規定する。唐では租は課役に含まれ、丁租として丁男に課し、賦役令に規定された（賦役4）。一方、日本令では租は課役に含まれず、田租として田積に応じて課され、田令に規定された。結果的に班田収授制では課役の賦課対象でない女性や子供だけでなく、官戸・家人・奴婢まで口分田が班給される。(12)以上の事実は、日本令の制定者が唐とは異なる発展段階にある列島固有の問題を認識し、独自の構想で田令の条文構成を考えた指標となる。

三谷説
Ⅰ田積単位と田租の賦課・徴収
Ⅱ百姓に対する口分田の分配や，貴族・官人に対する位田・職分田・功田・賜田の支給
Ⅲ口分田の分配・回収方法や，田地の占有・用益にかかわる諸問題の処理方法
Ⅳ地方官に対する職分田の支給
Ⅴ天皇の供御料田である官田の経営

表8　従来の養老田令条文構成案

<table>
<tr><th>No.</th><th>条文名</th><th>彌永（1）案</th><th>彌永（2）案</th><th>吉村説</th><th>石上説</th></tr>
<tr><td>1</td><td>田長条</td><td rowspan="3">Ⅰ（1〜3条）
田積と田租に関する規定</td><td rowspan="3">Ⅰ（1〜3条）</td><td rowspan="2">Ⅰ（1・2条）田の面積単位と田租の規定</td><td rowspan="2">Ⅰ田積・田租</td></tr>
<tr><td>2</td><td>田租条</td></tr>
<tr><td>3</td><td>口分条</td><td rowspan="14">Ⅱ（3〜16条）
給田に関する原則を規定したもので，園地の給地と公田の取り扱いが含まれる</td><td rowspan="14">Ⅱ給田Ⅰ（班田）
班田収授の地目規定
田租を収取する口分田班給</td></tr>
<tr><td>4</td><td>位田条</td><td rowspan="15">Ⅱ（3〜18条）
土地の種類による取り扱い方の規定</td><td rowspan="13">Ⅱ（4〜16条）</td></tr>
<tr><td>5</td><td>職分田条</td></tr>
<tr><td>6</td><td>功田条</td></tr>
<tr><td>7</td><td>非其土人条</td></tr>
<tr><td>8</td><td>官位解免条</td></tr>
<tr><td>9</td><td>応給位田条</td></tr>
<tr><td>10</td><td>応給功田条</td></tr>
<tr><td>11</td><td>公田条</td></tr>
<tr><td>12</td><td>賜田条</td></tr>
<tr><td>13</td><td>寛郷条</td></tr>
<tr><td>14</td><td>狭郷田条</td></tr>
<tr><td>15</td><td>園地条</td></tr>
<tr><td>16</td><td>桑漆条</td></tr>
<tr><td>17</td><td>宅地条</td><td rowspan="10">Ⅲ（17〜26条）</td><td rowspan="10">Ⅲ（17〜30条）
田地の収授と田主の移動に関する諸原則を述べたもので，宅地と園地が含まれる</td><td rowspan="14">Ⅲ収授・用益
班田収授法の施行規定群
口分田を中心とした班田収授に関する土地用益・権利関係</td></tr>
<tr><td>18</td><td>王事条</td></tr>
<tr><td>19</td><td>賃租条</td><td rowspan="7">Ⅲ（19〜25条）
所有権ないし占有権の移動に関する規定</td></tr>
<tr><td>20</td><td>従便近条</td></tr>
<tr><td>21</td><td>六年一班条</td></tr>
<tr><td>22</td><td>還公田条</td></tr>
<tr><td>23</td><td>班田条</td></tr>
<tr><td>24</td><td>授田条</td></tr>
<tr><td>25</td><td>交錯条</td></tr>
<tr><td>26</td><td>官人百姓条</td><td rowspan="12">Ⅳ（26〜37条）
特殊な田地にたいする取り扱い方の規定</td></tr>
<tr><td>27</td><td>官戸奴婢条</td><td rowspan="11">Ⅳ（27〜37条）</td><td>Ⅱ（27条）</td></tr>
<tr><td>28</td><td>為水侵食条</td><td rowspan="3"></td></tr>
<tr><td>29</td><td>荒廃条</td></tr>
<tr><td>30</td><td>競田条</td></tr>
<tr><td>31</td><td>在外諸司職分田条</td><td rowspan="7">Ⅳ（31〜37条）
在外諸司の職分田と駅田・官田に関する規定</td><td rowspan="5">Ⅳ給田Ⅱ
（在外諸司・郡司等）</td></tr>
<tr><td>32</td><td>郡司職分田条</td></tr>
<tr><td>33</td><td>駅田条</td></tr>
<tr><td>34</td><td>在外諸司条</td></tr>
<tr><td>35</td><td>外官新至条</td></tr>
<tr><td>36</td><td>置官田条</td><td rowspan="2">Ⅴ屯田（官田）</td></tr>
<tr><td>37</td><td>役丁条</td></tr>
</table>

表9　唐日田令条文構成および対応表

群	宋	唐	推定	条文内容	拾遺番号	番号	養老令 条文内容
I	(1)		1	田積算定基準	1	1	田の面積の単位・田租の徴収基準
	(参）賦4			丁租の輸納時期，附則	2	2	田租の輸納時期・舂米の運京時期
II		1	2	給田対象・給田額，先に永業あらば口分充当	3	3	①給田対象・給田額，②受田資格，③郷土法
		2	3	黄小以下の者が戸となすときの給田額			④易田倍給，⑤給田面積（四至）記載（唐12）
		3	4	狭郷新受口分半給			→②～④＝唐2～4の附則を一般規定化
		4	5	易田倍給，寛郷三易以上郷法易給			→⑤＝唐12の給田後の措置規定を引用
		5	6	官人永業田給田対象・給田額，附則	4	4	位田の給田対象・給田額
		33	39	京官文武職事職分の田給田対象・給田額・給田場所	31	5	職田の給田対象・給田額（大納言以上）
		6	7	官人永業田伝世	5	6	功田の等級と伝世
		7	8	官人永業田狭郷受田制限，六品以下の附則	7	7	「土人」以外の狭郷での受田制限
		8	9	賜田の定義，指定場所以外での狭郷給田制限	8		賜田は「此令」の対象外
		9	10	官人解免除名時の永業田・賜田追収，廻給	9	8	官人解免除名時の職田・位田・賜田追収，廻給
		10	11	永業田未請未足身亡子孫追請禁止	10	9	位田未請未足身亡子孫追請禁止
		11	12	父祖永業田継承原則，附則（未請未足半給）	11	10	父祖功田未足身亡子孫給田（附則を一般規定化）
給		12	13	永業田申請手続き，寛郷無主荒地借得廻給			
						11	公田賃租の方式・価の使途
				（参）唐8条		12	賜田の定義
田		13	14	寛郷・狭郷の概念の定義	12	13	寛郷・狭郷の概念の定義
		14	15	狭郷で田が不足するとき寛郷遙授	13	14	狭郷で田が不足するとき寛郷遙受
		15	16	官人のみの口分田追収猶予			
		16	17	口数による園宅地給地，附則（京城州県郭下）	14	15	地の多少による園地の均給と絶戸収公
	(2)		18	桑漆棗を戸等に応じて課種，附則（樹）	6	16	桑漆を戸等に応じて課種，附則（数）
		17	19	庶人永業，寛郷移住希望者永業・口分売却の条件	15		
		18	20	制限額内での売買の条件，附則（売買手続き・措置）	16・17	17	宅地の売買手続き（措置＝附則を一般化）
		19	21	工商業者永業・口分半給，狭郷不給	18		
		20	22	親属同居追収猶予，身還即給，身死子孫伝世，戦傷不追減	19	18	親属同居追収猶予，身還時即給，身死時子孫伝承
		21	23	庶人貼賃・質禁止，遠役外任・守業者・官人例外	20	19	田園の賃租・売買手続き
		22	24	口分田給田場所，城居人への給田の附則	21	20	口分田を班給する場所，附則規定を一般化

Ⅲ		23	25	身死永業・口分，絶戸・女戸死追収手続き（期限）		21	六年一班，身死，班年収授
		24	26	還公田の形態，退田戸内の進丁受田優先		22	還公田の形態
		25	27	毎年収授の日程・収授の条件，進受者優先，附則	22・23	23	班年班田の日程・手続き（大宝令進受者優先）
		26	28	授田の優先順位	23	24	授田の優先順位
		27	29	田交錯時の交換手続き		25	田交錯時の交換手続き
収	(3)	28	30	道士・女冠・僧尼への給田，収授事由，無地人給田優先	24	(26)	神田（寺田）は収授の対象外（大宝令）
			31	寺観への田宅園地捨施・売易禁止，措置		26	寺院への田宅園地捨施・売易禁止
		29	32	配所ごとの官戸・奴への口分田班給	25	27	官戸・家人・奴婢への給田額
	(4)		33	水害による田の損害に対する措置，附則（管轄）	26	28	水害による田の損害に対する措置
授		30	34	公私荒廃借佃田	27	29	公私田荒廃借佃
		31	35	給田対象除外地の佃作を希望する者への認可			官人空閑地営種
	(5)		36	授田後における係争田の作物の帰属		30	授田後における田の作物の帰属
Ⅳ	(6)	32	37	在京諸司公廨田給田対象・給田額	29		
公廨田・職田			38	在外諸司公廨田給田対象・給田額	30		
		33	39	京官文武職事職分田の給田対象・給田額，給田場所	31		（参）5職分田条
		34	40	在外諸司等職分田の給田対象・給田額	32	31	大宰官人・国司職分田の給田対象・給田額
						32	郡司職分田の給田対象・給田額，郷（土）法
		35	41	疋別の駅封田給田基準，附則（牧田存在，伝送馬）	33	33	路別の駅（封）田給田基準
	(7)	36	42	公廨田・職分田の給田場所			
			43	在外諸司交代時職分陸田の扱い，強制割当の戒め	34	34	在外諸司交代時職分田の扱い
		37	44	内外官の職田がないとき地子支給		35	外官が新たに着任した時の給粮
Ⅴ		38	45	屯の設置面積，尚書省処分による設置手続き	36	36	設置面積，耕牛の配分，養牛戸の設置基準
		39	46	地質による耕牛の配分，図作成，定簿支配等	37	36	設置面積，耕牛の配分，養牛戸の設置基準
		40	47	職種品目・労働力算出，徴発・差配		37	植種品目・労働力算出，徴発・差配，考課・褒貶
屯		41	48	所収雑子貯納・輸送経費			
		42	49	司農事に隷く卿・小卿による巡検・推罪			
		43	50	所収藁草・飼牛の貯積，処司処分			
		44	51	雑種運送・運送労働力			
		45	52	雑子収納調度の作成労働力			
		46	53	警急時の軍事動員，動員方法			
田		47	54	収穫量に基づく屯官の考課・褒貶		37	植種品目・労働力算出，徴発・差配，考課・褒貶
		48	55	屯官欠負時の本処理塡			
		49	56	屯課帳は計帳とともに尚書省へ上申			

日本令はなぜ田積に応じて租を課し、課役の賦課対象でない者まで口分田を班給したのか。このアポリアを解くことは容易ではないが、この問題に密接に関連する口分田班給と田租徴収は直接的給付・反対給付の関係にあるとする説について、本章の立場を簡潔に述べておきたい[13]。

律令制における田租の収納主体は国司であるので（倉庫令（2）受地租条、四〇七頁）、国家段階の田租はすでに租税に転化していると考えられる。ただ、田租は口分田だけでなく律令本来の意味では「私田」である墾田も賦課対象とした[14]。さらに、田租の負担者は田主権を有する田主ではなく、現実の耕作者たる佃人であった[15]。また、運京されることはなく一貫して低い租率を維持していること、積極的な財政機能を果たさないこと等、令制田租の特徴は租税と考える上で不可解な点が多い。このように、田租をたんなる租税とみなすことには様々な困難がともなう。にもかかわらず、なぜいまだに口分田班給の反対給付とする説が存在するのか。それは、次の穴記の注釈が一つの根拠とされているからであろう。

租について穴記は、戸令と田令で次のように注釈している。「各无レ田者、不レ出レ租也。此文、与二唐令一改替也。但調五保及三等均出。不レ論二地有無一也」（戸令10戸逃走条、2a／二六九）、「租、賦也。土地所レ生謂二之賦一。謂田給、即所レ生之物進レ君耳」（田令1田長条、5a／三四六）。だが、結論から先にいえば、租が田賦（田地に課す税）であるとき、前提として「田給」＝田地を支給するという論理は、戸令と田令における穴記の「解釈」にすぎず、「田給」は必要条件ではなかった[16]。理由は以下のとおりである。穴記は戸令と田令で先のように注釈する一方で、賦役令では「土地所レ成進レ公之賦」（4a／三八一）と注釈している。ここで「君」が「公」になっているのは、直前に「賦、斂也。言百姓所レ出之物、官斂蔵耳」とある「官」にあわせたからである。賦役令の穴記は、自説を補強するためにさらに讃説を引用する。讃説は「賦役令、尚書曰、其賦惟上上錯」と『尚書』を引用し、さらに「注云」として「賦、謂土地所

㆑生以供㆓天子㆒也」（4b／三八一）としている。この「注」も賦とは土地から生ずるものを天子に差し出すことであると、戸令・田令の穴記とほぼ同様の注釈を行っている。しかし、賦役令の穴記や讃説が引用する「注」では、田長条穴記の「田給」という語句は現れないことに注意する必要がある。『尚書』の当該語句は、夏書・禹貢（冀州）の「厥《そ》の賦は惟《こ》れ上の上にして錯《まじ》わ（は）る[17]」と訓読し、禹貢が開発した冀州の「（田）賦は、（九等中最高の）上の上であるが（第二等すなわち上の中が）混じっている[18]」と解釈すべきであろう。問題は讃説が引用する「注」である。この「注」は『尚書』の地の文ではなく、後代の孔安国による注（偽孔伝）である。現在一般に『尚書（書経）』とされているのは、偽孔伝や唐の孔穎達の疏が加えられた『尚書正義』にほかならない。賦役令の穴記や讃説は、『尚書正義』の偽孔伝によって「賦」の語義を注釈しているのである。現在もっとも信頼できる校訂が施された『尚書正義定本』（東方文化研究所経学文学研究室、一九三九年～一九四一年、巻六・禹貢の項、四頁）にも「賦、謂土地所㆑生、以供㆓天子㆒也」とあり、やはり「田給」という語句はでてこない。偽孔伝には田長条穴記に登場する「田給」という語句は存在しないのである。「賦」には土地より生（成）ずるものを「君」（「天子」）に進上（差し出）すべきである、というイデオロギー的性格が刻印されている。これが偽孔伝の注釈の内容である。賦役令の穴記と讃説は偽孔伝により「賦」の注釈を行った。『尚書（正義）』の当該語句に付された本来の注釈に、論理的前提として「田給」＝田地を支給するという「解釈」を加えたのが田令1田長条穴記の説である[19]。この「解釈」の延長上にあるのが戸令10戸逃走条の穴記の説であることは説明を要さないであろう。

　さらに、石母田正氏は班田収授制と租税制は直接の対応関係は存在しないとしながらも、口分田班給は「戸」を単位に行われるので、不課口に対する給田も含めて、「戸」を媒介にして租税制は班田収授制と結びついているとした[20]。最近も「戸」の編成を通じて口分田班給と租税制が対応するという説が提起されている[21]。しかし、賦役令2調皆随近条が唐令の調布の「戸内合成」規定を削除しているように、「戸」を媒介にして口分田班給と租税徴収が直接的に対応するということはできない。(22) この点を、田令において確認できるか分析してみよう。

諸丁男、給二永業田二十畝、口分田八十畝一。其中男年十八以上、亦依二丁男一給。老男・篤疾・廃疾、各給二口分田四十畝一。寡妻妾、各給二口分田三十畝一。先有二永業一者、通充二口分之数一。(唐1)

諸黄・小・中男、女及老男・篤疾・廃疾・寡妻妾当レ戸者、各給二永業田二十畝、口分田三十畝一。(唐2)

唐田令は、唐1で「丁男」および「中男年十八以上」の者、ならびに老丁以下の者への永業田・口分田の給田額、すでに永業田がある場合は口分田に充当することを規定している。次に、唐2では前条の「丁男」および「中男年十八以上」以外の者が「当レ戸」＝「戸」をなすときの給田額を規定している。要するに唐2は、唐1の「丁男」および「中男年十八以上」の者が「戸」をなすのが原則であるが、様々な理由でそれが不可能なとき、彼ら以外の者が「戸」をなすときの給田額規定である。ではなぜ唐2が定立される必然性があったのか。国家にとって、本来は「丁男」および「中男年十八以上」の者が「戸」をなすべき主体であるが、その原則が維持できないとき、「戸」をなすべき次の主体が出現するまでの間、唐2の給田対象者にその「戸」を維持・存続させる必要があったからであろう。したがって、唐令においては原則として「丁男」および「中男年十八以上」の者が形成する「戸」に対して給田された。このことは、次のことによって端的に証明できる。唐24は公に返還するときの田の形態や収授時期を規定した、田の返還手続きに関する規定である。

諸応レ還レ公田、皆令下主自量、為二一段一退上。(下略)

公に返還すべき田は、みな「主」が自ら量って、一処として返還せよとある。この場合の「主」は、「戸主」であることは疑いようがない。なぜなら、すでに見たように、本条の「主」が「戸主」であることは唐1・2で厳然と規定しているからである。このように、唐令では給田は「戸」を媒介に行われると明確に規定されていた。そして、賦役令に「諸課戸」とあるように[23]、「戸」は租税徴収の客体でもあった。したがって、唐令では給田と租税徴収は「戸」を媒介にして直接的給付・反対給付の関係にあった。これに対し、後述するように、唐1〜4を一般的な給田の原則規定として継受したと考えられる日本令3口分条は、口分田の給田対象者、給田額、「五年以下不給」という受田資格、「郷土法」、易田倍給、授田後の処置を規定している。日本令にはこの次に「丁男」および「中男年十八以上」以外の者が「戸」をなすことを規定する唐2のような条文は存在せず、官人への給田に関する4位田条が配列されている。それゆえ、唐24を継受した還公田条（唐24と同文）の「主」が誰であるかが不明確となり、『律令』の当該部分の注釈も「この条では戸主か」とするにとどめている（二四四頁）。いつもはスコラ的に「説明が微に入り細をうがち、冗長・瑣末な論を展開することも多い[24]」穴説も、「主、謂、戸主。其田主死去故」（8a／三六四）とするのみである。つまり、日本令は、戸籍に登載された個々の給田対象者に口分田班給を行うと規定するのみで、唐令のように給田に当たって「戸」を媒介とすることは何ら規定していなかった。したがって、日本令の論理からも、「戸」を媒介にして給田と租税徴収が直接的給付・反対給付の関係にあるとはいえない。

田租は口分田班給と直接対応しない。田租徴収の論理的前提として「田給」＝田地を支給するという論理は存在しないのである。それゆえ、律令制下の田租は土地所有に対する地代とすることはできない。田租は前律令制段階の共同体首長の支配、それも土地所有に基づくものではなく、人格的支配＝隷属関係を基本とするそれに対応した収取という性格が一掃されていないことを示すと考えられる[25]。

以上、田租についてはさらに考えなければならないことが多いが[26]、1田長条・2田租条セットですべての制度の基準となるⅠ田積・田租規定とする。

二　給田規定

次は口分田の班給基準を定めた3口分条である。まず唐令継受の問題から分析する。本条は唐1〜4を一条に集約して継受した規定と考えられる。すでに述べたように、唐1は永業田・口分田の給田対象者と給田額、唐2は黄・小以下の者、換言すれば唐1の「丁男」および「中男年十八以上」以外の者が戸をなすときの給田額規定である。唐3は狭郷で新たに給田する場合、寛郷口分田の半額を給田する規定であり、唐4は口分田を対象とする、地味が薄いため一年おきに耕種する易田倍給規定である。永業田は「無主荒地」（唐7・12）の給田が前提であるので、易田倍給規定は口分田のみに適用される。3口分条は次のとおりである（二四〇頁）。

凡給㆓口分田㆒者、男二段。〈女減㆓三分之一㆒。〉五年以下不㆑給。其地有㆓寛狭㆒者、従㆓郷土法㆒。易田倍給。給訖、具録㆓町段及四至㆒。（傍点は大宝令の語句。〈　〉の部分は本注。波線は大宝令に存在しなかったか養老令と異なっていた語句。以下同じ）

本条は、給田対象者と給田額、「五年以下不㆑給」という受田資格、「郷土法」、易田倍給、そして唐12の「給訖、具録㆓頃畝四至㆒」という文言を、日本の田積法にあらためて継受した給田後の処置規定からなる。[27] 唐令の構成は、巨視的にみると給田の原則規定である唐1がまずあり、唐2〜4はその附則規定として定立されていると考えられる。ところが日本令は、唐1〜4を一般的な給田の原則規定として継受していると考えられる。この問題を解く鍵は「郷土法」にある。「郷土法」は口分田額が法定額に達しない国において、国司が減額率をその国だけの統一的なルールによって算出して行うことと定義される。[28] ただ、「郷土法」が大宝令に存在したことを本条から直接復原することはできない。しかし、唐4および田令32郡司職分田条を媒介にすれば可能である。唐4は次のとおりである。

　諸給二口分田一者、易田則倍給。〈寛郷三易以上者、仍依二郷法一易給。〉

これに対し、郡司職分田条後半部は「狭郷不レ須三要満二此数一」（二四七頁）であるが、同条所引古記によれば、当該部は大宝令では「狭郷皆従二郷法一給」であった（6a／三七四）。それゆえ、郡司職分田条の「郷法」が唐4の「郷法」を継受したもので、口分条の「郷土法」と同義であることは説明を要さないであろう。さらに重要なことは、直前に「其地有二寛狭一者」とあるので、「郷土法」は寛郷・狭郷の双方を対象としていることになる。唐令で「寛郷三易以上」を対象とした「郷法」を、日本令は寛郷・狭郷の双方に適用する規定に改変して継受したのである。この相違はきわめて重要である。適用範囲が拡大された「郷土法」が存在することにより、本条の給田に関わるすべての規定が一般化され、普遍化される構成になっているからである。もちろん、「五年以下不レ給」対象者と27官戸奴婢条の官戸・家人・奴婢は除く。本条に唐4の適用範囲を拡大して継受した「郷土法」が存在し、それが給田に関わるすべての規定が一般化され、普遍化される構成の根拠となっていることは、結果的に本条が唐1〜4を一般的な給田の原則規定に改変して継受した傍証となろう(29)。

　ところで、本条を「百姓に対する口分田の支給規則を定めた」規定、続く4〜11条を「官人に対する位田・職分田・公田の支給規則を定めた」規定と考える説がある(30)。その場合、永業田に関わる規定を除き、日本令は唐1〜12を条文配列・内容ともにそのまま継受したことを前提とする。すると唐15が問題となる（表9参照）。日本令は結果的に唐15を継受しなかったが、問題はその内容である。唐15は⑴流内九品以上の口分田は死亡時まで追収しない、⑵品官ではない六十歳以上の官人は役務停止後まで口分田を追収しないことを規定する。すなわち本条は、流内九品以上および品官以外官人の口分田追収猶予規定である。その意味で唐15は、官人のみの口分田の給田に関わる規定である(31)。

では彼らへの口分田の給田には何条が適用されるのか。唐5～12は官人への永業田・賜田の給田規定である。とすれば、彼らへの口分田の給田は唐1～4、とりわけ唐1によるとせざるをえない。その唐1を継受したのは3口分条であろう。3口分条は「五年以下不ㇾ給」対象者と27官戸奴婢条の官戸・家人・奴婢を除く、百姓・官人双方を給田対象として定立された条文である。念のため、より端的な例を挙げておこう。官人が解免や除名されたときの給田の処置に関する8官位解免条の「其除名者、依二口分例一」（二四一頁）とある部分は、官人が除名された場合も口分田だけは収公しない、と解釈するのが一般的であろう。いうまでもなく、官人に口分田が班給されることを前提に定立されている条文だからである。

百姓・官人それぞれの給田を別々の給田規定としてでなく、官人への給田も一連の給田規定の中に編成している点にこそ田令の特質がある。その意味で、百姓・官人双方への口分田の給田を同一条文の中で規定している3口分条の内容と配列上の位置は、きわめて重要である。条文構成を考える上でこの点を看過することは許されない。

次は官人への位田・職分田・功田の給田規定である。一般に日本の官人への給田は、唐の官人永業田の性格が継受された結果とされる(32)。すなわち、官人永業田を品級に応じて給田する唐5は4位田条に、子孫に伝世する唐6に関しては6功田条として継受した。一方、唐32在京諸司公廨田条～唐37内外官職田無地条は、官衙・官職に対する公廨田・職分田の給田規定であるが、日本令は京官への職分田給田規定である唐33を、大納言以上の議政官への給田規定へと大幅に変更し、5職分田条として継受した。これは、議政官職分田に京官職分田の性格とともに、官人永業田の性格を継受する側面があったことによる。したがって4位田条～6功田条は、唐5・6の両条および唐33を、条文内容・配列ともに巧みに編成替えして継受し、位階や官職に応じた給田規定として配列されていることになる。

ただ、位田・職分田・功田の間には継受の仕方に微妙な差異がある。まず位田に関しては、以下の事実が指摘できる。官人永業田は唐7・12に「無主荒地」とあるように、未墾地の給田が前提である。これに対し、位田以下の給田にはそのような規定はない。したがって、未墾地の給田が前提である官人永業田と、規定額の熟田の給田を前提とすると考えられる位田とでは、その様相にかなり相違がある。次に職分田については、原則として子孫への伝世を前提とする官人永業田に対し、職分田は在職期間中のみの給田である。さらに、官人永業田は六品以下の職事官にも給田されるのに対し、職分田は大納言以上の議政官にしか給田されない。ここで問題となるのが唐33の給田対象である。唐33京官文武職事職分田条は、九品まで職分田を給田する規定である。これに対し、日本令は大納言以上の議政官のみを対象とする給田である。それゆえ日本令は、唐33の位置に職分田給田規定を配列することができず、日本の官職体系に応じて位田に関する条文の次に配列せざるをえなかった。本章は、日本令が唐33を5職分田条として大幅に配列順を変更した理由を以上のように考える。なお、唐33では京城を去る百里内か否かで給田する場所を問題にしているが、日本令は職分田を含め、位田以下の給田にそのような規定はない。これは、公廨田・職分田の給田場所について規定した唐36を継受していないことと密接に関連すると思われる。同様に、唐6に明らかなように、国家的功績をあげた者に給田される功田も、伝世を前提とする官人永業田と大功以外は世代数が限られる功田では大きく異なる。さらに、条文構成の論理の比較からすれば、次の点はきわめて重要である。官人永業田伝世規定である唐6には「官爵すべてを剝奪して庶人の身分に落とし、六載の後でなければ再叙任を許さないとする刑事処分」[33]である「除名」が規定されている。このことは、唐令は唐5の官人永業田給田規定をうけて論理が展開していることを意味する。これに対し、唐5の対応条文である4位田条と唐6の対応条文である6功田条にはそのような論理展開は想定できない。唐令とは異なり、日本令は位階や官職、功績に応じて官人に給田する規定が地目別・羅列的に配列されていると考えられる。日本の官人への給田を、唐の官人永業田の性格が継受された結果とすることには、さらに慎重に考える必要があろう。

以上、3口分条は百姓・官人双方への口分田の給田を同一条文の中で規定している条文であった。その意味で、官人への給田も一連の給田規定の中に編成している点にこそ田令の特質があることを端的に示す条文である。同条には「郷土法」も存在し、それは唐令の附則規定を一般的な給田の原則規定に改変した班田収授制の実質的運用規定であった。さらに、官人を対象とした給田は、唐令では論理的に条文が配列されているのに対し、日本令は位階や官職、功績に応じて給田する規定が地目別・羅列的に配列され、職分田給田規定は、給田対象を異にするので、大幅に条文配列を変更せざるをえなかったことが明らかになった。

次は「狭郷での受田を制限する規定」（二四一頁）とされる7非其土人条である。ただし、賜田は「此令」に関わらないとする。本条は日本令独自の条文とされるが、それがどのような意味で独自であるのか[34]。また、なぜこの位置に配列されているのか。さらに、本条の適用の例外規定としてなぜ賜田が登場するのか。本章では、これらの問題を分析する。

さて、本条は日本令独自の条文とされているので、まず唐令継受の問題から分析することにしたい。一般的に、7非其土人条は唐8を継受したとされる。唐8は次のとおりである。

諸〔応〕ㇾ賜ㇾ人田、非㆓指的処所㆒者、不ㇾ得㆓於狭郷給㆒。（〔　〕は意により補った）

これに対し、7非其土人条は次のとおりである。

凡給ㇾ田、非㆓其土人㆒、皆不ㇾ得㆓狭郷受㆒。〈勅所ㇾ指者、不ㇾ拘㆓此令㆒。〉

本注の「勅所ㇾ指者」について、本条所引古記は「勅所ㇾ給田、名為㆓賜田㆒也」（9b／三五二）と注釈している。古記の注釈は、非其土人条が狭郷での実質的な賜田の給田を制限する規定である唐8を継受している証左となる。非其土人条が唐8を継受していることは間違いない。だが、これまではこの点にだけ目を奪われ、唐8のみが非其土人条の対応条文とされてきた(35)。同じ陥穽に陥らないために、目を唐7に転じてみてみよう。

諸五品以上永業田、皆不レ得二於狭郷受一。任於二寛郷一隔越、射二無主荒地一充。〈即買二蔭賜田一充者、雖二狭郷一亦・聴。〉其六品以下永業田、即聴下本郷取二還レ公田一充上。願二於寛郷取一者亦聴。

ここで非其土人条の「皆不レ得二狭郷受一」に注目すると、「於」字を除き唐7当該部分と完全に一致する。つまり、非其土人条は唐7を確実に継受している。唐7は、官人永業田の狭郷での受田制限と、寛郷で無主荒地を射《もと》めて充てる場合や蔭賜田を買って充てる場合は、狭郷であっても例外的に許可するとともに、六位以下官人の永業田も「本郷」で還公田を取って充てる場合は許可する規定である。要するに官人永業田の狭郷での受田制限とその例外規定である。したがって非其土人条は、実質的に賜田の定義を行うとともに、指定した場所以外での狭郷で給田することを制限する規定である唐8だけでなく、官人永業田の狭郷での受田制限とその例外規定である唐7の二条を、一条に集約して継受していることになる。非其土人条に関する以上の分析結果は次のことを意味する。すなわち、7非其土人条はたんなる「狭郷での受田を制限する規定」ではない。

次に、本条がなぜこの位置に配列されているかについて考えよう。唐令にない賜田の定義規定である12賜田条を前提に、「位田・職分田・功田と並ぶ官人に対する給田の一種ということで、賜田に関する条文が、位田以下の支給を規定した4~10条の直後に配置された(36)」とする説がある。そうであれば、7非其土人条に存在する賜田をどのように理解するのか。官人が解免・除名されたときの職分田・位田・賜田の追収規定である8官位解免条は、たしかに永業田・賜田の追収規定である唐9を継受している。だが、8官位解免条より前の条文で賜田について規定または言及しておかなければ追収することはできない。その意味で7非其土人条は、8官位解免条の前に配列される論理的必然性のある条文である。唐9と8官位解免条を逐条的に比較し、その前に存在する7非其土人条の賜田を無視する結果となっては、田令における「配列の論理」を分析したことにならない。

ところで、本条は「土人」以外の受田を制限する規定であるが、「土人」が前面に出ていることは、唐令と異なる日本令の特色である。一方で、受田制限の対象外として賜田が挙げられていることは、「土人」の問題と何らかの関連があることを推測させる。それゆえ、「土人」と賜田に焦点を定め、さらに詳細に本条を分析することにしたい。それは、本条がなぜこの位置に配列されているか、という問題に答えることになるからである。

唐5〜8はすべて官人への永業田・賜田の給田規定である（表9参照）。日本令の8官位解免条と同様に、唐令は唐8の次に官人が解免・除名されたときの処置規定である唐9が続く。これに対し、日本令は3口分条の次に4〜6条で位田・職分田・功田の給田規定を設けた。石上英一氏は、このような日本令の条文構成を官人が階級的利益を維持するための位階制的土地所有体系を構築したものとした[37]。たしかに、位田以下の給田自体が官人の階級的利益を維持することを意味するが、問題はその位置づけである。この問題を解くためには、本条の内容と配列上の位置を、条文構成の論理に即して考える必要がある。本文の「凡給レ田、非二其土人一、皆不レ得二狭郷受一」に対して、集解諸説は「（官人への—引用者）位田職田等之類、亦不レ合レ受」（義解、7a／三五二）、「位田亦同也」（釈説・古記、7a・7b／同前）と注釈している。ここに「亦」とあることは、口分田の給田が前提とされていることを意味する。本注の「勅所レ指者、不レ拘二此令一」に対しても、「賜田及口分田勅給也」（釈説、9a／三五二）、「若口分所レ給レ指亦同」（古記、9b／同前）、「賜田位職田及口分田等之勅給耳」（穴説、1a／三五三）と注釈して、「勅給」の対象に口分田を含むとする。それゆえ、本条の主体は唐令の「本郷」を古代の日本社会の実状を前提に改変した「土人」と考えられそうである。ところが、非其土人条の対応条文である唐7は、官人永業田の狭郷での受田制限とその例外規定であった。したがって、それを受けた唐8は、論理的に官人を対象に実質的に賜田の定義を行うとともに、指定した場所以外では狭郷で給田することを制限する規定であるということになる。それゆえ、この両条を一条に集約して継受した非其土人条の主体は、官人とすべきことになる。給田する場合、「土人」でなければ「皆」狭郷で受田することはできないとする本条は、要するに口分田の給田は当然であるが、官人への位田以下の給田も、「土人」以外はすべて狭郷で受田することはできないとする規定であった。したがってそれは、官人への位田以下の給田は、天皇の勅による賜田を除き、「土人」に象徴される在地の共同体秩序を破壊しないことを前提に行うと規定した条文であったことになる。以上の分析の結果、7非其土人条が6功田条の次に配列されていること、日本令に位田以下の給田場所についての規定が存在しない理由が判明した。また、そうであるからこそ、天皇の勅による賜田だけは、非其土人条という一つの条文だけでなく、「此令」＝令という法典それ自体を超越するとしていると考えられる[38]。その意味で、本条の内容と配列上の位置は、きわめて重要である。

7非其土人条は、位階・官職などに応じた官人への給田は、天皇の勅による賜田を除き、「土人」に象徴される在地の共同体秩序を破壊しないことを前提に行うと規定したという意味で、日本令独自の条文だったのである。

さて、7非其土人条の次には、ふたたび官人への給田規定が続く。8官位解免条・9応給位田条ともに、それぞれ唐9・唐10を参照して定立された条文であることは一目瞭然である。続く10応給功田条は、父祖が功田の全額または指定額を給田されないで死亡したときの子孫への給田規定である。対応する唐11は、父祖の永業田を継承するのが原則だが、もし規定どおり給田されないで死亡したときは、はじめて封を受ける半額を給田する規定である。10応給功田条もまた、唐11後半部の附則規定を一般の給田規定に改変して継受した条文であった。これら三条は、官人への給田に関わる基本的枠組みを規定した4〜6条の給田の原則規定に呼応するかたちで配列されている。したがって8官位解免条～10応給功田条は、それらの給田の原則規定に必然的に付随する附則規定ということになろう(39)。

それでは、11公田条はどのように考えたらよいであろうか。本条は官僚機構を支える財源として賃租価値を位置づけた公田の給田規定である。本条が概念規定である13寛郷条の前に配列されているのは、公田が寛・狭郷の概念に規制されるからであろう。公田条の公田は、面積が不定量であることを属性とする田種で、班田収授後の剰余田である乗田を中核とすると考えられるからである(40)。それゆえ、寛郷条の前に配列する論理的必然性があった。3口分条～10応給功田条は、口分田・位田・職分田・功田の給田規定とそれに付随する附則規定であった。それゆえ11公田条は、班給後の剰余田を中核とする給田規定群の最後に位置づけられ、それらを総括する位置に配列されていることになる。

11公田条の次は、賜田の定義規定である12賜田条である。本条は唐令に直接的な対応条文が見いだせない日本令独自の条文である。賜田は給田規制の対象外（7非其土人条）であるとともに、官位解免時の追収対象田種（8官位解免条）の一つであった。それゆえ、7非其土人条の賜田を前提としなければ本条を理解することはできない。7非其土人条の賜田は、百姓・官人双方への口分田の給田、官人への位田以下の給田とは次元の異なる、天皇の勅による給田と位置づけられていた。したがって、それらの百姓・官人への給田とは次元の異なる給田という意味で、官人を対象に実質的に賜田を定義した唐8を参照してこの位置に配列されたと考えられる。ちなみに、本章で問題としている賜田とは、たんなる恩恵の一つとして田地を施すということではない。国家的に支配している田地の一部を、天皇が特定の人格や法人格に勅で与えるという意味でのそれである(41)。

賜田条の次は、すべての給田の前提となる寛郷・狭郷の定義規定である13寛郷条であり、次が前条を受けて狭郷で田が不足する場合は寛郷で遥受することを規定した14狭郷田条である。この二条は給田の原則を規定した条文群に必然的に付随し、それらを総括する概念の定義、一般的給田規定で処理できないときの給田に関する附則規定であると考えられる。

次は15園地条、16桑漆条である。15園地条は園地の均給と絶戸での収公を、16桑漆条は一定数の桑漆を戸等に応じて期限内に課種させる規定である。では桑漆の課種対象地はどこか。桑漆条義解が「其桑漆者、皆於二園地一種」（6a／三五八）とするので、論理的には前条の園地なのであろう。その意味で、田地以外の課種対象地を規定した15園地条、課種対象種目である桑漆を規定した16桑漆条と続けて配列されていると考えられる。ただし、唐令の園宅地に比し、日本令の園地の実体は必ずしも明らかではない(42)。

次の17宅地条は宅地の売買手続き規定である。対応する唐18は、制限額内での田地売買の条件と売買手続き、さらに違反した場合の処置を規定しているが、宅地条は売買手続きの部分だけを一般的な売買手続き規定として継受している。続く18王事条は、王事没落外蕃者の田地に関する処置を以下の三段階に区分して規定する。まず王事によって外蕃に没落して帰還しない者に同居する親族があるときは、次回の班年ではなく十年を経てから追収する。帰還した場合はすぐに給田し、王事で死亡したときには子に伝世させる。対応する唐20も、王事没落外蕃時の追収猶予だけでなく、帰還時における給田の優先権、死亡時の子孫への伝世を規定する。ただし18王事条は、戦傷によって篤疾などになったときは追減しないとする事項は削除している。次の19賃租条は、田・園の賃租・売買の手続き規定であるが、対応する唐21は庶人の貼賃・質の禁止、違反したときの処置、遠役外任や守業者がいないときの許可、官人のみの永業田・賜田の売・貼賃・質の許可規定である。19賃租条もまた、唐21を賃租・売買の一般的手続き規定に改変して継受していることになる。

ところで、これまでは16桑漆条と17宅地条で区分するのが一般的であった（表8参照）。この点について、石上英一氏は「本来なら母法一四条（唐16応給園宅地条のこと―引用者）に随って日本田令第一五条園地条で宅地の規定がなされるべきであったが、宅地は給田の対象ではなかったためにこのような変更が加えられた」とする。[43]つまり、日本令17宅地条は、唐令とは異なり、給田規定群の中に存在しないので16桑漆条と17宅地条の間で区分するとするのである。唐令に関して石上氏は、唐17（庶人有身死）～唐22（務従便近）を収授・田主規定と定義する。これが石上氏の論理的前提である。だが、唐17～唐21（不得貼賃及質）の中には工商業者への永業田・口分田の給田規定である唐19が存在するだけでなく、唐20では王事没落外蕃者が帰還したときの給田も規定されている。さらにいえば、日本令で宅地売買に関する手続き規定が条文群のトップに位置するというのも不自然であろう。このように、17宅地条で区分する論理的前提自体に問題がある。試みに唐17～唐22をより詳細に分析すれば、次のとおりである。唐17は庶人・流移者の永業田と寛郷移住希望者の永業・口分売却の条件、唐18は制限額内での田地売却の条件、唐19は工商業者への給田は庶人給田額の半額という条件規定である。次の唐20は王事没落外蕃時の追収猶予、帰還時における給田の優先、死亡時の子孫への伝世という条件を規定している。さらに、唐21は遠役外任や守業者、官人以外の貼賃・質は認めないという条件、唐22も口分田の給田場所について規定するが、州県が改まって地が他境に入った場合や、居城の人が本県に田がない場合の給田に関する条件規定である。永業田・口分田の売却に関わる唐17、工商業者への給田を規定した唐19を採用していないことを除き、これら附加的条件を規定した条文群を、配列に関しては基本的に継受している日本令も同じ構成である。その意味で、17宅地条で区分することの矛盾は次の吉村氏の説に端的に表れている。吉村氏は給田の原則を規定したⅡ群（3～16条）に園地の給地規定が含まれるとする一方で、不可解なことに田地の収授と田主の移動に関する諸原則を規定したⅢ群（17～30条）にも園地が含まれるとする。さらに、官戸・家人・奴婢の給田額規定である27官戸奴婢条がⅢ群の中に単独で存在する。これではⅡ群とⅢ群を弁別した基準がどこにあるのか不明であるといわざるをえない。それゆえ、この規定群は収授・田主規定ではなく、給田の原則に必然的に付随する諸条件を規定した給田の附則規定とすべきであろう。百姓・官人双方への給田を規定した3口分条から、賃租・売買の条件に関わる手続き規定である19賃租条までは、一括して考えるべきこととなる。

以上、3口分条〜19賃租条は次のように構成されていた。口分田の給田、位階・官職などに応じた官人への給田とそれに付随する附則的規定、官僚機構を支える財源の給田、給田の前提となる概念の定義、一般的給田規定で処理できないときの給田と田以外の給地、給田に付随する附則事項を定めた規定群としてⅡ給田規定とする。

三　収授の施行規定

次の問題は、20従便近条以下はⅡ給田規定とどのような関係にあるかを明らかにすることである。20従便近条は口分田を班給する場所と境界が変化したときの法的手続き規定であり、21六年一班条は班田収授制の根幹に関わる班田収授の年次と班年次での収授手続きの規定である。22還公田条は国家に返還するときの田の形態についての手続き規定であり、23班田条は班田の日程や手続きを規定した条文である。24授田条は授田の優先順位の手続き規定であり、25交錯条は授田時において田主を異にする田が入り交じっているときの交換手続き規定である。班田収授に関するこの一連の行政的手続き規定群は、端的に班田収授の施行規定とすることができる。それゆえ、20従便近条〜25交錯条で班田収授の施行規定は内容的にいったん完結することになる。

次の26官人百姓条は官人・百姓が田宅・園地を寺に捨施・売易することを禁ずる規定であり、27官戸奴婢条は官戸・家人・奴婢の給田額規定である。ちなみに、大宝令には(26)「神田条」が独立の条文として存在した。前章で述べたように、本条は唐28の道士・女冠・僧尼への給授規定を換骨奪胎し、神田・寺田は収授の対象としない規定へと大幅に内容変更して継受した規定である。したがって、(26)「神田条」・26官人百姓条・27官戸奴婢条の三条は、唐令の配列順をそのまま継受した、神社や寺院などの宗教機関や良人身分以外への収授規定ということになる。それゆえこの規定群は、大宝令を基準にすれば、良人身分以外の収授規定とすることができる。

続く28為水侵食条は、田が水によって浸食され水流が変化したとき、新出の地をまず侵食を受けた家に給する規定であり、次の29荒廃条は、荒廃田の借佃と官人のみに許された空閑地営種規定である。さらに30競田条は、係争中の田の作物をどのように帰属させるかを規定した条文である。これら三条は、収授の施行に付随する収授後の処置を規定した条文群ということになる。

以上、20従便近条～30競田条は、良人への収授の施行、良人身分以外への収授、収授後の処置について規定した三つの部分から構成されている。この規定群を内容に従ってⅢ収授規定とする。(44)

ところで、前章で唐31を無主荒地開発規定としたことについて、坂上康俊氏から次のような批判を受けた。(45)もし唐31が無主荒地開発規定ならば、荒地を開発して「自田」（坂上氏によれば墾田化途上の地）とし、已受田（実際の受田）に組み込んでいく過程の最初に本条が適用されることになる。だが本条にあげられた地目はやや特殊である。「荒」（未開の荒野）こそが已受田の周囲に存在し開発の余地がありそうなのに、唐31にそれがないのは不自然である。官人永業田に関しては、唐7・12に未墾地を表す用語として「無主荒地」がある。これこそ開発可能の未墾地を指す用語としてふさわしい。唐31のように対象をしぼってあるのは、荒地・未墾地開発を想定していないことを意味する。

坂上氏の批判を受け、再考した結果は以下のとおりである。唐31は給田すべき「田」に「山岡・砂石・水鹵・溝澗之類」がある場合、給田の対象とはしない。しかし、佃作を希望する者がいればそれを認めるとする規定である。つまり、佃作に適さない部分を含む「田」は原則として給田しないが、佃作を希望する者がいれば例外的に認可するという規定である。その意味で、唐31はたしかに「未開の荒野」そのものを対象とした規定ではない。この点は坂上氏の批判を率直に受け入れたい。それでは、唐31は何を目的に定立された条文か。この問題を解くためには、条文配列の論理から考える必要がある。荒廃田の再開発を目的とするのであれば、唐30がすでに存在する。唐31はその次に配されている。とすれば、佃作に適さない部分を含む「田」は給田しないとする唐31は、荒廃田の借佃対象にならない「田」は、給田から除外する規定ということになる。収授の施行と収授後の処置規定から構成される条文群の最後に位置する唐31は、給田対象除外地規定であった。日本令29荒廃条は、荒廃田の借佃、官人空閑地営種の二つの部分から構成されている。前半部の荒廃田借佃規定が唐30を継受したものであることは説明を要さない。これに対し、後半部の官人空閑地営種規定は、唐31後半部における不特定多数の「人」を官人に限定し、佃作を認可する規定として継受していることになる。給田すべき「田」に佃作に適さない部分を含む状態は、古代日本でも日常的にありえたはずである。日本令がそのことを不問に付した理由は不明だが、29荒廃条の官人空閑地営種規定もまた、唐31後半部を換骨奪胎して継受した条文であった。

坂上氏の批判を受け、再考した内容は以上のとおりである。その結果、29荒廃条は唐30・31の二条を、この配列順を維持したまま、一条に集約して継受したとする前章の結論が正しかったことを新たな分析視角から検証することができた。通説的には唐令を唐30・宋5・唐31と配列し、荒廃条後半部の対応条文は存在しないとする(46)。だが、唐令の配列順はやはり唐30・唐31・宋5だったのであり、唐31が荒廃条後半部の対応条文にほかならない。このことを認識しない従来の大宝令荒廃条復原案は、根本的な再検討が必要であることをあらためて証明することができた。

四　在外諸司への給田規定

さて、31在外諸司職分田条は大宰府官人と国司への役職別の職分田給田額規定であり、32郡司職分田条は役職別の郡司職分田の給田額と狭郷では必ずしも規定額を満たさなくてもよいとする「郷（土）法」の適用規定である。次の33駅田条は路別に設定された駅（起）田の給田額の設置基準に関する規定である。34在外諸司条は在外諸司が交代したときの職分田の扱いについての規定であり、続く35外官新至条は外官が新たに着任したときの給粮についての規定である。日本令は在外のみの職分田の給田に限定し、公廨田・職分田の給田場所を規定した唐36を除き、唐令の配列をそのまま継受した。ただ、唐34在外諸司等職分田条は31在外諸司職分田条・32郡司職分田条として継受しているものの、唐33京官文武職事職分田条だけは、5職分田条として大幅に内容変更して継受した。その理由はすでに述べた。

以上、この規定群は二つの部分から構成されている。31在外諸司職分田条〜33駅田条は、在外諸司のみの職分田や駅（起）田の給田額に関する規定である。職分田の扱いや外官新着時の給粮規定である34在外諸司条・35外官新至条は、前者の給田を受けた職分田の経営規定であり、給田に付随する附則規定である。唐令をきわめて集約的に継受しているこの規定群を、Ⅳ在外諸司のみの職分田・駅（起）田の給田規定とする。

五　屯田規定

最後に屯（官）田に関する36置官田条・37役丁条を取り上げる。(47) 36置官田条は国ごとの屯田の設置面積、面積ごとの耕牛の配分基準、養牛戸の設置基準を規定した条文である。一方、37役丁条は宮内省による植種品目・必要労働力の算出、国司による徴発・差配、田司による耕営と考課・褒貶を規定した条文である。これに対し、唐38は耕営の前提となる司農寺・州鎮諸軍それぞれに隷《つ》く屯の設置面積と尚書省処分による設置手続きの規定である。設置面積の部分のみ36置官田条に対応する。次に、唐39は屯田耕作における土地の硬軟に応じた耕牛の配分、屯官による図作成、所管長官による自検・定簿作成による支配、稲田営作地における耕牛の設置基準、新たに稲田を開墾したときの例外規定である。耕牛の配分規定のみ36置官田条に対応する。36置官田条は唐38・39の両条の一部を選択的に継受し、一条に集約していることになる。さらに唐40は、所管官司・屯官司による植種品目・必要労働力の算出、徴発・差配、所司＝戸部尚書度支司による耕営を規定した条文であり、これは田司の職掌を除き37役丁条と対応する。田司の職掌に関しては、州刺司による屯の肥瘠や熟不による収穫量の調査・申上、および屯官の考課・褒貶を規定した唐47が対応する。37役丁条もまた、唐40・47の一部を選択して継受し、一条に集約している条文ということになる。従来は、日本令の編纂は唐令の語句をどのように継受したかを中心的論点にして考察してきた。だが、以上の分析結果は、日本令が唐令を前提とし、唐令の論理の枠内でどのように条文構成を考えたかを端的に知ることができる明証となろう。

以上、この規定群を官（屯）田の設置とその経営・支配に関する附則規定とする。ちなみに、屯田に関して日本令が36置官田条・37役丁条の二条しか定立しなかった理由は必ずしも明らかではない。唐代の屯田には、州鎮諸軍に所属し、辺境に設定された兵卒を用いて軍事食糧調達のために設置された軍屯と、司農寺に直属し、徭役労働を用いて食糧生産を行わせる民屯があった(48)。これに対し、日本令の屯田は設置が畿内に限定され、「御田、供御造食料田」（36置官田条古記、6b／三七七）とあるように、天皇への供御稲を調達するための国家直営田であった。同じく屯田といっても、内容は大きく異なっていた。坂上康俊氏は、軍屯に関わる条文が日本令で削除されたのは、兵站思想を処理するに当たって、眼前の負担の論理と実態を強く意識したからであるとする。(49) 日本令に継受されなかった唐41以下の九条が、すべて軍屯に関わる条文であるかは必ずしも明らかではない。(50) 内容的には施行細則的な日本令の「式」に匹敵するような規定が多いように思われるが、断定はできない。いずれにせよ、屯田が律令の「公田」と区別された特殊な田地として田令の最後に位置づけられたのは、屯倉が収公の対象とされたように、律令制国家の成立にともなって王権自身の個別的田地支配も原則的に否定する必要があったからであろう。(51)

以上、本章の分析結果を図化して示せば、図8のようになる。

おわりに

唐田令の条文構成は、Ⅰ田積規定、Ⅱ給田規定、Ⅲ収授規定、Ⅳ公廨田・職分田規定、Ⅴ屯田規定であった。(52) 一見すると、日本田令は内容・条文配列ともに忠実に唐令を継受しているようにみえる。(53) だが、そのような考え方が誤りであることは本章で検証したとおりである。日本田令に規定された諸条文は、均田制のように歴史的に形成されたものではなく、唐田令を前提とし、唐田令の論理の枠内で条文構成を考えたものである。とりわけ、Ⅲ収授の施行規定やⅣ在外諸司への給田規定は唐令をきわめて集約的に継受しているのに対し、Ⅱ給田規定は一見唐田令をそのまま継受しているようにみせながら、内実は唐田令を前提に大胆に改変しているケースが大半であった。ことに、官人を対象とした給田は、唐令では論理的に条文が配列されているのに対し、日本令は位階や官職、功績に応じて給田する規定が地目別・羅列的に配列され、職分田給田規定は、給田対象を異にするので、大幅に条文配列を変更せざるをえなかった。多くは唐と古代日本の社会的発展段階や官僚制の成熟度の問題に起因すると考えられる。その意味で、唐令

群	No.	群の内容	群の構成	
Ⅰ	1	田積・田租		田積算定基準
			田租	徴収基準
	2			輸納時期・舂米運京時期
Ⅱ 給田	3	給田	百姓・官人への給田	口分田の班給基準
	4		官人への地目別給田	位田の給田対象と給田額
	5			職分田の給田対象と給田額
	6			功田の等級と伝世
	7		附則1給田規制	「土人」以外の受田制限，賜田例外
	8		附則2給田の附加規定	解免・除名時位田・職分田・賜田追収
	9			位田未請未足時子孫追収禁止
	10			父祖位田未請未足時子孫給田
	11			公田の賃租の方式とその使途
	12			賜田の定義
	13		附則3概念規定・寛郷遙受	寛郷・狭郷の定義
	14			狭郷田不足時寛郷遙受
	15		附則4田以外の給地・課種対象	園地の均給と絶戸収公
	16			桑漆課種
	17		附則5売買・手続き	宅地の売買手続き
	18			王事没落外蕃時子孫給地
	19			田園の賃租・売買
Ⅲ 収授	20	収授の施行	給田の場所	田を班給する場所
	21		班田収授の年次	六年一班・班年収授
	22		返還方法	還公田の形態
	23		日程・手続き	班田の日程・手続き
	24		授田方法	授田の優先順位
	25		交換手続き	交錯田の交換手続き
	26		附則1良人身分以外への収授	官人百姓田宅園地捨施買易禁止
	27			官戸・家人・奴婢給田額
	28		附則2収授後の措置	水害時の田の措置
	29			公私田荒廃借佃・官人空閑地営種
	30			係争時における田の作物の帰属
Ⅳ 職田駅田	31	在外諸司への給田	在外諸司のみの役職別職分田・駅（起）田の給田	大宰府官人・国司職分田給田
	32			郡司職分田給田
	33			路別駅（起）田設置基準
	34		附則（経営）	在外諸司交代時職分田の扱い
	35			外官新着時職分田の給粮
Ⅴ	36	屯田	設置基準	畿内の国ごとの面積，耕牛，養牛戸
	37		経営・支配	宮内省支配，国司差配，田司耕営

図8　養老田令の論理構成

を参考に日本令で独自に設けられたとされてきた7非其土人条の配列上の位置と内容は、在地の共同体秩序を配慮して定立されているという意味で、これまで考えられてきたよりもさらに重要な内容を有する条文であった。また、従来、収授・田主規定とされてきた条文群は、給田の諸条件を規定した附則規定であった。日本田令はまず給田規定で田租を徴収する口分田班給を定め、次の収授・田主規定で口分田を中心とした土地用益・権利関係を定めたとする考え方は成立しない。要するに、日本田令編纂の主目的は、唐とは異なる発展段階にある古代の日本社会を反映し、国家的規制が濃厚な土地支配体制をどのように構築するかにあった。このことは、「国家的土地所有」の性格が強いことを意味しているわけではない。給田と田租徴収は直接的給付・反対給付の関係にないからである。

律令法ことに田令に関しては、日本令の制定者は異なる発展段階にある古代の日本社会に適用させるため、唐令を前提に、唐令の論理の枠内でどのように唐令を継受するかを考えなければならなかった。この問題を、唐4の適用範囲を寛郷・狭郷の双方に拡大することによって、班田収授制の実質的運用規定としての役割を果たすことになった「郷（土）法」を例に考えてみよう。「郷（土）法」は、大宝令では3口分条と32郡司職分田条に存在した。これを律令制国家が「在地首長と共同体成員の関係を追認」したものとする説が提出されている[54]。はたしてそうであろうか。郡司職分田条の「問、狭郷皆随二郷法一給」について、古記は「答、准二百姓口分之例一増減耳」（6b／三七四）と、田積の増減を問題としている。ところが古記は、一方で「公廨職田、当国郡无レ田者、遙受以不。答、亦受」と述べて、当国郡内での「遙受」についても言及している（7a／三七四）。本来14狭郷田条の「遙受」とは、一般的給田で処理できないときの例外規定であるが、本条で古記が「遙受」まで拡大解釈できたのは、田積の調整に関する3口分条の「郷（土）法」の語が大宝令本条に存在したことによる。養老令編纂段階で、「狭郷者、不二必満一数」という16桑漆条の表現に変更したのは、「郷（土）法」の語を削除することにより、古記にみられるような「遙受」規定の拡大解釈と適用を避けるところに理由があったと考えられる。[55] そもそも「郷（土）法」とは、口分条の義解が「若郷土少レ田者、不レ可三必満二其数一。故云レ従二郷土法一」（3a／三四八）と注釈しているように、必ずしも給田すべき田積を満たさなくともよいとする、田積減額認可規定であった。大宝令郡司職分田条から養老令への改変は、郡司職分田は規定額どおりの田積を給田する必要はなく、かつこの規定には「遙受」のような特例を設けないことを徹底したのである。規定額が給田されると考えられる在外諸司に対し、実質的に減額することを前提とする郡司への給田が、なぜ在地の共同体秩序を「追認」することになるのであろうか。郡司職分田条の表現の修正は、「追認」とは逆の意味での現象をもたらしたことを如実に示している。[56] 在地首長制を前提とすることと、在地の共同体秩序を「追認」することは、けっして同義ではない。以上のように、田令に定立された諸条文は、前律令制段階の「大土地経営」を維持するために、ただたんに中国令を「焼き直し」・「読み替え」たものではないと考えられる。

註

（1）村山光一『研究史　班田収授』（吉川弘文館、一九七八年）。

（2）菊池「唐令復原研究序説――特に戸令・田令にふれて」（『東洋史研究』三一巻四号、一九七三年）。

（3）石母田「官僚制国家と人民」（『石母田正著作集第三巻』岩波書店、一九八九年、初出は一九七三年）。

（4）坂上康俊「日本に舶載された唐令の年次比定について」（『史淵』四六輯、二〇〇九年）。律令制形成過程と法典編纂の意義については、同「律令制の形成」（『岩波講座日本歴史第3巻古代3』岩波書店、二〇一四年）参照。

（5）彌永「条里制の諸問題」（『日本古代社会経済史研究』岩波書店、一九八〇年、初出は一九六六年）。便宜上、初出時を（1）説、著書収録時における変更後の説を（2）説とする。

（6）吉村「律令制国家と土地所有」（『日本古代の社会と国家』岩波書店、一九九六年、初出は一九七五年）。

（7）石上「日本律令法の法体系分析の方法試論」（『東洋文化』六八号、一九八八年―A論文）。なお、同「貢納と力役――古代村落史研究と租税収奪体系・序論」（『日本村落史講座4政治Ⅰ』雄山閣出版、一九九〇年―B論文）、同『律令国家と社会構造』（名著刊行会、一九九六年）も参照。

（8）凡例の『唐令拾遺』『唐令拾遺補』『天一閣蔵明鈔本天聖令校証附唐令復原研究』参照。

（9）大津「農業と日本の王権」（『岩波講座天皇と王権を考える3生産と流通』岩波書店、二〇〇二年）、三谷「公田と賜田」（『律令国家と土地支配』吉川弘文館、二〇一三年、初出は二〇〇八年―A論文）。なお、表1の三谷説は、同「古代の土地制度」（『岩波講座日本歴史第4巻古代4』岩波書店、二〇一五年―B論文）による。

（10）紙幅の関係上、坂上康俊「律令国家の法と社会」（『日本史講座2律令国家の展開』東京大学出版会、二〇〇四年）、北村安裕『日本古代の大土地経営と社会』（同成社、二〇一五年）をあげるにとどめる。

（11）拙稿「唐開元二十五年田令の復原と条文構成」（『歴史学研究』八七七号、二〇一一年、本書第二部第一章）。

（12）大津透「古代日本律令制の特質」（『思想』一〇六七号、二〇一三年）は、班田収授制は課税と対応させず、六歳以上の男性に熟田を支給するだけでなく、女性や奴婢にいたる全員に給田することを目指した。それが吉田孝氏のいう屯田制要素だけを取り入れたということであるとする。しかし、吉田氏の屯田制的要素論の前提にあるのは、緊迫した国際情勢に対処するために軍国体制を早急に形成する必要性があったとする論理である（『律令国家と古代の社会』岩波書店、一九八三年）。とすれば、班田収授制を賦課・徴兵とリンクさせた方が相即的であろう。なぜあえて賦課・徴兵の対象でない女性や子供、さらには奴婢にまで給田するのであろうか。

（13）口分田班給と田租徴収を直接的給付・反対給付の関係にあるとするのが、八木充「田租制の成立」（『律令国家成立過程の研究』塙書房、一九六八年、初出は一九六一年）、吉村、前掲、註（6）論文、大津透「律令国家と畿内」（『律令国家支配構造の研究』岩波書店、一九九三年、初出は一九八五年）、三谷、前掲、註（9）論文などである。一方、反対の立場に立つのが、石母田正『日本の古代国家』（『石母田正著作集第三巻』岩波書店、一九八九年、初出は一九七一年、二五二・二五三頁）、榎英一「田租・出挙小論」（『論究日本古代史』学生社、一九七九年）、大町健『日本古代の国家と在地首長制』（校倉書房、一九八六年）などである。ただし、石母田氏は、周知のように「ライオット地代」論を提唱している。

（14）もちろん、それ以外の田種も対象となる。菊地康明『日本古代土地所有の研究』（東京大学出版会、一九六九年、一〇四頁）参照。

（15）賦役令9水旱条古記（1a／三九九）が引用する「苗簿式」にも「見営人」とあり（戸令1為里条、田令1田長条・2田租条、賦役令9水旱条所引穴記）、この苗簿式は養老元（七一七）年に制定された青苗簿式と考えられるので（『続日本紀』同年五月辛酉条）、この場合の穴記の論理は八世紀初頭までさかのぼることになる。

（16）吉村武彦「大宝田令の復元と『日本書紀』」（『明治大学文学部研究所紀要』八〇冊、二〇一七年）は、穴記の注釈を重視し、「日本古代では、田地を支給し、その生産物を君（天皇）に進上するのが、古代日本の田租のイデオロギー的な特質」（三四頁）（傍点—引用者）であるとする。

（17）吉川幸次郎「尚書正義」（『吉川幸次郎全集八巻』筑摩書房、一九七四年、三六六頁）、加藤常賢『新釈漢文大系25書経（上）』（明治書院、一九八三年、六七頁）。

（18）池田末利『全釈漢文大系11尚書』（集英社、一九七六年、一二一頁）。

（19）小倉真紀子「『令集解』田令田長条穴記の錯簡」（『古文書研究』七九号、二〇一五年）によれば、租に関する穴記の注釈は、本来は冒頭部に位置すべきものとする。

（20）石母田、前掲、註（13）著書、二五二頁。

（21）溝尾秀和「個別人身賦課制の成立論理」（『歴史と方法4帝国と国民国家』青木書店、二〇〇〇年）、三谷芳幸、前掲、註（9）著書。

（22）石上英一「日本古代における調庸制の特質」（『歴史学研究別冊特集　歴史における民族と民主主義』青木書店、一九七三年）。

（23）『拾遺補』一三四四頁。ちなみに、天聖令では賦役令宋一に「諸課戸」とある（下三九〇頁）。対応する日本賦役令1調絹絁条（二四九頁）は、「丁」を対象に調以下の租税を課している。

（24）井上光貞「日本律令の成立とその注釈書」（『井上光貞著作集第二巻』岩波書店、一九八六年、初出は一九七六年、一二八頁）。

（25）大町、前掲、註（13）著書。

（26）論点の整理は、小口雅史「日本古代における「イネ」の収取について——田租・出挙・賃租論ノート」（『古代王権と祭儀』吉川弘文館、一九九〇年）、同「田租・出挙制の成立と展開」（『郡衙正倉の成立と展開』奈良文化財研究所、二〇〇〇年）。

(27) 服部一隆「班田収授法と条里地割の形成」(『条里制・古代都市研究』三一号、二〇一六年)は、この部分は「唐令には対応条文が存在しない」とする(一九頁)。大宝令で「及四至」を削除したことは、たんに唐令をそのまま継受したかどうかというだけでなく、大宝令制定者がこの部分は必要ないと考えた理由はなぜかを考えねばならないという問題を提起する。

(28) 虎尾俊哉『班田収授法の研究』(吉川弘文館、一九六一年)。三谷芳幸「班田制と律令法」(『律令制と日本古代国家』同成社、二〇一八年)は、「律令法と現実との関係」という視角から「郷土法」に言及し、均田制では「理念」としての給田額が規定されているのに対し、班田収授制における「郷土法」は「現実」の給田額であるとしている。

(29) 大津透「吐魯番文書と均田制」(『敦煌・吐魯番出土漢文文書の新研究〈修訂版〉』汲古書院、二〇一三年)は、唐代における西州の均田制は、狭郷での規定に基づき独自の給田体系を構築しており、それを踏まえると、班田制は均田制の狭郷での規定をもとに田令を継受してつくられたとする。たしかに、古代日本で「郷土法」が適用されるのは人口に比して田地が不足している狭郷が大半であったと考えられる。ただし、本文で述べたように、「郷土法」が適用されるのは法的には寛郷・狭郷の双方であり、狭郷に限定することはできない。法と実体を混同することは許されない。

(30) 三谷、前掲、註(9)著書、一三二頁。

(31) 拙稿、前掲、註(11)論文(本書二〇二頁)。

(32) 三谷、前掲、註(9)著書、一四二頁。

(33) 滋賀秀三『訳注日本律令五』(東京堂出版、一九七九年)の「除名」に関する解説、一三三頁。

(34) 服部一隆「日唐田令の比較と大宝令」(『班田収授法の復原的研究』吉川弘文館、二〇一二年、初出は二〇〇三年、七六・七九頁)、三谷、前掲、註(9)A論文、一三三頁。

(35) 渡辺信一郎「唐開元二十五年令田令の復原並びに訳注」(『京都府立大学学術報告「人文・社会」』五八号、二〇〇六年)、大津、前掲、註(9)・(29)論文掲載の「唐開元25年田令・養老田令対照表」参照。

(36) 三谷、前掲、註(9)著書、一三三頁。

(37) 石上、前掲、註(7)B論文。この問題について、戦前、渡部義通氏は次のように述べていた(『新版日本古代社会』校倉書房、一九八一年、一五四頁)。ちなみに、本書は『日本古代社会』(三笠書房、一九三六年)の復刊である。

大化改新が未だ奴隷制的構成を変革し得なかった限り、この土地関係自体は依然として奴隷所有者的大土地所有を必然に潜在する。否、それは単に潜在するばかりでなく、上代以来継承された寺田・神田等において拡大されて顕在し、また、官田・位田・職田・功田等において存在した。

渡部氏は、奴隷所有者の大土地所有は、律令制国家成立以後も彼らの階級的利益を維持するために潜在したとするのである。この視点は、石母田正「古代法と中世法」(『石母田正著作集第八巻』岩波書店、一九八九年、初出は一九四九年、三七頁)に、次のように継承されている。

従来屯倉=田荘の私有のうえに立った古代貴族階級が律令制という国家機構を媒介として支配し所有するという大きな変化が行われた結果、従来のような土地私有権のあり方は否定され、国家と法による媒介を経た所有制に転換したのであるが、このことは古代貴族による人民の集団的共同的支配が確立したことを意味するものに外ならない。したがってそれは私有制のあり方の変化であって、私有制そのものの否定であり得ないことはいうまでもないのである。

位田等の給田規定は、官人層の階級的利益を維持するため位階制的土地所有体系を構築したものとする石上氏の主張は、渡部・石母田両氏の説と軌を一にしているといって過言ではないだろう。この問題がなぜ重要かといえば、王家の家産が国家成立以後も継続していることが一つの根拠とされ、律令制国家は天皇を首長とする畿内の氏が地方の首長層を服属させるための政権であるとする、畿内政権論と安直に結びつけられ、律令制国家の成立を軽視する懸念があることである。

(38) このような法と天皇との構造的連関については、坂上康俊「古代の法と慣習」(『岩波講座日本通史第5巻古代2』岩波書店、一九九四年)参照。

(39) 官人永業田欠田時申請手続き規定である唐12は日本令に継受されなかったが、同条後半部は寛郷において申請以前から無主荒地を借佃している場合、それを永業田に振り替えることを許可する規定である。この規定は、論理的には唐30や日本令29荒廃条の公私田荒廃借佃規定の応用形態を示しているといえるかもしれない。

(40) 三谷、前掲、註(9)著書、一三六頁。

(41) 賜田に近い概念として国家的業績を上げた者に給田される功田がある。功田が史料上散見するようになるのは持統期以降であり、八世紀においても賜田と功田の区別が不明確な史料が多い。梅田康夫「班田収授制の成立」(『法学』四八巻六号、一九八五年)参照。

(42) 吉村武彦「律令制的班田制の歴史的前提について——国造制的土地所有に関する覚書」(井上光貞博士還暦記念『古代史

論叢中巻』吉川弘文館、一九七八年）、北村「ハタケ所有の階層性――「園地」規定の背景」（前掲、註（10）著書、初出は二〇一〇年）。

なお、桑漆の課種対象地を『唐律疏議』が戸内永業田とすることを、拙稿、前掲、註（11）論文は「一つの解釈を示したもの」とした。これに対し、清武雄二「律令法上の園地規定と班田制」（『國學院雑誌』一一四巻五号、二〇一三年）は、「均田制を放棄した宋令が耕地班給を定めないことは当然であり、これと律令制導入期の日本令とを結びつけて唐令継受に由来する事象と一括して捉える理解は疑問であ」る。「桑の課植は調の収取を意図した課税負担者たる庶人の戸が主たる対象と考えられ、その意味では『唐律疏議』（以下、「疏議」と略称―引用者）の戸内永業田がその性格を端的に示している」とした。たしかに、日唐令の間に論理の相違があることを無視して日本令との対応関係だけから条文配列を復原するのでは、唐令の論理を復原したことにはならない。しかし、『通典』における桑漆課種の条文は、官人永業田・賜田の給田規定群の中に存在する。これに対し、「疏議」における桑漆の課種対象地は「庶人の戸が主たる対象」である戸内永業田である。この根本的差異をどのように解決するのか。ア・プリオリに『通典』の条文配列は正確であると主張する説も含め、これは唐令の論理を復原する上で避けて通ることのできない事実である。この点の考察を等閑に付して「疏議」のままでよいとするのは、論証として不十分であろう。さらに、「疏議」が引用する令は開元二十五年令ではない可能性はかなり高い。その意味でも「疏議」が桑漆の課種対象地を戸内永業田とすることは、決定的証拠とはならない。

（43）石上、前掲、註（7）A論文、一八六頁、註（25）。

（44）この規定群の問題は次の点にある。拙稿、前掲、註（11）論文で述べたように、唐令では良人への収授（唐22～唐27）と、収授後の措置規定（宋4・唐30・唐31・宋5）が存在した。それらを前提に、遅くとも唐代初期までに⑴道士・女冠・僧尼への給授（唐28）、⑵寺観への田宅捨施・売易の禁止（宋3）、⑶官戸・奴への給田（唐29）規定が群として挿入された。体系性と組織性を特徴とする唐令を、内容的には換骨奪胎した条文を含みながら、日本令は配列的にはそのまま継受した。ただ、官戸の場合、口分田の給田対象は実質的には彼らを使役する官司であろう。また、家人・奴婢の場合は彼らの「主」と考えられる。とすれば、3口分条で彼らが給田対象から除外され、27官戸奴婢条が単独で定立されているのは、たんに唐令の配列をそのまま継受したのではなく、唐との発展段階や社会構造の差異に関わる重大な問題が潜んでいた可能性がある。

（45）坂上康俊「均田制・班田収授制と天聖令」（『史淵』一五〇号、二〇一三年）。

(46) 服部、前掲、註(34)論文、七四頁。また、北村「律令制下の大土地経営と国家的規制」(前掲、註(10)著書、初出は二〇一五年、二六頁)。

(47) 屯田の条文解釈に関しては、三谷「令制官田の構造と展開」(前掲、註(9)著書、初出は一九八八年)、渡辺、前掲、註(35)論文、柳沢菜々「令制官田の特質——八世紀における天皇の家産をめぐって」(『続日本紀と古代社会』塙書房、二〇一四年)参照。

(48) 青山定雄「唐代の屯田と営田」(『史学雑誌』六三編一号、一九五四年)。

(49) 坂上、前掲、註(10)論文、一八頁。

(50) 唐41以下の内容を要約すると、次のとおりである。概括的に述べれば、司農寺・州鎮諸軍と明記されている条文を除くと、軍屯か民屯かは必ずしも明らかではない。

唐41 所収雑子の貯納、司農寺・州県への送納、送輸穀物の種類・倉司受領量は尚書省へ上申。

唐42 司農寺に所属する卿・小卿による道ごとの巡察、監官・屯将の推罪。

唐43 所収藁草等の式による貯積、州鎮・駅路からの距離を計帳に登録、尚書省へ上申処分。

唐44 雑種の車での運納時の車両代金の支払い方法、車両労働力の運用方法。

唐45 雑子収納調度作成のための藁の調達と作成方法。

唐46 収刈時に警急事態発生時の司農寺と州鎮・軍府による軍事動員と収刈補助。

唐47 州刺史による収穫量の調査・申上、屯官の考課・褒貶。

唐48 屯官の帳簿上の欠損と債務は本来の項目に従って当地で補塡。

唐49 屯課帳は、毎年、計帳提出期限と同時に尚書省へ上申。

(51) 大町、前掲、註(13)著書。

(52) 拙稿、前掲、註(11)論文。

(53) 服部、前掲、註(34)論文。

(54) 服部、前掲、註(27)論文、一九頁。

(55) 佐藤和彦「田令郡司職分田条に関する若干の考察」(『川内古代史論集』創刊号、一九八〇年)。

(56)　磐下徹「郡司職分田試論」(『日本古代の郡司と天皇』吉川弘文館、二〇一六年、初出は二〇〇九年)は、田令からみた郡司職分田の制度的特徴は、中央政府や国府の関与が希薄であるという点にある。一方で、中央貴族の古くからの田庄附属地が律令制下において口分田や位田・賜田に「読み替え」られて支配が続けられていたという吉田孝「律令国家と荘園」(『続律令国家と古代の社会』岩波書店、二〇一八年、初出は一九九一年)の指摘を前提に、郡司職分田も地方有力者の古くからの支配領域内における耕地を「読み替え」たものする。注目すべきは、なぜか氏は本文で述べた「郷(土)法」に触れることなく実体分析を行っていることである。田積減額認可規定である「郷(土)法」の、大宝令から養老令への改変の意味を考えた場合、氏のような結論になるであろうか。

第三章　大宝田令六年一班条

はじめに

律令制的土地制度の根幹をなすものは、いうまでもなく班田収授制である。しかし、班田収授制の内容およびその特質を論ずるためには、まず何よりも大宝田令諸条の復原が必然的に要求される作業となる。本章で取り上げる六年一班条は、班田収授の基本的制度を規定した条文であるにもかかわらず、その復原案をめぐって先学諸氏の議論があり、いまだ定説をみるにいたっていない条文である。同条の養老令文は次のとおりである。

凡田、(α)六年一班。(β)神田・寺田、不レ在二此限一。(γ)若以二身死一応レ退レ田者、毎レ至二班年一、即従二収授一。

大宝令と養老令の間には、法の内容に関わる重要な相違が存在したと思われ、これまでに提出されている復原案は次のとおりである。[1]

①仁井田陞説[2]

凡以身死応収田者、初班不収、後年死三班収授

②虎尾俊哉説[3]（第一論文）

凡以身死応収田者、初班従三班収授、後年二（再）班収授

③喜田新六説(4)

凡以身死応収田者、初班及再班死、後年収授、自余三班収授

④田中卓(5)・角林文雄(6)・明石一紀説(7)

凡以身死応収田者、初班従三班収授、後年毎至班年即収授

⑤時野谷滋説(8)

凡以身死応収田者、初班死、再班収、後年三班収授

⑥鈴木吉美説(9)

凡田六年一班、以身死応収田者、初班、再班収、後年、三班収授、神田寺田、不在収授之限

⑦杉山宏説(10)（第一・第二論文）

凡以身死応収田者、初班不収、即初班死、及後年死、従三班収授

⑧河内祥輔説(11)

凡田六年一班、三班収授、神田寺田不在収授之限、若以身死応収田者、初班死猶一班後年収授

⑨川北靖之(12)・米田雄介説(13)

凡田六年一班、神田寺田不在収授之限、若以身死応収田者、初班死従三班収授、後年毎至班年即収授

⑩虎尾俊哉説(14)（第三論文）

凡田六年一班、若以身死応収田者、初班従三班収授、後年毎至班年即収授

凡神田寺田、不在収授之限

これら諸説は、古記の「初班」概念の理解をめぐって基本的に対立する二つの見解に弁別できる。第一は、「初班」

には(a)生後最初の班田、(b)任意の班田、の二通りの概念が混用されているとする見解である。喜田・田中・虎尾（第二・第三論文）・杉山（第一・第二論文）等の諸氏がこの立場である。これに対し第二は、この混用を認めず同一概念として固定的に解釈するそれである。仁井田・虎尾第一論文・時野谷・鈴木および河内諸氏がこの立場である。もちろん、後述するように、古記の「初班」が同一概念で使用されていないことは明らかであり、さらに明石一紀氏が明らかにした第三の用法も存在する。と同時に、この問題を混乱させた大きな要因は、「三班収授」との関連において、数系列・班数呼称の問題が正確に分析されてこなかったことに根本的原因があったと考えられる。(15)

本章は、以上の諸点に焦点をしぼり、『令集解』明法家、特に「古記」の内在的論理を明らかにすることによって、私自身の新たな復原案を提示することを目的とする。

一　数系列・班数呼称

説明の便宜上、まず関係する史料に以下の記号を付して掲げておこう。

A　田令18王事条古記（1a／三六〇）

1　三班乃追、謂二班之後、三班之年、即収授也。

2　(a)問、計レ班之法、未レ知、若為。答、以二身死一応レ収レ田条一種。（a′）仮令、初班之年、知不二還収一、三班収授。

（a″）又初班之内、五年之間亦初班耳。

B　21六年一班条古記（2a／三六三）

1　(a)初班、謂六年也。(b)後年、謂再班也。(c)班、謂約二六年一之名、（c′）仮令、初班死、再班収也。再班死、三班収耳。

2　問、人生六年得㆑授㆑田、此名為㆓初班㆒、為当、死年名㆓初班㆒、未㆑知㆓其理㆒。
答、以㆓始給㆑田年㆒為㆓初班㆒。以㆓死年㆒為㆓初班㆒者非。

3　上条三班乃追、与㆓此条㆒三班収授、其別如何。答、一種无㆑別也。三班収授、謂即㆓三班㆒収授也。

4　問、於㆓二月㆒授㆑田訖、至㆓十二月卅日以前㆒身亡、何為㆓初班㆒也。
答、以㆓作年㆒初班也。仮令、自㆓元年正月㆒至㆓十二月卅日㆒以前、謂之初班也。

これらの史料に登場する古記の「初班」概念については、

(1)「初班（年）」が任意の一回目の班年を指す、計年法における概念
(2)「初班（期）」が六年（間）であることを指す、計班法における概念
(3)「初班（年）」が六年（目）であることを指す、計年法における概念

の三種の概念が混用されている、とする明石氏の理解が基本的に正しいと考えるので、本章ではこの点を踏まえ、まず数系列・班数呼称の問題を、〔A2′a〕・〔B1′c〕を基本史料として考えることから始めよう。

この問題を考える場合、〔A2′a〕の「初班之年」・「三班収授」をどのように理解するかが先決問題となる。まず「三班収授」から取り上げる。これは、外蕃に没落して還らない者の地は、「不還」という事由が発生した場合、すぐ次の班年ではなく、さらにその次の班年に収授することである。すなわち、「不還」という事由が発生した時点を「初班之年」と仮定し、それを前提として「三班収授」が規定されていることになる。このことは、同一内容である「三班乃追」の注釈〔A1〕が、「初班之年」から起算して、「（計班法でいえば）二班之後、（すなわち）三班之年」に収授すると、「乃追」の時期を述べていることより明らかである。したがって、「三班収授」とは、「初班之年」から起算して三回目の班年に収授することであり、「初班之年」とは、厳密にいえば「不還」という事由が発生した時点と

いうことになる。ところで、班期は六年（間）であるので、「不還」という事由は、六年間の枠内でランダムに発生しうる。すると、「三班之年」とは「不還」事由発生後七年〜十二年（目）に当たることになる。しかし、古記の右の注釈が「二班（＝十二年）之後」と述べていることから明らかなように、「不還」＝「初班之年」とは、「三班之年」の前の前の班年、すなわち任意の第一回（目）の班年に擬して考えられていることが知られる。それゆえ、「三班収授」の適用を受けるのが「初班之年」の「不還」者だけでなく、その後の五年（間）を含む第一班期、すなわち「初班（期）」の「不還」者であることを明らかにしようとしたのが、〔A２a″〕の注釈「初班（期）之内、（その後の―引用者）五年之間又初班（期）耳」である。

「初班之年」・「三班収授（＝「初班之年」から起算して「三班之年」に収授すること）」を以上のように理解できるとすれば、「知不還収」(16)と対応するのは、〔B１c′〕の「初班」―「再班」―「三班」という序数系列から考えて、「再班（之年）」しかありえないであろう。なお、「一班」・「二班」とは、六年一班条(a)部分の「六年一班」から明らかなように、「六年（間）」・「十二年（間）」である。以上の論理を図式化すれば、図６（本書一五八頁）のとおりである。

以下、以上の論理に従って関連する史料を解釈できるかを考えてみよう。まず９応給位田条から取り上げる。その養老令文は次のように規定されている（二四二頁）。

凡応給二位田一、未レ請、及未レ足而未亡者、子孫不レ合二追請一。

これを注釈した古記は（1a／三五五）、

問、子孫不レ合二追請一。未レ知二其意一。

答、身亡之日、位禄・位田、並停故、不レ合二追請一耳。

と述べて、「身亡」という事由が発生した場合、即日子孫の位禄・位田を追請する権利が失われると、令文そのものを注釈している。だが、この古記に付された「一云」は、次のような注目すべき注釈を加えている（1b／三五五）。

五位以上、身亡之日、封禄並停。唯位田・賜田・功田、一班之内聴[17]、再班収授。戸婚律明文也。

「一云」は、五位以上の者が死亡した場合、封禄の支給は即日停止されるが、位田・賜田・功田は「一班之内」は子孫が保有することを聴《ゆる》し、「再班収授」する、としている。この場合の「一班之内聴、再班収授」とは、「身亡」という事由が発生した場合、法意の説明上、その時点を一回目の班年＝「初班之年」と仮定し、「一班之内」＝六年（間）は子孫の位田・賜田・功田保有を聴す。だが、次回の班年＝「再班（之年）」が来たら収授され、子孫の位田・賜田・功田の保有権は消滅する、ということである。

また、位田に関してであるが、『続日本紀（以下、続紀と略称）』神亀三（七二六）年二月庚戌条には

制、五位以上薨卒之後、例限二六年一勿レ収二其位田一。

とある。五位以上の者の薨卒という事由が発生した場合、位田は「六年（目）」を限りて（再班之年まで）収授しない、と規定している。この「制」は、のち宝亀九（七七八）年四月八日の「勅」（『続紀』）または「格（8官位解免条令釈、3a／三五三）」によって「薨卒之後」「一年莫レ収」と改正されるまで継続していたと考えられる。したがって、古記の注釈は五位以上の者の位田は、薨卒という事由が発生した場合に即収する、という令文の趣旨を説明したものである。これに対し、「一云」は、五位以上の者の特権として六年（目）すなわち次回の班年＝「再班之年」まで収授することを延期した神亀三年制を注釈している、と考えて大過ないであろう。

次に戸令10戸逃走条を取り上げる。その養老令文は次のとおりである（二二七頁）。

凡戸逃走者、令二五保一追訪。三周不レ獲除レ帳、其地還レ公。（下略）

「三周不レ獲除レ帳」について古記は、

(前略) 地従二一班一収授。謂除二帳籍一之後、遭二班田之年一即収授也。

と注釈しており (7a／二六八)、「其地還レ公」は大宝令では「(地) 従二一班一収授」と規定されていた。ここでの「(地) 従二一班一収授」とは、全戸逃亡という事由が発生した場合、法意の説明上、事由が発生した時点を一回 (目) の班年＝「初班之年」と仮定し、一班すなわち六年 (目) の次回の班年＝「(再) 班田之年」に収授する、ということである。

以上のように、「一班之内聴、再班収授」とか、「従一班収授」などの「一班」＝「六年」とは、たんに六年間という班期を意味するにとどまらず、ある事由が発生した時点を「初班之年」と仮定し、それから六年目の次回の班年＝「再班 (田) 之年」に収授するという趣旨を説明したものであった。したがって、これらの史料は、六年一班条(γ)部分にのっとって「毎レ至二班年 (＝六年) 一即従二収授一」を意味していることになる。

ここで田令29荒廃条の「替解日還官収授」に付された、古記の注釈を検討しておく必要がある (2a／三七二)。

百姓墾者、待二正身亡一即収授。唯初墾六年内亡者、三班収授也。公給二熟田一、尚須二六年之後一収授。況加二私功一、未レ得レ実哉。挙レ軽明レ重義。

本章では古記が述べる「百姓墾」と「公給熟田」の収授に関する問題を取り上げる。この点については、「公給熟田」の古記の説明には、百姓墾の「初墾六年内亡」に擬される身亡の条件、いわば「初班死」が当然のこととして省略されている、とする虎尾氏の説が問題となる。[18] この点に限れば、特異な「三班収授制」を提唱する河内説もその亜流である。[19] 虎尾説を図示すれば、次のとおりである。

百姓墾――待正身亡即収授――――唯初墾六年内――――三班収授
　　　　　　　　＝　　　　　　　→　　　　　　　＝
公給熟田―〔一般的収授規定〕―〔初班死〕――――尚須六年之後収授

私自身は、大宝令六年一班条には、田中卓氏の言葉を借用すれば、いわゆる「初班（死）」の場合の優遇規定が設けられていた、とする二律規定が正しいと考える。ただし、この史料に関しては、虎尾氏の理解は疑問とせざるをえない。第一に、「三班収授」に関しては、すでに18王事条で説明済みであるので、後述する21六年一班条でさえ、古記は自明のこととして簡略な説明しか行っていない。とすれば、なぜ29荒廃条で再び「尚須二六年之後一収授」と説明しなおす必要があるのか。第二に、これがもっとも納得できない点であるが、虎尾氏のように理解するとすれば、「尚須二六年之後一収授」とは、「身亡」事由が発生した場合、次回の班年ではなく、さらに「六年之後」の「三班之年」に収授することになる。しかし、すでに述べたように、「尚須二六年之後一収授」とは、身亡事由が発生した場合（＝「初班之年」）、それから「六年之後」の次回の班年、すなわち「再班之年」に収授することにほかならない。とすれば、虎尾説は河内説のように「再班収授」と「三班収授」とが実質的に同一内容であるとせざるをえないが、そのようなことは漢文表現の問題からしても無理であろう。それゆえ、「唯初墾六年内亡」以下は、以下のように解釈すべきであろう。「ただし、（墾田、それも）開墾し始めて六年以内に死亡した場合は、（「初班之年」から起算して）「三班（之年）」に収授する。（なぜなら）「公給熟田」ですら、（収授事由発生後）なお「六年之後」（の「再班之年」）をまって収授するのであるから、まして私功を加えていながら、いまだ（それにみあう）実を得ていない（「初墾六年内亡」の）場合は、（「三班収授」の）適用を受けるのは当然である」。以上の私見を図示すれば、次のとおりである。

百姓墾――待正身亡即収授――初墾六年内亡――三班収授
　↑ ‖
公給熟田―尚須六年之後収授――（ナシ）――況（下略）

〔一般的収授規定〕

古記が「挙軽明重」[20]と述べたとき、一般の「身死」規定を適用する「公給熟田」が軽で、墾田それも「初墾六年内亡」が重である、と理解するのが穏当であろう。それゆえ「初墾六年内亡」が「三班収授」の適用を受ける理由も素直に理解しうるのである。

なお、この史料を以上のように理解しても、大宝令六年一班条のいわゆる「初班（死）」優遇規定を推定するための一応の参考史料にはなるだろう。

二 「初班」概念と数系列・班数呼称

ここで、これまで保留してきた六年一班条の「初班」概念と、数系列・班数呼称の問題を検討しなければならない。まず〔B1a〕の「初班、謂六年也」から取り上げる。これは大宝令独特の「初班（期）」という概念は、六年（間）であるという意味である。この点は、(a)部分「六年一班」の「一班」と置き換えてみれば歴然であろう。それゆえ、この部分だけでは、それが生後最初の第一班期であるのか、任意の第一班期であるのかは明らかにできない。次に〔B1b〕の「後年」とは、「再班」ということであるから、〔B1a〕の「初班（期）」に続く第二班期（＝七年～十二年）ということになる。ただ、この場合はそれだけではない。なぜなら、「再班（期）」という意味だけでなら、わざわざ令文上で「後年」と表現する必要はなく、〔B1a〕の「初班」と同様に、「再班」と記してその班期を計年法で注釈すればよいのであるから。

そこで、律令における「後年」の使用法をみると、仮寧令2定省仮条に次のような規定がみえる（四三〇頁）。

凡文武官長上者、父母在二畿外一、三年一給二定省仮卅日一。除レ程。若已経レ還レ家者、計二還後年一給。

若已経レ家者、謂因二公使一便得二狂入一之類。仮令、山陽道人遣二使筑紫国一。使路次相見。計二還後年一給。除二相見年一、従二明年一始満二三年一乃給。

この「計還後年給」について、古記は

と注釈している（4a／九四六）。すなわち「後年」とは、「（父母に）相見年」を還家元年の第一年とみ、その一年を除くそれ以後を計年する用法として使用されている。さらに、集解における使用法をみると、戸令10戸逃走条に次のような事例がみえる（7a／二六八）。

除レ帳、謂除レ帳之由、子細記置。後年不レ付レ帳、至二造籍之次一、亦如レ之。

この場合の「後年」も、全戸逃亡という事由が発生した場合、次回の計帳作成年から満三年（すなわち三回の計帳作成）後の時点を基準年とし、その一年を除き、それ以後、次回の班年（その間に必ず一回造籍が行われる）までを計年する用法である。このほかに、班田条古記に一例みえるが、結論は同じなのでここでは省略する。[21] 以上のように、〔B1b〕の「後年」とは、計年法と計班法の違いはあるが、[22]「初班（期）」を除く、「再班（期）以後」と理解すべきであることになる。

次に〔B1c〕の「班、謂約六年之名」は、(a)部分の「六年一班」を受けて、班期が六年（間）であるので、班年も六年（目）であることを明記したものである。ここでの「約」字の訓みについては、虎尾第三論文でも問題にされており、角林説の「チカフ」という訓みが正しくないことについては、虎尾氏が述べたとおりである。しかし、虎尾氏の「集約する」という理解も、紅葉山文庫本の「ツツマヤカニシテ」と読む例もあるので誤りではないが、[23]この場合には正確とはいえないうらみがある。「班とは班年だけではなく、それに続く五年を含めて合計六年を集約した表現である」と読む虎尾説のように、従来の諸説はここでの班を、班期を意味すると解する。だが、班期が六年（間）であることは(a)部分の「六年一班」から明白であり、大宝令独特の「初班（期）」という概念が六年（間）であることも、〔B1a〕ですでに注釈している。とすれば、なぜまたここで「初班（期）」が六年（間）であると「例示」しなければならないのか。このような視点から宮衛令をみると、1宮閤条（三一一頁）の「若改レ任行レ使之類」の「之類」に対する義解の注釈「亦約ニ此中ー」（6b／六七四）について、同じ紅葉山文庫本は「コム」という注目すべき訓を付している。(24) 例えば、田令29荒廃条穴説の

（前略）闕官田為レ无レ主故、若有ニ借佃ー者、約ニ公田処ー

という場合も（4b／三七〇）、闕官田は無主田であるので、もし佃作する者がいれば公田概念の中に「約」＝コメルと読まなければ理解できないであろう。(25) したがって、〔B1c〕の「班、謂約六年之名」は、「（「班年」の）班とは、（班期が六年間であるので、班年も）六年目であるという意味をコメタ（約）名称である」と読むべきこととなる。それゆえ、〔B1c′〕の「初班」・「再班」・「三班」とは、任意の第一回（目）の班年＝「初班（之年）」に「身死」という事由が発生した場合、それから六年（目）の次回の班年＝「再班（之年）」に収授する、ということを「例示」したものであり、次の「再班」と「三班」の関係も同様である。(26)

さて、〔B2〕の「初班」は、「人生六年（目）」の「始給田年」とするので、「生後最初の班年」＝「初班（年）」ということになる。これは、〔B1a〕の「初班」を補足説明するために掲げられた問答と思われるので、ここにおいてはじめて〔B1a〕の「初班」が、生後最初のという意味を付されることになる。ただ、この〔B2〕部分は、次章の結論を左右するキーポイントとなる部分であるので、ここでは以上の点を確認するだけにとどめ、後に再びふれることにしたい。

次に、もっとも問題を含む〔B3〕は、〔A1〕の「三班乃追」と「此条」の「三班収授」とは同一内容であるとする。この場合、古記が王事条の「不還」の時点＝「初班之年」を本条の「初班（期）」にあてはめて考えていることは、〔A2″a′〕の「又初班（期）之内、五年之間、亦初班（期）耳」から知られる。これは、逆にいえば、本条のいわば「初班（死）」の収授方式が、「三班収授」（「初班之年」から起算して「三班之年」に収授すること）であることにほかならない。とすれば、それを本条で再び注釈する必要はないわけであり、「三班乃追」と「三班収授」は同一内容である、とするだけで十分だったのである。この点は、河内説を批判した虎尾第三論文がすでに指摘したところであるので、あらためて説明するまでもないだろう。

最後に〔B4〕の問答は、〔B1c〕に対する補足説明とすべきであろう。というのは、〔B1c′〕は班期が六年（間）であるので、班年も六年（目）であることを述べたにすぎないからである。それゆえ、ここにおいて班年時に身亡という事由が発生した場合の収授はどうするのか、と問うたものである。授田が二年にわたる二月に終了し、その年のうちに身亡した場合の収授はどうするのかというのが問いである。その答えが授田終了年＝耕作開始年（＝「作年」）の十二月三十日までを「初班（年）」として扱うということである。ここでの「初班」は、23班田条古記の次の「初班」に通ずる概念である（1a／三六六）。

十一月一日、総集対共給授、謂此不三名為二初班之年一也。

二月卅日内使レ訖、謂此名為二初班年一也。

本問答の問いは、授田が前年の十一月から始まり、翌年の二月にわたることについて、どちらを「初班（之）年」とするのか、ということである。その答えが授田終了年を「初班年」とするというものである。前節一では、収授事由が発生した時点を、法意の説明上、任意の第一回（目）の班年＝「初班之年」と仮定して論じた。ここでは逆に、

「班年」時に「身亡」という事由が発生した場合には、授田終了年を「初班(年)」として扱うということである。

本条の「初班」概念と数系列・班数呼称を以上のように理解できるとすれば、図9のように図示できるはずである。

三　復原案の提示

前節の結論にしたがって従来の復原案を顧みると、(β)部分が別条をなしていたとする虎尾第三論文の復原案がもっとも原文に近いと思われる。(27) ただし、すでに杉山第一論文が指摘したように、「初班従㆓三班収授㆒」という語句は古記から直接採用された文言ではない。というのは、やや煩雑になるが、この部分以下について虎尾第三論文が依拠した田中説は、これは「〔論拠三〕より導かれた文言であって、『従』字の補入も虎尾氏説に従って大過あるまいと考える」と述べている。その〔論拠三〕とは次のようなものであった。

『三班収授』の文言は、『初班』(生後第一回目の班田受領期間)に属する者の死亡に関する規定とみるのがもっとも穏当であり、したがって『〝仮令〟収授(〔B2′c〕を指す—引用者)』の規定は、その他の場合、すなわち『二班』以降の時期における死亡者に適用せられる。

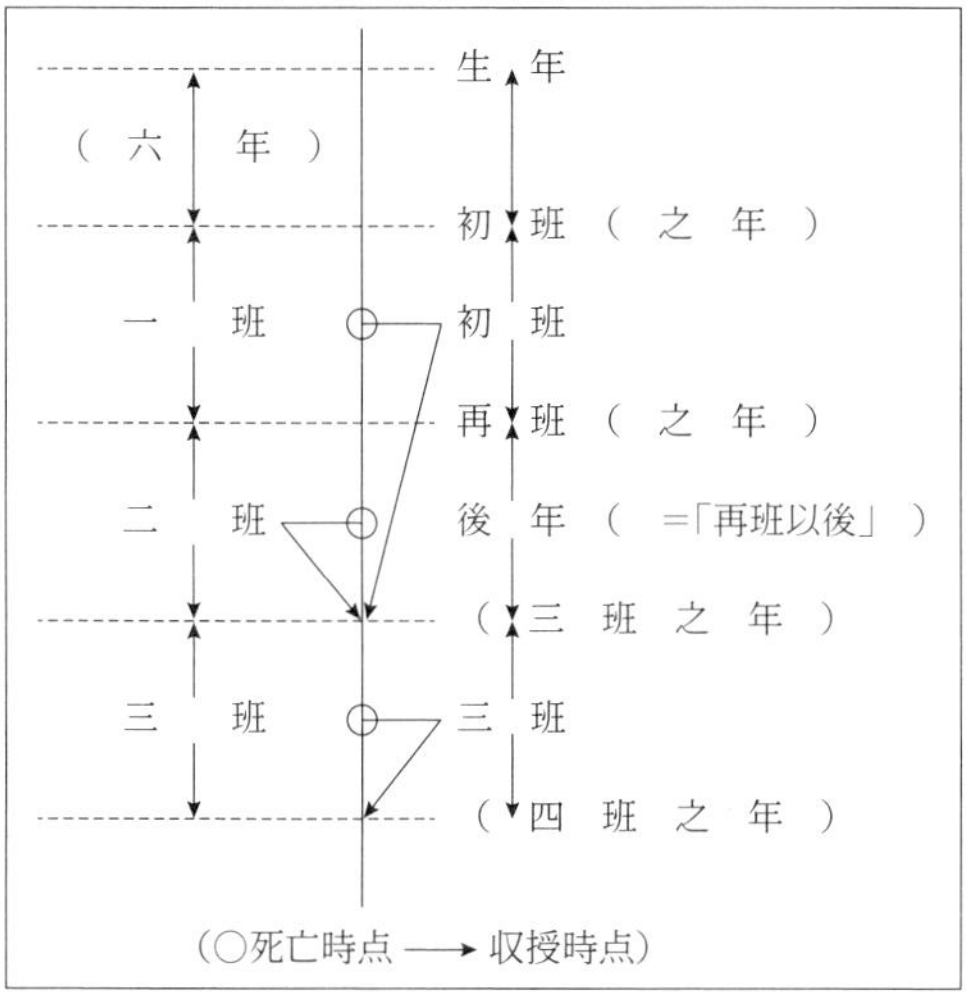

図9　大宝田令六年一班条古記の論理

つまり、「初班」は「三班収授」と結合するとしているのである。この内容からすれば、「初班」と「三班収授」が結合するためには、「従」字の補入は十分条件ではあっても必要条件とまではいえないであろう。また、田中説が「虎尾氏説に従った」虎尾第一論文は、養老令文(γ)部分の「即従㆓収授㆒」から「従」字を補入したのであるが、それゆえに田中説は、「初班従㆓三班収授㆒」との重複をさけるため、「即従㆓収授㆒」から「従」字を削除し、「即収授」としなければならなかった。

〔B1c〕を具体的に「例示」するために掲げられた〔B1c′〕を「実体」とみ、養老令(γ)部分の趣旨を生かして復原している田中説の論理をより徹底させるとすれば、(γ)部分の「即従㆓収授㆒」はそのまま復原すべきであろう。それゆえここでは、〔A2a′〕に依拠して「初班」と「三班収授」の関係を復原してみよう。

まず、「初班之年」・「三班収授」はすでに取り上げたのでここでは問題はない。ただ、「知不還収」の部分はこれまでにも様々な読み方が行われていて、「還」字を外蕃から還るという意味に解し、「収」を衍字と考える説が一般的である。[28]しかし、これは「還収」そのままでよく、該当条明法家の中に「追還」あるいは「追収」などと述べられているのと同義である。また、『続紀』和銅六(七一三)年十月戊戌条をはじめ、『延喜式』・『類聚三代格(以下、三代格と略称する)』などにも散見する語句で[29]、本条に即していえば追奪するという意味であるが、班田収授制においては、ほぼ収授と同義に解して問題はない。とすれば、本条が「凡因㆓王事㆒、没㆓落外蕃㆒不㆑還、(下略)」とあるように、外蕃に没落して還らない者の地の収授に関する規定であるので、より詳細に記すとすれば「知㆑(不㆑還)不㆓還収㆒」となる。すなわち「(外蕃に没落して還らないことが)判明(知)すれば、(その「地」は、再班之年に)還収せず」という意味になるが、「不還」は条文自体の中にすでに記されているので省略されていると考えられる。したがって、〔A2a′〕は、

初班之年――知（収授事由）――（再班之年）不還収――三班収授

となるが、これを田中説の〔論拠三〕に依拠して六年一班条と対応させるとすれば、

初班之年――知（収授事由）――（再班之年）不還収――三班収授
初班――（身死、収授事由）――（再班之年、不収授）――三班収授

となる。この場合、「初班之年」は、すでに述べたように、〔A2a″〕によって、その後の五年間を含む「初班（期）」と同義に解することができ、六年一班条の「身死」という収授事由は造籍あるいは計帳作成時点においてすでに「知」られているはずである。また、「不㆓収授㆒」も集解明法家が頻繁に使用するこれと同義の「不㆑収」に置き換えれば[30]、「初班不㆑収、三班収授」と復原できるはずである。それゆえ田中説が削除した「従」字も復活して「即従㆓収授㆒」とすることができる。

以上の論拠によって最終的に大宝令文復原案を示せば、次のとおりである。

凡田六年一班、若以㆓身死㆒応㆑収㆑田者、初班不㆑収、三班収授。後年毎㆑至㆓班年㆒、即従㆓収授㆒。
凡神田寺田、不㆑在㆓収授之限㆒。

おわりに

以上、本章で述べたことを要約すれば、以下のとおりである。

従来、明確に整理されてこなかった数系列・班数呼称に焦点をしぼり、古記の内在的論理を明らかにすると、大宝田令六年一班条は、「初班（期）」の「身死」の場合のみ「三班収授」とする規定であった。その復原条文は、本章で

述べたものがもっとも原文に近いと思われる。おそらくそれは、川北説が提示し、虎尾第三論文があらためて言及した北魏令を参考にして成立したものであり、神田寺田条項を別条とする二か条であったとするのが現在のところ「最も蓋然性が高い」。

註

（1）以下の諸説は、多く三か条分離説を主張する。問題となるのは主として(ア)部分であるので、三か条分離説については(ア)部分のみを掲げる。

（2）仁井田「中国・古代日本の土地私有制」（『補訂中国法制史研究〈土地法・取引法〉』東京大学出版会、一九八一年、初出は一九三〇年）。以下、氏の論文はすべてこれによる。なお、以下に掲げる諸氏の場合も特に断らない限り同様である。

（3）虎尾「大宝・養老令に於ける口分田の還収規定」（『日本古代土地法史論』吉川弘文館、一九八一年、初出は一九五六年。以下、虎尾第一論文とする）。虎尾氏はその後、「大宝令における班田収授法関係条文の検討」（『班田収授法の研究』吉川弘文館、一九六一年、以下虎尾第二論文とする）で、後述する田中説を支持している。

（4）喜田「死亡者の口分田収公についての大宝令の復原について」（『日本歴史』一一四号、一九五七年）。

（5）田中「大宝令における死亡者口分田収公条文の復旧」（『田中卓著作集6』国書刊行会、一九八六年、初出は一九五七年）。

（6）角林「大宝田令六年一班条の一研究」（『続日本紀研究』二〇一号、一九七九年）。

（7）明石「班田基準についての一考察——六歳受田制説批判」（『古代天皇制と社会構造』校倉書房、一九八〇年）。

（8）時野谷「大宝田令若干条の復原条文について」（『日本上古史研究』二—七、一九五八年）。

（9）鈴木「大宝田令諸条の復旧」（『立正史学』三二、一九八六年）。

（10）杉山「田令六年一班条の古記について」（『史正』四、一九七五年、以下、杉山第一論文とする）。なお、氏は「田令六年一班条古記再論」（『史正』八、一九七九年、以下、杉山第二論文とする）で自説を補強している。

（11）河内「大宝令班田収授制度考」（『史学雑誌』第八六巻三号、一九七七年）。なお氏は、これに続けて「再班以後の死亡は此れに准ぜよ、という趣旨の規定が付記されていたであろうと想像される」という注記を施している。ただし、後に氏は、虎尾、前掲、註（3）『日本古代土地法史論』の「書評」（『史学雑誌』第九一編三号、一九八二年）で「三班収授制」などの考え方を撤回し、田中・虎尾説にしたがうとしている。

(12) 川北「大宝田令六年一班条の復原について」（『日唐律令法の基礎的研究』国書刊行会、二〇一五年、初出は一九七九年）。なお、氏には主に森田悌「口分田収授についての考察」（『日本古代の河内と農民』一九八六年、初出は一九八二年）を批判的に検討した「大宝田令六年一班条の復原をめぐって」（『同書』、初出は一九八九年）もある。

(13) 米田「大宝二年戸籍と大宝令」（『日本古代の国家と宗教下巻』吉川弘文館、一九八〇年）。

(14) 虎尾「大宝田令六年一班条について」（前掲、註（3）著書、初出は一九八一年、以下虎尾第三論文とする）。

(15) ただ喜田説の場合、結果的には後者の考え方に陥っている。

(16) この点は後に詳述する。

(17) この部分の読み方は、すでに角林説・虎尾第三論文がそうしたように、河内説にしたがう。

(18) 虎尾第二・第三論文。なお、同「律令時代の墾田法に関する二、三の問題」（前掲、註（3）著書、初出は一九五八年）参照。

(19) 同説については、角林説のほか、すでに村山光一『研究史班田収授』（吉川弘文館、一九七八年）、杉山第二論文・虎尾第三論文の批判がある。この点に関する限り、前記諸氏にしたがう。虎尾氏には第三論文発表以前に、これと同趣旨の内容を述べた「書評・河内祥輔「大宝令班田収授制度考」」（『法制史研究』二八、一九七八年）がある。

(20) 名例律50弾罪無正条（二―二〇三、五―三〇一）。

(21) 「問、籍六年一造、田六年一班、未レ知、同年造班以不。答、造籍之後年、造二田簿一給授。同年不レ可レ得。（下略）」（1b／三六六）。

(22) 明石、前掲、註（7）論文、註（30）参照。ただ明石氏の論旨は私にはよく理解できないが、結論的には私見と同趣旨のことを述べていると考える。

(23) 『令義解』付録の「文約旨広」に付された訓（三五二頁）。

(24) この訓の存在については、村山光一先生の御教示を賜った。

(25) この史料については、梅田康夫「律令制的土地所有に関する一考察」（『法学』四二―四、一九七七年）も同様の理解を示している（一二八頁、註12）。

(26)　この場合、(α)部分の「六年一班」を受けているので、結果的には「班期」が「六年（間）」である、ということにもなる。しかし、ここでの古記の注釈の意図は「六年一班」であるがゆえに、「毎至班年（＝六年目）即従収授」であるという法意の説明にある、ということである。

(27)　本章が真正面から条文形式の問題を取り上げなかったのは、この問題を軽視するからではなく、虎尾氏も述べたように、「条文の形式を積極的な材料によって確定することは」、現在のところ不可能だからである。それゆえ、集解明法家の条文引用法に関する松原弘宣「令集解における大宝令」（『史学雑誌』八三編二号、一九七四年）、同「『令集解』における諸法家の条文引用法」（『日本歴史』三五三号、一九七七年）や、川北、前掲、註（12）論文が提示した大宝令六年一班条の先蹤と考えられる北魏令についての検討を踏まえた、虎尾氏の二か条説が現在のところ「最も蓋然性が高い」と考える。

ただ氏は、条文形式を「積極的」に「確定すること」の不可能な条文引用法の検討から、二か条説・三か条説・一か条説の順に「蓋然性が高い」とするのであるが、古記の注釈の内容からみて、最低、(α)部分と(γ)部分は同一条文と考えられるので、三か条説は成立しえないであろう。

(28)　いまその主なものを掲げれば、

(1)仁井田説「還ラ不ルヲ知ルモ収メ不」（「不」字補入）

(2)虎尾第一・三論文「還ラ不ルヲ知リテ収メンハ」

(3)河内説「三班ニ収メテ収授ス」

(4)明石説「還ラ不ルヲ知ラバ」（「収」衍字）

などである。ところが、注目すべきことに、一律規定説を提唱する喜田説は、「還」字を外蕃から還る意味にのみ読む必要はない、として「知ルモ還収セズ」と訓んでいた。この読みはかえって一律規定説を提唱する時野谷説に継承され、仁井田説の「不」字補入も、「初班不₂還収₁」と修正すれば、内容に変化はないとした。しかし、すでに河内氏が指摘しているように、一律規定説ではこの史料の読解に根本的な無理があったため、令文中に「以身死応収田」（傍点―引用者）とあることを理由に、時野谷氏の復原案では「初班死」と改変されてしまったのである。

(29)　すべての例を掲げると煩雑になるので、典拠等を列挙するにとどめる。

(1)『続日本紀』天平元年十一月癸巳条。

(2)『日本三代実録』貞観八年正月廿五日壬寅条。
(3)『類聚三代格』巻十七、文書并印事、貞観十八年六月三日太政官符、五三九頁。
(4)『類聚三代格』巻十六、堤堰溝渠事、元慶三年七月九日太政官符、五〇四頁。
また職封についてであるが、
(5)『延喜式』民部上、56職封条、（中―七六七頁）。
がある。なお、村山、前掲、註（19）著書が「戊申年論争」に関わるとして掲げた『類聚国史』の史料（前掲書、二九一頁）の中に、「収還」という語がある。この語は延暦十七年十二月八日太政官符（『類聚三代格』巻十六、山野藪沢河池沼事、四九七頁）等にも見いだされるので、これも同義とすることができるだろう。

（30）結果的にではあるが、6功田条の本注には「不レ収」の語がみえる。

〔付記〕

田令29荒廃条所引古記の解釈については、初発表後、高野良弘「大宝田令荒廃条の再検討」（『日本古代・中世史研究と史料』一一、一九九二年）、同「百姓墾田収公に関する基礎的考察――規定の有無をめぐって」（村山光一編『日本古代史叢説』慶應通信、一九九二年）が発表されている。また、六年一班条の復原に関しては、吉村武彦「大宝田令の復元と『日本書紀』」（『明治大学文学部研究所紀要』第八〇冊、二〇一七年）が発表され、吉村氏は虎尾第三論文に賛同するとしている。虎尾第三論文の「初班従二三班収授一」の復原部分に問題があることは、本文で述べたとおりである。さらに、北村安裕「大宝田令六年一班条と初期班田制」（『律令制と日本古代国家』同成社、二〇一八年）は、拙稿などの復原案を「文章が未熟であり、とくに「再班」を意味するはずの「後年」が一般的な収授の規定に落とし込まれているところに違和感を覚える」（一九〇頁）とする。そして、唐23・24を参考にして

凡田六年一班。若以二身死一応レ収レ田者、限二一班一収授。皆待二班年一、然後収授。如死在二初班一者、聴下計二後年一為レ始、三班収授上。

と復原し、「一般的な口分田収公の期限、タイミング、「初班」時の収公延長特例、という内容で文章が組み立てられていたことは動かない」と主張する（一九五頁）。班田収授制が、均田制と同様に、毎年班田するのであれば北村氏の復原案でよ

いのかもしれない。だが、それではなぜ班田収授制は均田制の給田規定をそのまま継受しなかったのか。唐23は均田制が毎年受田・退田を行うので、「夏期以後」か否かで戸頭と戸口それぞれで退田のタイミングを弁別している。班田収授制はそのような規定を採用しなかったので、養老令のような条文にしたのではなかろうか。日本田令の他の条文と比較して、北村氏の復原案に違和感を覚えざるをえない。なお、令や明法家の注釈に引用される「後年」の用法では、「後年」は「再班」に限定されない。このことは、初発表の際に分析してある。

第四章　大宝田令口分条の「五年以下不レ給」

はじめに

基本的班給基準を規定した養老田令3口分条は、次のとおりである。

凡(A)給二口分田一者、男二段。〈女減二三分之一一。〉(B)五年以下不レ給。(C)其地有二寛狭一者、従二郷土法一。(D)易田倍給。(E)給訖、具録二町段及四至一。（傍点は大宝令の語句。〈　〉の部分は本注。波線は大宝令に存在しなかったか養老令と異なっていた語句。以下同じ）

本条は、(A)給田対象・給田額、(B)「五年以下不レ給」、(C)郷土法、(D)易田倍給、(E)給田後の処置規定からなる。このうち、「及四至」を除けば『令集解』所引古記からほぼ同文が復原できる。本章で取り上げる「五年以下不レ給」の部分も、田令24授田条古記に「先无、謂初班年、五年以下不レ給也」とあることからその存在が確認できる。

この「五年以下不レ給」が「六歳以上受田制」を規定したものとする説を簡潔に振り返れば、次のとおりである。班田収授制廃絶以後の文献では、「鎌倉末期（乃至は南北朝の頃）」の書写年代と推定される「九条家本『令訓釈抜書』」に、「五年以下不給其地〈五歳以下者不賜口分田也〉」(1)（傍点―引用者）と注釈されていることを嚆矢とする。そして、荷田春満『令義解箚記』の五歳以上受田制説を除けば(2)、『令抄』(3)・『標注令義解校本』(4)など以降に定説化したようである。その後、「浄御原令の班田収授制」に関連して、虎尾俊哉氏の「満六歳以上受田制」[(5)]説が提唱されるにいたったが、それが「数え年」[(6)]であると「満年齢」[(7)]であるとを問わず、班給基準において年齢に基づく受田資格制限を規定したものであるとする点においては諸説一致していた。

ところが、注目すべきことに、十九世紀において薗田守良は、この規定を年齢に基づく受田資格制限と解さずに注釈できた[(8)]。

五年以下不給其地は（中略）班田は六年別に収授に従へは五年の後に給ふもありて常制にあはぬも有へし故に此制を立てり。

この点を再び取り上げたのが明石一紀氏である。明石氏は、「五年以下不〻給」とは「班年」＝「六年（目）」をまって給え、という法意を表したものである。それゆえ、班田収授制には年齢に基づく受田資格制限は存在しなかったと主張した[(9)]。

しかし、ここで薗田説に立ちかえると、田令27官戸奴婢条の奴婢「十二年以上」受田制について、次のように注釈していることが判明する[(10)]。

元正養老七年十一月癸亥令天下諸国奴婢口分田授十二年以上者と見ゆ（中略）年十二より給ふ制なるへし〈十一歳以下は此制にあらざるへし〉。（傍点―引用者）

すなわち薗田は、「年」と「歳」を同義に解していたことが知られるのである。したがって、薗田は3口分条においてたまたま年齢に基づく受田資格制限と解さずに注釈できたにすぎず、明石氏が再評価しようとしたほど明確な根拠があったわけではなかった。

本章は、大宝令施行下の「五年以下不〻給」規定を復原し、その意味を解明するため、右の明石説を批判的に検討しながらこの問題を考えることを目的とする。したがって、通説の「六歳以上受田制」も、班田収授制には年齢に基づく受田資格制限は存在しなかったとする明石説との関連で、必然的に分析の対象になる。

一　明石一紀説とその批判説の問題点

叙述の便宜上、まず明石説を要約すると、次のとおりである。

(1)口分条の「五年以下不ㇾ給」規定は、男女班給額の一般規定とは異なり、後に続く寛狭規定・易田倍給規定に通じる「特殊例外規定」とすべきである。(11)

(2)令文上で年齢を表記する場合は、「年x」または「x歳」の二用法が厳守されており、「x年」という年齢表記は皆無である。したがって、本条の「五年」という表記は、年度か期間を表記する場合にのみ使用される。

(3)古記の「初班」概念には、前章で述べたように三種の概念が混用されていた。そして、「初班（年）」=「六年（目）」という認識から、生後最初の「班年」が「六年（目）」であるという解釈が生じたが、それは六歳という特殊年齢を意味するものではなかった。

(4)（大宝令施行下の―引用者）班田収授制は、「班年」=「六年（目）」において、死損分の田を収授して生益に充てるという構造であった。したがって、口分条の「五年以下不ㇾ給」とは「班年」=「六年（目）」に至らなければ班給しないという法意を示したものである。

(5)とすれば、通説とは異なり、次回の「班年」までの「六年（間）」に出生した「六歳以下」の「生益」が、新給対象者であることになる。

(6)虎尾俊哉氏が発見した大宝二年西海道戸籍の「受田」対象者に年齢制限が見られなかった事実は、大宝令において、班給基準に年齢制限が存在しなかったことを端的に示す。

(7)さらに、『延喜式』の「班田之年」の「大帳」に「五歳已下男女、顕注年紀」とある規定は、官が「授口帳」と勘会するためのものであり、これは「六歳以下」の「生益」が新給対象者であったことを意味する。

明石氏の論旨からすると、「田を収授する年次（班年）について」[12]規定している六年一班条は、養老令のように、受田者の年齢にかかわりなく、一律に収授されると規定しているとすべきであろう。前章で述べたように、氏は田中卓氏の二律規定説を支持するので（この点は私見も同じ）、いわゆる「初班（死）」の場合の処置をめぐって、大宝令と養老令とでは本質的な相違が存在したことになる。とすれば、計帳登録者全員が「班年」時に一律に受田できるとする明石説は、大宝令において「なぜ、初班死の特例を設けたかという理由」がまったく説明できず、これが「この説の最大の疑問」となる。このように、口分田の「収授」規定が大宝令と養老令とで異なっていたとすれば、明石説はまず「五年以下不ㇾ給」規定の法意および令文上における存在形態が、大宝令と養老令とで同一であったのか否か、という根本命題から出発すべきであった。明石説を批判し、通説を主張する諸説においても、この問題が等閑視されているのが現状であろう。

すでに通説的立場からの明石説批判が発表されている現在では、前述した明石説の論拠を逐一批判することは無意味であるので、本章は右の論点に焦点をしぼってこの問題を再検討することにしたい。ただ、行論の都合上、先行論文の論点と重複する部分があることは、あらかじめお断りしておきたい。

二　年齢に基づく受田資格に関する史料

養老令施行下において田令3口分条を引用した元慶三（八七九）年十二月四日付の太政官符について、[13]明石氏はここでも班給額の部分しか引用されておらず、「年齢規定自体が初めからなかったことを思わせる」と述べている。この官符の趣旨からしてそこまでいうのは無理かと思われるが、それではこの問題に関する史料は皆無なのであろうか。そうではない。班給基準において、年齢に基づく受田資格制限が存在したことをうかがわせる史料が存在するのである。これまで、自明のこととして等閑視されてきただけのことである。それは、延暦五（七八六）年の班年に次ぐ、延暦十一年の班田収授の実状を示す、次の史料である。[14]

　延暦十一年閏十一月壬申、勅、今聞、畿内百姓、姧詐多端。或競増㆓戸口㆒、或浪加㆓生年㆒。宜㆘勘㆓真偽㆒乃給㆗其田㆖。若致㆓疎略㆒、処以㆓重科㆒。（傍点—引用者）

この史料は、畿内百姓[15]の中には偽って受田されようとする者が多くいるため、その班給に当たってはよく真偽を調査してから口分田を班給せよ。もしいい加減な仕事をする役人がいたら重科に処す、と指令したものである。では、虚偽の申告をして受田されようとする手口にはどのような方法があるかといえば、ここでは「競増㆓戸口㆒」とともに、「浪加㆓生年㆒」があげられている。「競増㆓戸口㆒」はいまは問題ないとしても、「浪加㆓生年㆒」については看過することができない。「生年」とは、「生まれた年」あるいは「生きている年数」[16]ということである。それを加えるとは、生後間もない乳幼児の年齢を、偽って受田資格を有するものとして計帳および戸籍に登録し、受田されようとすることである。とすれば、計帳登録者全員が班年時に一律に受田できるとする明石説は、班田収授が行われる時点において、なぜわざわざ「生年」を加えなければならないのか。明石氏および明石説を支持する諸説は、本質に関わる説明が必要となろう。

以上の解釈が妥当であるとすれば、『延喜式』の次の規定も右の史料との関連で無理なく説明できるのではなかろうか(17)。

凡京職諸国大帳者、毎ㇾ至二班田之年一、五歳已下男女顕注二年紀一。

この規定について、明石氏は従来の「六歳以上受田制」説に立てば、これを次回の「班年」に備えるものとしなければ解釈できないとされる。だが逆に明石説においては、なぜ「班田之年」における新授口者が「六歳以下」ではなく、「五歳已下」と記されていたのかついに説明しえなかったのである。周知のように、鎌田元一氏の研究以降(18)、計帳の研究は深化し続けているが、この規定自体については、それほど明確な説明は行われていないようである(19)。しかし、本章では明石説との関連で、次の点だけは確認しておくことにしたい。それは、この規定は班田の年における「五歳已下男女」を記載した京職・諸国大帳と、「六歳以上」の受田対象者を記載しているはずの「授口帳」とを勘会し、両帳に重複のないことをチェックするという方法で、「授口帳」の正確さを確認するためのものである、ということである。それでは、この条の編纂者が「五歳已下」と「六歳以上」とを弁別した根拠はどこにあったのか。当然のことながら口分条の「五年以下不ㇾ給」をおいてほかにない。また、虎尾第四論文も強調するように、園地条朱説をはじめとする平安初期の明法家たちが、「五年」を「年齢表記」とみ、「五年以下不ㇾ給」を年齢に基づく受田「資格制限」と解していたことも、以上の点からすれば、疑いないであろう。

三　授田条古記の解釈

従来は「五年以下不レ給」をただちに「五歳以下不レ給」と読み替え、六歳以上に給田する意であると解してきた。これに対し明石氏は、「五年以下不レ給」の「五年」を、期限・期間と解することによって、「五年以下不レ給」規定を任意のどの「班年」にも適用できる規定であるとした。さらに氏は、「口分条の「五年以下不給」とは、口分田は「六年」目（班年）に「一班」されるが、いまだ班年にいたらなければ（五年以下）班給しない、ということを令文上に表現したものである」とし、班田収授制の構造を次のように図示した。

六年一班 ｛
- 死損分の田―「毎レ至二班年一、即従二収授一」（六年一班条）＝「六年之後、収授」（荒廃条古記）
- 生益分の田―「待二班田年一乃給」（官位解免条穴説）＝「五年以下不レ給」（口分条）

しかし、虎尾第四論文および伊藤循氏も指摘するように[20]、「いまだ班年にいたらなければ（五年以下）班給しない」ことを意味する内容は、六年一班条の「六年一班」という規定の中に含まれているのではないか。すなわち、この「六年一班」という規定は、「生益」あるいは「隠首」等の「未レ給二口分一人」に、ただちにではなく、六年（目）の一班（年）において田をタマフと規定していたはずであり、わざわざ口分条で「五年以下不レ給」と断る必要はないであろう。また、それゆえにこそ、明法家の「死人」「死亡」あるいは「(戸)逃走」という例をあげるまでもなく、その収授は「身死」を必要条件とし[21]、（一）班年＝六年（目）を待って行われたはずである。したがって、班田収授制は、

班田収授制
「身死」分の田——毎至班年（＝六年）即従収授
「未給口分人」の田——六年一班

と図示されるはずであり(22)、「五年以下不レ給」規定は明石氏が主張するような任意のどの「班年」にも適用できる規定ではなく、何らかの「特殊例外規定」であったのである。

「五年以下不レ給」規定が「特殊例外規定」であったとすれば、それはどのような意味での「特殊例外規定」であったかが次の問題となる。この点を明らかにするためには、先にも掲げた、授田条古記の次の史料を検討しなければならない。そして、この史料は大宝令における「五年以下不レ給」規定を復原できる唯一の法史料であった。

先无、謂初班年、五年以下不レ給也（1a／三六七）

明石氏は、これを「謂うこころは、初班年（＝六年）なり。五年以下（＝班年以前）は給わざる（が故）也」と訓み、「生後最初の班年を迎えた者のことで、それ迄（五年以下）は不給とされていたから『无（田）』と謂うのだ」と解釈した。これに対し、同規定を「年齢表記ないし何らかの資格制限」とみる虎尾第四論文は、「謂うこころは、初班の年に五年以下には給わざるなり」と訓み、「生後最初の班年であっても、五年以下の者には班給しないのだ」と解釈した。

しかし、この読解は両氏とも正確ではない。なぜなら、まず明石説では、氏が「五年以下（＝班年以前）は給はざる（が故）也」と読んだとき、「生後最初の班年を迎えた者」とは、「それ迄（五年以下）は不給とされていた」（者——傍点引用者）のことにほかならない。それゆえ、それはたんに「（次回の——引用者）班年以前」に置き換えられる表現ではない。また、虎尾第四論文では、氏が「生後最初の班年であっても」と解釈した「初班年」が、なぜここに存在するかが必ずしも明らかでない。というよりも、氏にあっては「五年以下不㆑給」規定が適用されるとき、「そこには論理上、何らかの起点が存在するはずであり、その起点が自明のこととして略されている」（傍点—引用者）と述べているので、この点については事実上考慮の外に置かれているとみなして差し支えないだろう。

以上、授田条古記に関する明石・虎尾両氏の読解にはそれぞれ難点があり、全面的には従えない理由を述べた。と同時に、「初班年」に関しては明石説、「五年以下不㆑給」については虎尾第四論文に従うべきことも指摘できたと考える。明石氏の「初班年」あるいは「（一）班年」＝「六年（目）」説は、虎尾第四論文があらためて述べたように、「六年以内に必ず際会する次班年」という意味である。しかし、授田条古記には「先无、謂初班年、五年以下不㆑給也」とあった。「初班年」＝「生後最初の班年」を迎えた者には、「五年以下不㆑給」という「特殊例外規定」が設けられていた。そのために、口分田は生後最低「六年（目）」まで「不㆑給」とされたのである。

例えば、27官戸奴婢条古記の次のような問答（1b／三六九）

問、家人奴婢六年以上、同㆓良人㆒給不。答、与㆓良人㆒同。皆六年以上給之。（下略）

の「六年以上」とは、家人奴婢も良人と同じく、「生後最初の班年」＝「初班年」が最低六年（目）であるので、口分田を判給されるためには、「初班年」＝六年（目）を経なければならないことを意味している。また、前章（B2）の「人生六年得㆑授㆑田」とは、「人生まれて（最低）六年（目）」が「始給㆑田年」＝「初班（年）」だったはずである。したがって、明石・虎尾両氏の説の長所を生かせば、授田条古記は次のように読まれるべきことになる。すなわち、「初班年（は六年目であるので、生後）五年（間）以下（の者には）給わざるなり」である。大宝令の「五年以下不㆑給」規定は、明確に「生後最初の班年」＝「初班年」を迎えた者を対象に規定されていたのである。

以上の結論を前章図9に挿入すれば、図10のように図示できるはずである。

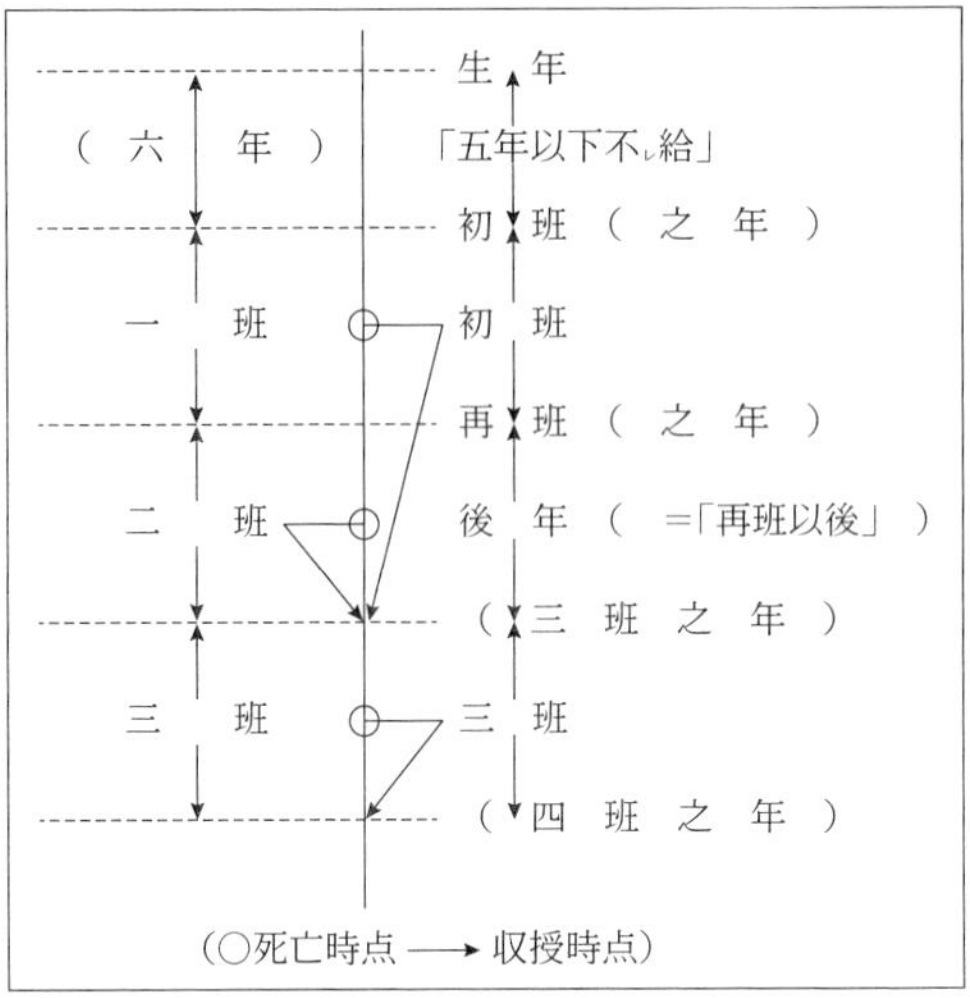

図 10　「五年以下不レ給」規定適用の起点

四　「五年以下不レ給」規定適用の起点

虎尾第四論文は、「五年以下不レ給」規定が適用される起点には、論理上(1)〝出生〟、(2)〝前回の班田〟しかないが、すでに述べたように、(2)＝明石説であれば、六年一班条(a)部分の「六年一班」と同義反復とならざるをえない。それに反して(1)であれば右のような欠陥はなく、口分条に独自の規定として盛り込まれていることも自然である、として「躊躇なく」(1)を選択した。「五年以下不レ給」規定が適用されるときの起点に関する氏の論旨には、前節で述べた観点からも賛同したい。しかし、氏が右の観点からのみ(1)を選択するのであれば、明石説との関連においては、終局的に不可知論とならざるをえない。もし、明石氏が「六年一班」規定と重複する内容の規定を、「重複をいとわず懇切に」口分条でも規定したのだと主張するとすれば、一概には否定しきれないからである。だが、ここで虎尾氏が「その起点が自明のこととして略されている」と事実上無視した授田条古記の「初班年」を想起すれば、その起点はすでに古記自身の述べるところであった。すなわち、大宝令口分条の「五年以下不レ給」規定は、同規定が適用される起点が「初班年」＝「生後最初の班年」として、「初班年、五年以下不レ給」と令文上に規定されていたからである。

「五年以下不レ給」規定が適用されるときの起点が、大宝令で「初班年、五年以下不レ給」と規定されていたとすれば、養老令において「初班年」が削除され、「五年以下不レ給」規定のみが存続したことになる。とすれば、養老令においてその法意に変更があったかどうかが次の問題となる。結論から先にいえば、実質的内容に何ら変化はなかったと考えられる。たしかに、明石氏が指摘したように、令文上で「x年」を年齢表記として用いた例は皆無である。だが、例えば、喪葬令17服紀条古記には

凡服紀者、八年以上皆為二報服一。七歳以下名為二无服殤一也。(下略)

とある(5a/九七三)。「八年(目)以上」が報服であるので、「七歳以下」が无服殤とされるとき、ここでの「八年(目)以上」とは、実質的に「八歳以上」にほかならない。したがって、養老令への改正に際しては、実体として(生後)「五年以下不レ給」制が行われていたので、大宝令の「初班年、五年以下不レ給」から「初班年」を削除し、「五年以下不レ給」のみを存続させたものと思われる。それゆえ、平安初期の明法家たちが、令文に従って慎重に「五年」と記してはいるものの、これを「年齢表記」とみなしていたことは疑いないであろう。

おわりに

以上、本章で述べたことを要約すれば、以下のとおりである。

第一に、大宝田令口分条の「五年以下不レ給」規定は、「初班年」=生後最初の班年をむかえた者を対象に規定されており、任意のどの班年にも適用される規定ではなかった。その存在形態はこれまで考えられてきたように、たんに「五年以下不レ給」としてあったのではなく、「初班年、五年以下不レ給」と令文上に規定されていたはずであった。

第二に、養老令への改正に際しては、実体的に生後五年以下の者には給田しない制度が行われていたので、大宝令の「初班年、五年以下不ㇾ給」から「初班年」を削除し、「五年以下不ㇾ給」規定のみを存続させたと思われる。

以上、推定に推定を重ねる結果となってしまったが、本章は「はじめに」でも述べたように、大宝令施行下における班田収授制の内容およびその特質を論じるための前提作業を行ったにすぎない。したがって、それぞれの段階の積極的意義づけについては、先学諸賢のご高庇をお願いしつつ、後考をまつことにしたい。

註

（1）吉岡真之氏が紹介した史料であり、「九条道教が令の講義を受講した際の筆録の如きもの、或いは令の読解などの際のノート的なもの」と推定されている（『日本古代文献の基礎的研究』吉川弘文館、一九九六年、初出は一九八〇年）。

（2）『新編荷田春満全集第九巻律令』（おうふう、二〇〇七年、初版は一九三一年）。

（3）『群書類従第六輯巻第七十八田令』（群書類従完成会、一九三二年、一五一頁）。

（4）『新訂増補故実叢書第三回』（明治図書、一九五二年）。

（5）虎尾「大宝・養老令における口分田の還収規定」（『班田収授法の研究』吉川弘文館、一九六一年、初出は一九五六年）。これを虎尾第一論文とする。虎尾氏はその後、同書の第一編第一章「大宝令における班田収授法関係条文の検討」で、後述する田中卓氏の説を支持するとしている。これを虎尾第二論文とする。さらに虎尾氏は「三たび浄御原令の班田法について」（『日本古代土地法史論』吉川弘文館、一九八一年、初出は一九七二年）でこの問題に言及している。これを虎尾第三論文とする。明石説が発表された後の「大宝令における受田資格について」（前掲、『日本古代土地法史論』、初出は一九八一年）を、虎尾第四論文とする。

（6）一般に、古代社会における年齢の数え方が数え年であることについては、名例律55称日条（『訳注日本律令』二―二一四、五―三二六）参照。中国においても同様であることについては、滋賀秀三『中国家族法の原理』（弘文館、一九七六年）参照。

（7）根拠不明であるが、すでに仁井田氏も「満六歳」説を提唱していた。同「中国・古代日本の土地私有制」（『中国法制史研

究〈土地法・取引法〉』東京大学出版会、初出は一九三〇年)。

(8)『新釈令義解上巻』(汲古書院、一九七四年、三三六頁)。

(9)明石一紀「班田基準についての一考察――六歳受田制説批判」(『古代天皇制と社会構造』校倉書房、一九八〇年)、同「田令口分条の「不給」規定」(『日本歴史』四一五号、一九八二年)。

(10)前掲、註(8)著書、三五四頁。

(11)明石氏の「特殊例外規定」という意味は、一般規定としての受田資格制限ではないという意味であるが、そうではないことは後述するとおりである。

(12)『律令』21六年一班条、頭註、二四四頁。

(13)『類聚三代格』巻十五、校班田事、四二八頁。

「田令云、凡給二口分田一者、男二段、女減三分之一。然則女分可レ給二一段百廿歩一。而天長給法卅歩、至二于承和一其数廿歩、奏聞已畢有レ議不レ行(下略)」。

(14)『類聚国史』巻第百五十九、田地上、一一二頁。

(15)この「百姓」が「殷富百姓」であることについては、『続日本紀』延暦十(七九一)年五月戊子条。

(16)『大漢和辞典』該当条参照。なお、仮寧令4無服殤条朱説にはこのような意味での「生年」の例がみえる(1a/九四八)。

(17)『延喜式』民部式下、19大帳条(中―七九六頁)。

(18)鎌田「計帳制度試論」(『律令公民制の研究』塙書房、二〇〇一年、初出は一九七二年)。

(19)鎌田、前掲、註(18)論文以後で計帳について専論したものとして、同「計帳についての再論」(前掲、註(18)著書、初出は一九七六年)、福岡猛志「計帳制度についての一考察」(『日本古代の社会と経済上巻』吉川弘文館、一九七八年)、森田悌「計帳制度について」(『日本古代律令法史の研究』第一書房、一九八二年、初出は一九八〇年)などがある。

(20)伊藤「日本古代における私的土地所有形成の特質」(『日本史研究』二二五号、一九八一年)。

(21)本章は、虎尾第三論文が発表されたため、河内説批判はすべてカットしたが、河内氏が「三班収授」が「死亡収公」に関わらない規定であるとする点は、本文に述べた点からも納得できない。また、氏が「三班収授」を前述のように解するため、同説の考える大宝令の班田収授制は「収授年(=十二年)」での収授とともに、「班田年(=六年)」での死亡収公をも認めなければその制度を説明できなかったのも、この点からすれば当然だったのである。

(22) いうまでもなく、大宝令においては「毎至班年」云々の上に「初班不レ収、三班収授、後年」という文言が存在した。

〔付記〕

本稿は、私がはじめて公表した論文である。叙述が稚拙であるとともに、漢文調の読み手のことを考えない生硬な文体で、赤面の至りである。本稿発表後、旧稿の見解を踏襲する部分と、その後の研究の深化により現在は見解を改めた部分とがある。若干のコメントをお許しいただきたい。

まず鋭い通説批判を展開した、明石一紀氏の説に対する批判を展開した部分について。班田収授制は、課丁ではない女性や子供、さらには奴婢をも含む、基本的に男女全員に給田する土地制度である。それゆえ、班田収授制には年齢に基づく受田資格制限が存在しなかったとしても何らおかしくないとした明石一紀氏の考えに、本稿もおおむね賛同する。ただし、一方で一定期間の受田資格制限が存在することもまた事実である。私見に好意的な反応を頂いた論考には、管見の限りでは、宮本救「律令制的土地制度」(『律令田制と班田図』吉川弘文館、一九九八年、初出は一九七三年)、森田悌「口分田収受について」(『日本古代の耕地と農民』第一書房、初出は一九八三年)がある。反対に、御賛同いただけなかったのは、山尾幸久『日本古代国家と土地所有』(吉川弘文館、二〇〇三年)、服部一隆「田令口分条における受田資格」(『班田収授法の復原的研究』吉川弘文館、二〇一二年、初出は二〇〇五年)である。

山尾氏の反対理由は、明石説批判の根拠として提示した『類聚国史』延暦十一年閏十一月壬申条の「浪加二生年一」は、幼少児の年齢を加えることではなく、正丁の年齢を老丁と偽って戸籍に登載されることとする点にある。しかし、「生年」とは「生まれた年」あるいは「生きている年数」ということである。延暦十一年は班年であり、課丁以外にも班給する班田収授制において、良民の男子が「生年」を「加」える必然性はどこにあるのであろうか。それゆえ、「浪加二生年一」とは幼少児の年齢を、偽って受田資格を有するものとして計帳および戸籍に登録し、受田されようとすることと解さざるをえない。とすれば、逆に計帳登録者全員が班年時に一律に受田できるとする明石説および明石説支持者は、班田収授が行われる時点において、なぜわざわざ「生年」を「加」えなければならないのかの説明が必要となろう。

さらに、森田氏は新たな史料を提示して受田資格に年齢に基づく受田制限が存在したことを主張した。それは結果的に私見を補強することになる。すなわち、次の太政官符の「群幼新附」という文言は、年齢に基づく受田制限が存在したことを示すことである。以下、私の解釈を示せば次のとおりである。

（前略）天長元年多二隠首一。或一嫗戸頭、十男寄口。尋二彼貫属一、所生不レ明。或戸主耆耄、群幼新附、以レ父言レ子、物情已乖。（傍点―引用者、五二八頁）

天長五（八二八）年に出されたこの官符は、京畿に貫された「隠首」などの偽りを行っている百姓戸に関する「籍帳」の誤りを正せというものである。本官符が「巻十七、募賞事」に収載されているように、最終的には彼ら「隠首」を二十人申告した有位者は位階を三階上げ、白丁には物を賜うことまでして検挙しようとしている（『類聚三代格』天長五年五月二十九日太政官符、五二八頁）。本稿で注目したいのは、天長五年以前の段階からこの件が問題になっていることである。なぜ律令制国家はこの問題を重要視するのか。彼ら「隠首」が「授田之例」に預かっているので、彼らを取り締まらなければ、一人につき百歩も給田できないからである。このような「籍帳」の記載が実状と異なっている原因の一つに、「群幼新附」があげられている。前掲『類聚国史』延暦十一年閏十一月壬申条の「浪加二生年一」が、正丁の年齢を老丁と偽ることであれば、「授田之例」に預かる人々の中になぜ「戸主耆耄」とともに「群幼新附」が記されているのか。この場合、多くの幼児を「生年」を「加」えて登載されようとすることとしか考えられないだろう。やはり受田資格に年齢に基づく授田制限は存在したとしか考えようがない。以上、本史料を御教示いただいた森田氏に感謝するとともに、山尾氏の御理解を得たいと思う。

次に服部説であるが、服部氏は「五年以下不レ給」規定は「六年一班」規定と呼応しており、「六年一班」規定が存在しない大宝令では、「五年以下不レ給」規定も存在しなかったというきわめて特異な考え方を前提とする。その上で、拙稿を「初班」・「初版年」という語句が3口分条に存在した説として紹介し、「口分条は給田の面積に関する規定であり、身死条および班田条の「班田収授」規定とは、唐令・養老令共に一貫して明確に区別されているため成り立たない」と何らの論証抜きで主張する（一五九頁、註㉕）。しかし、口分条はたんなる「面積に関する規定」であろうか。田令の論理からして、「面積に関する」規定は1田長条であり、3口分条はそれを前提とした受田資格としての（傍点―引用者）給田面積を規定した条文である。事実、服部氏も唐田令第1条について「純粋な耕地の面積規定」とし、その対応条文である1田長条に「面積あたりの田租規定があ」るとしている（二二六頁）。服部氏自身の論理において、これは齟齬ないし矛盾しないのであろうか。きわめて不可解である。ちなみに、大宝令に「六年一班」規定が存在しないとする服部説については、吉村武彦「大宝田令の復元と『日本書紀』」(『明治大学文学部研究所紀要』第八〇冊、二〇一七年)も、「この説は成立しない」とする(二五頁)。

なお、『延喜式』(民部式下、19大帳条、中―七九六頁)の

凡京職諸国大帳者、毎㆑至㆓班田之年㆒、五歳已下男女顕注㆓年紀㆒。

とする規定は、年齢に基づく受田制限が存在するとする説、その反対説ともに、本史料を合理的に説明することは不可能であろう。すでに「五年」を「五歳」と読み替えて理解されていると考えられる史料だからである。班田収授制廃絶以後の文献である本史料に、受田資格が存在するか否かを決する挙証能力はないと考える。

次に「浄御原令の班田収授」制に対する現在の私見について述べておきたい。初稿発表時に私の脳裏を離れることのなかった事柄の一つに、次の点があった。すなわち、古記はなぜ「初班」という概念を使用しているのか。もしかすると、班田収授制の開始時期と関連があるのではないか、ということである。そのように考えた理由は、井上光貞氏が「日本律令の成立とその注釈書」(『井上光貞著作集第二巻』岩波書店、一九八六年、初出は一九七六年、九六頁)で、大宝律令の施行について次にように述べていることであった。

岸俊男が指摘するように、令の施行と造籍は近江令以来密接不可分であった。もし中央において、新令の冠位・衣服の施行の日が令の「公布」という象徴的意味をもつとすれば、諸国における令の施行上、これに当る役割をもったのは新令による造籍であった

井上氏は、令の施行と造籍は密接不可分の関係にあり、現存する大宝二(七〇二)年戸籍は大宝令に基づいて作成されたとするのである。とすれば、大宝令に基づいて作成された戸籍を分析し、浄御原令段階の班田収授制は受田資格に年齢制限が認められないとした、虎尾俊哉氏の「浄御原令の班田収授制」説(『班田収授法の研究』吉川弘文館、一九六一年)は、大きな矛盾を抱えているのではないか。初稿発表時において、このような考えが念頭を去らなかった。その後、鎌田元一「大宝二年西海道戸籍と班田」(『律令公民制の研究』塙書房、二〇〇一年、初出は一九九七年)に接して、右の考えはいっそう強くなった。すなわち、同戸籍は大宝二年とされているが、実際には大宝四年に入って成立したものであり、同戸籍に基づく班田が西海道で実施された最初の班田である、とするものである。さらに、坂上康俊「律令制の形成」(『岩波講座日本歴史第3巻古代3』岩波書店、二〇一四年)は、次のような理由をあげて、畿内でのそれはともかく、全国的な班田収授

制の実施は大宝令からではないかとする。第一に、西海道戸籍には前回の授田から今回の授田までに死亡した者が、それまで保有していた口分田に関する処理が一切見えない。第二に、死亡者の口分田を死亡後初の班田の際にすべて収公する規定が浄御原令制下に存在したとは考えにくい。第三に、男子二段の基準受田額に足りない狭郷において、年齢にかかわらず一定の班給額が設定されていることも不可解である。

鎌田・坂上両氏の説を前提にすると、もし浄御原令段階で班田収授が実施されたとしても、大宝令・養老令から想定される班田収授制とはかなり異質なものと考えざるをえない。以上、現在の私は、「全国」的班田収授制は大宝令で開始されたとする鎌田・坂上両氏の説に賛同する。

終章　律令制国家の成立と土地支配

最後に、前章までの分析結果を総括し、今後の課題について全体的な見通しを述べておきたい。

第一部では、日本古代における在地社会の土地慣行を復原し、その土地に住む人々に対して古代国家がどのように関与したのかという視点から分析した。売買は本来私法的行為であるが、なぜ古代土地売券は「公券」という形態で作成されたのか。日本古代における「毀」の注記がなされた土地売券には、郡司解→「国判立券」、郷長解→郡判の二類型があり、それぞれの判と「毀」は有機的に関連していた。前所有権の否定と新所有権の「承認」という一連の行為が、「毀」を媒介にして公的機関の行政的権能に含まれている事実は、田主権移動において令制の国が関与することに本質的な意味があったことを意味する。それはまさに、当該段階の土地所有に規定されて第一義的なものとして存在した。私的売買を越えた次元において、国家が独自の所有権的モメントを有している点にこそ、日本古代における国家的土地支配の特質が存在した。

「毀」破は官人の位記や僧尼の公験にも存在するが、それは国家＝天皇と官人および僧尼個人との関係で成立している彼らの身分の否定・消失をもたらした。同様に、土地売券の「毀」破も、イデオロギー的には、国家―売り主の関係を具現している田図から削除されることによって、国家との関係で成立している売り主の土地に対する権利の消滅を意味した。それゆえ、日本古代における土地所有権を同一地の上における二重の土地所有権として把握することはできない。なぜなら、私人の土地に対する関係を（Ⅰ）とし、国家のその土地に対する権利を（Ⅱ）とすれば、

「公券」として存在している土地売券に「毀」字を注することは、国家が一方的に（Ⅰ）の関係を破棄することにほかならないからである。開田に際して国家との関係によって墾田の田主権を有する人格を表象するものが「公験」である。「公験」とは、本来A→B間の田主権移動を示すことに意味があるのではなく、国家との関係で成立している特定の田主権を有する人格を掌握することに本質的な意味があった。こうした田主権を有する人格と国家との関係で作成される「公験」から派生的に成立したのが土地売券としての「公験」である。

墾田地の占定は国家からの「給」田と認識されている。「給フ」とされる以上、墾田についても熟田と同様の所有権的モメントが国家の側に存在したことになる。「公験」が国家との関係で成立している特定の土地の田主権を有する人格を掌握することに本質的な意味があったように、墾田に対する国家の所有権的モメントは、人格の国家的編成を基礎としていた。土地売券に現れる田主権の個別的移動が公法的関係に媒介されねばならなかった基盤もそこにあった。

日本古代においては、墾田や宅地が相続や売買されるとき、親族間で「本券」や「券文」なしの相続、さらには売買が一般的に行われていた。したがって、その期間は国家が関与することなく田主権は移転した。ところが、親族以外の第三者に相続や売買されるとき、はじめて国家が関与することになる。その関与は、「本券」や「券文」を作成しないで相続や売買が行われてきたすべての過程についてではなく、売り主が所有の出発点となる人格を明らかにすることに関してであった。ここに戸籍に登載され国家的に掌握された人格である必然性があった。古代における「由緒」は、中・近世とは異なり、戸籍に登載され国家的に掌握された人格の名称でなければ効力をもたなかったのである。

この問題と関連して考えなければならないのが四証図籍である。弘仁十一（八二〇）年十二月二十六日太政官符によれば、「格云」として天平十四（七四二）年以降の四度の図籍が「証験」と定められている。この四証図籍は、「永年不収」となった墾田に関わる、すぐれて墾田永年私財法固有の問題と関連していた。それは、それぞれの段階における土地状況の把握を目指したものである。では具体的には何を掌握しようとしたのか。それぞれの段階でのその地の固有の田主権者が誰であるのか、換言すればその地の「由緒」を体現する人格をどの段階までさかのぼって掌握できるかである。それゆえに複数の図籍でなければならなかった。

弘仁十年十一月五日、京中閑地の開熟に関して、太政官は墾田永年私財法に従って営作させるという勧課政策を提示した。その結果、同一地に対する同じ永年私財法を前提にした（本）主と「他人」との間の「競作」状況を発生させることとなった。この事態を受け、右京職は「常地」としての権利をまず開墾申請者に与え、その後永く安定的に労作させたいとした。これに対し、天長四（八二七）年九月二十六日太政官符は、あくまで永年私財法を前提に、それを準用することによって開熟した人に地主権を与えようとした。つまり、あくまで永年私財法に固執する太政官と、永年私財法を前提とせず、開墾申請者にまず「常地」としての権利を与え、その後に安定的に労作させたいとする右京職の論理は決定的に異なっていた。

それだけではない。開熟＝「私功」を加えるということであるから、労働投下以前の開墾申請者に与えられる「常地」としての権利は、「加功」主義に基づかなくとも「競作」を排除できる排他的占有権または用益権を内実とするそれであった。「常地」は、法的には開熟以前の段階でも前主または旧主の排他的占有権または用益権を排除できる論理を備えていた。

「公券」たる古代土地売券に現れる「常地」以下の文言も、在地社会内部に独自の土地占有の指標が存在することを示すものであった。「常地」を切るとは、田主または地主という人格と当該地との関係を切ることであった。「常地」に野地・山・林等が含まれていることからすれば、それは私的土地所有の指標の一つとされる「私(加)功」を前提とした概念でない。法的次元における「常地」は、永年私財法の「加功」の論理を前提にした概念ではなかった。古代土地売券の分析結果も、法史料のそれと完全に一致する。

「常地」は、切り、限り、絶つことに本来の意味があったように、「主」として国家的に掌握された人格が、土地に対して現実的・実体的支配を有することを前提に、在地社会に成立した概念であった。「常地」という概念が在地社会に存在することが明らかになったことは、一方で律令法的土地所有とは次元の異なる土地占有の指標が、在地社会内部に脈々と息づいている事実を見いだしたことを意味する。他方で、太政官符などの国家法の中に「常地」が登場することは、在地の土地慣行だけでは完結しえない人と土地の問題が発生したからこそ、国家が関与したことを意味する。

律における「主」は、必ずしも所有または私有の主体を意味する語ではなかった。私田宅の「本主」も、たんに「今現在の主」を表す語にすぎなかった。令の「本主」も本来的には「今現在の管理者」を意味する語で、所有や私有の主体を表す語ではなかった。墾田永年私財法の「本主」もまた、たんに「三年(間)」という限定された開墾権を有する「主」にほかならず、必ずしも土地の開墾主体であるとは限らなかった。したがって、「本主」という概念にとって、私的労働の対象化=「私功」は必要条件ではなかった。

現実の社会で機能していた土地売券においても、「本主」は「今主」に対比される「かつての主」という相対的な概念であった。それゆえ、古代社会における「本主」は、本来的に中世の本主権説のような人と物との一体観念を意味するような概念として使用されてはいなかった。

ただし、九世紀以降においては、「かつての主」という意味に新たな概念を付与して使用される「本主」概念が登場する。当該時点において自らの所有の正当性を主張するための根拠となる人格のことである。それは、十世紀において、かつての売買時における価格＝「本直」と有機的に関連する「あるべき本来の主」という、律令等とは異なる新たな観念的「本主」概念を生み出す母体となったと推測される。平安時代を通じて、人と土地の結びつきが一体的なものとなり、中世社会に移行していくことを示しているのであろう。

土地支配の具体的内容を析出することによって、国家的土地支配の歴史的特質を明らかにする必要がある。班田収授制は、人民支配の台帳である戸籍によって把握された人格に対して口分田を班給する。すなわち、均田制と同様に、授田簿的性格を有する田籍によって把握されていた。このことは、次のことを端的に示している。すなわち、田令体系からは直接的には田図の存在は抽出できないことである。吉田孝氏は、班田収授制は墾田を民戸の已受田に組み込む仕組みを欠いており、熟田を集中的・固定的に把握する体制であったとする(1)。ところが、現実には熟田＝口分田すべてを把握する帳簿は存在しなかった。青苗簿は佃人を把握する帳簿ではあっても、田地そのものを把握するものではなかった。それゆえ、熟田＝口分田中心主義とはいっても、班田収授制もまた、現実あるいは熟田＝口分田占有に対する国家的規制または「保証」にすぎなかった。

七世紀後半から八世紀初頭にかけての国家による土地支配は、「国家的土地所有」というよりも、全国土の政治的領有という性格のものであったと考えられる。そこで、実際に田地全体を掌握するために成立してくるのが、いうまでもなく田図である。天平元（七二九）年班田は良田集積による貴族や有力者層の大土地支配に対する国家的規制という意義を担うものであった。それは、田図によって口分田が全面的に掌握され、それによってはじめて全面的な口分田の割り換えが可能になったことを前提とする。ただしそれは、のちに四証図籍が登場してくることから明らかなように、この段階において国家的土地支配が完成したことを意味するわけではない。国家的土地支配はたんなる規制ではなく、具体的な田地掌握の中で実質的意味をもつものでなければならない。それは口分田だけでなく、位田・功田・賜田・陸田、さらには墾田や墾田の前提となる野地をも包摂した形態での規制でなければならなかった。もちろんそれは、たんに大土地支配を規制するだけでなく、貴族や有力者層による開発または耕作労働力としての人民の支配を規制することを意図したものであったと考えられる。

弘仁二（八一一）年二月三日、墾田地の占定に当たっては「四至」によらず、「町段数」＝田積によるべしとする太政官符が出されている。このような処置は、墾田永年私財法の開墾面積制限額規定を前提にしなければ意味をなさない。弘仁十一年における田図の中央貢進制も、墾田地の占定に対する律令制国家の対応であった。それは、貴族や有力者層の大規模墾田地占定に対し、延暦十（七九一）年の四証図籍制定の「格」と同様に、百姓口分田の「保護」を意図したものと考えられる。そして、弘仁十一年官符がそれに加えて田図の中央貢進制を定めたことは、国家的土地支配のさらなる強化を意図したものであろう。平安時代の土地所有や平安期以降の「公田」の意味は、このような国家的土地支配の、強化の展開過程として位置づけなければならないと考えられる。

以上、第一部の分析を通じて、日本の古代国家は、歴史的に形成されてきた在地の土地慣行だけでは完結しえない人と土地との関係に対し、人を国家的に編成することによって土地を把握する体制を構築しようとしたことを明らかにした。在地社会に対する国家の関与は、古代国家においては律令という法を介して行われる。それゆえ、第二部では人と土地に対する支配の前提となる律令法そのものの分析を行った。

日本令の母法である中国令の分析結果は、以下のとおりである。本来の唐開元二十五（七三七）年田令は、Ⅰ田積規定、Ⅱ給田規定、Ⅲ収授規定、Ⅳ公廨田・職分田規定、Ⅴ屯田規定という構成であった。このうち、Ⅳ公廨田・職分田規定、Ⅴ屯田規定は同じく均田法に規定された条文とはいえ、成立・編成過程においてⅠ〜Ⅲまでの均田法の中核的規定とは性格が異なるとされる。

田令の編目としての論理性を追求した従来の説は、唐田令を(1)田積を定め、(2)給田を定め、(3)給田の収授・田主を定める、という論理展開となっているとして、"給田の体系"と評価した。これに対し、論理的な編成よりも歴史性の問題を重視すべきであるとする説もある。

まず、論理性を追求した説には次のような問題がある。Ⅲ収授規定は必然的に田主権移動の問題を惹起する。このことは当然としても、Ⅱ給田規定に属する売買・貼賃・質規制も、給付地の田主権が売買・貼賃・質などによって移動することを規制する規定群であった。したがって、田主権の問題を(3)給田の収授・田主のみに関わるとすることはできない。

次に、歴史性を重視する説の問題である。たしかにⅡ給田の原則規定に付随する附則規定群は、歴史的に追加・形成された条文が大半を占めると考えられる。ただしそれは、たんなる夾雑物として羅列的に配列されたものではなかった。附則規定は、Ⅲの良人身分以外への給授規定のように、北魏以来の論理構成を前提に、群として田令体系のしかるべき位置に組み込まれるか、Ⅱの寛・狭郷の概念の定義、寛郷遙授規定のように、条文群の最後尾に群としてまとめて設けられている。つまり、ある原則規定に付随する附則規定が設けられる場合、対応する条文の直後に単独で設けられるのではなく、条文群の最適な位置に群として挿入されるか、最後尾に群としてまとめて設置されるのである。このことは、条文構成の問題を考えるとき、歴史性の問題も重要であるが、論理性の問題を等閑に付してはならないことを意味する。開元二十五年田令はそれぞれの規定群で原則規定と附則規定が有機的に関連しており、従来の諸説の想定よりもきわめて論理整合的に構成されていた。

唐田令の分析結果を踏まえ、日本田令の条文構成を分析した結果は、以下のとおりである。日本田令は、Ⅰ田積・

田租規定、Ⅱ給田規定、Ⅲ収授規定、Ⅳ職田・駅田規定、Ⅴ屯田規定から構成されていた。日本田令に規定された諸条文は、均田制のように歴史的に形成されたものではなく、唐円令を前提とし、唐田令の論理の枠内で条文構成を考えたものである。とりわけ、Ⅲ収授規定やⅣ職田・駅田規定は唐田令をきわめて集約的に継受しているのに対し、Ⅱ給田規定は一見唐田令の条文配列をそのまま継受しているようにみせながら、内実は唐田令を前提に大胆に改変しているケースが大半であった。給田規定に特化して唐田令の論理の枠組みを改変して継受しているといっても過言ではない。ことに、官人を対象とした給田は、唐田令では論理的に条文が配列されているのに対し、日本田令は位階や官職、功績に応じて給田する規定が地目別・羅列的に配列され、職分田給田規定は、給田対象を異にするので、大幅に条文配列を変更せざるをえなかった。多くは唐と古代日本の社会的発展段階や官僚制の成熟度の問題に起因すると考えられる。

給田規定に特化して唐田令の論理の枠組みを改変して継受しているという意味では、班田収授制も同じである。班給と収公に関する田令口分条と六年一班条との大宝令条文の復原結果に基づいて班田収授制の成立を考えると、以下のようになる。口分田班給の条件規定である「五年以下不ㇾ給」規定は、従来考えられてきたように、たんに六歳以上の者に口分田班給を定めた規定ではなく、「初班年」＝生後最初の班年を迎えた者を対象に、六年（間）＝一班分の口分田班給を制限する規定として成立したと考えられる。そして、班田収授の原則を規定した六年一班条は、その対概念として「初班」期＝生後一回目の口分田保有期間に「身死」した者を対象に、収公期間を六年（間）＝一班分の猶予を与える規定として定立された。したがって、班田収授制の「全国」的成立は浄御原令ではなく、これらの規定を包摂した大宝令においてであったと考える方が論理整合的である。生後最初の班年を迎えた者のみ六年（間）＝一班分の口分田班給を制限したのは、古代社会における幼児死亡率の高さを考慮したためと考えられる。

第二部での分析結果を通して、日本田令は給田規定に特化して唐田令の論理の枠組みを改変して継受していることが明らかになった。それは均田制をそのまま継受しなかった班田収授制においても同じである。一定期間の受田資格制限が存在するものの、班田収授制が全人民に対する給田を本質としていることは、共同体のメンバーシップとの関連を想起させる。したがってそれは、班田収授制に表象される国家的規制そのものが、共同体的な人格結合にさかのぼりうることを表白していると考えられる。

第一部・第二部の分析を通じて、日本の古代国家は人を国家的に編成することによって土地を把握する体制を構築しようとしたことを明らかにした。そのことを踏まえ、最後に日本古代の国家的土地支配の特質に関する二・三の論点について私見を述べたい。

石母田正氏は、律令制国家は二つの生産関係の上に成立したとする。第一次的・基本的生産関係は、在地における首長層と人民の間における人格的支配＝隷属として存在する生産関係であり、第二次的・派生的生産関係は、「最高の地主」としての国家と班田農民＝公民との間に結ばれる生産関係である。後者の生産関係は、在地首長制の生産関係を前提に、国家的開発に基づく「国家的土地所有」によって成立したとする。国家による支配を生産関係とすれば、国家の収取する租税は生産関係に基づかなければならない。石母田氏は、田租をはじめとする律令制下の租税は、首長に対する共同体成員の貢納から租税に転化した「国家的土地所有」にもとづくライオット地代であるとした(2)。

石母田説を踏まえ、吉村武彦氏は次のように主張する。口分田班給と田租徴収は明確な給付・反対給付の関係にあり、王民たる俘囚も編戸民としての公戸となることによって課役を負担することになる。したがって、古代日本においては、身分制―国家対人民の人格的支配・隷属関係が人民支配体制の基礎になっており、戸・田・賦役令三者には戸令―田令―賦役令という直線的原理は存在しないとする(3)。

本書で明らかにしたように、律令制国家の所有権的モメントは、直接に土地を所有するのではなく、人格の国家的編成を基礎としていた。その意味で、吉村説の後者の論点については賛同したい。しかし、前者のそれについては賛成できない。なぜなら、浮浪人からの調庸の収取は、百姓が口分田班給の有無に関係なく、調庸を輸すべき存在とされていることを意味するからである。(4)さらに、田租が口分田班給と直接対応しないことは本書で論証したとおりである。田租徴収の論理的前提として、「田給」＝田地を支給するという論理は存在しないのである。それゆえ、律令制下の田租は土地所有に対する地代とすることはできない。国家の土地に対する支配の在り方は、直接に土地を所有するのではなく、人格を媒介にして政治的に領有するという関係にほかならない。したがって、国家による支配を生産関係とすることはできない。人格の国家的編成を前提とした国家的土地支配とすべきであろう。

最後に、古くからある畿内政権論を前提に、近年盛んに提唱されている「大土地経営」論に対し、本書の立場から疑問を述べたい。吉田孝氏は、「ヤケ」＝農業経営の拠点であるとする考え方を前提に、律令制のもとで貴族に班給される位田・口分田・功田・賜田などに古くからの庄を振り向けたと推測している。(5)このような考え方によれば、日本令は王族らによる前律令制段階からの土地支配を容認するために、中国令を「焼き直し」、または「読み替え」て継受したという論理になる。(6)たしかに、当時の中国の発展段階と日本のそれとは大きく相違し、中国令をそのまま日本令として継受してもほとんど意味をもたなかったであろう。だが、日本令の制定は本当に「大土地経営」論を前提にしているのであろうか。(7)

日本令で独自に設けられたと考えられる田令7非其土人条は、官人への位田以下の給田は、天皇の勅による賜田を除き、「土人」に象徴される在地の共同体秩序を破壊しないことを前提に行うと規定した条文であった。その意味で、7非其土人条が4位田条、5職分田条、6功田条と続く、官人への給田規定の次に配列されていること、唐田令とは異なり、日本田令に位田以下の給田場所についての規定がみられないことは、条文構成の上で論理的必然性が存在するのである。また、そうであるからこそ、天皇の勅による賜田だけは、7非其土人条という一つの条文だけでなく、「此令」＝令という法典それ自体を超越するとしていると考えられる。すなわち、天皇の勅による賜田を除き、律令制国家の成立によって王族や貴族層の土地支配は法的に制約を受けることになったのである。この事実は、律令法に対する「大土地経営」論の考え方を否定する。律令法は古代の日本社会の特質を反映し、律令制国家の成立によって、前律令制段階の土地支配に新たな国家的規制を及ぼすことを意図して配列されていると考えられる。

さらに、延暦十年に四証図籍を制定した「格」が出されたのは、貴族や有力者層の良田集積、すなわち大土地支配の展開に対しての、律令制国家の対応であったと考えられる。(8)ことに、弘仁十一年官符に田図のすぐれている理由として「公私有」用」とあるのは、延暦十年にいたって「公私之地」を勘定させ、「公地」と私地の境界を定めたことと密接な関係がある。公田・「公地」政策は、貴族や有力者層による大土地支配を規制するだけでなく、彼らによる開発または耕作労働力としての人民の支配を規制することを意図したそれであり、国家的土地支配の一つのモメントなのである。

そもそも、王族や貴族層が位田や職田などを「所有」しているといえるのか。官人が解免や除名などの刑事的制裁の対象とされたとき、位田などが追奪＝収公の対象になることを考えると、容易にそうとはいえない。(9)位田などがどのように耕営されていたかは必ずしも明らかではないが、(10)給田は天平元年班田や大同元（八〇六）年十二月十四日勅、(11)さらには延喜民部式98外五位位田条(12)などの規定から、令制の国単位で行われたことは確実である。ここで重要なことは、古記は「職（分）田」を不輸租とするが、(13)集解諸説は位田・功田・賜田は輸租田とすることである。(14)とすれば、位田などからの収取は給田の実質的責任主体であり、租の納入先でもある国衙に依存していた可能性が高いことになる。国衙から自立していれば大土地所有といえるかもしれないが、収取を国衙に依存しているのであれば、支配とすることもできない。収取が土地を媒介とした地代でない限り、大土地所有とすることはできない。

畿内政権論を前提とする「大土地経営」論は、次のように要約できるだろう。すなわち、支配階級は階級的利益を維持するために国家機構を統治の手段として作り上げ、自らを官僚として組織化した。一方で、彼らは国家機構を独占的に運営して階級的利益を維持するために「大土地経営」を存続させた。その結果、日本令は中国令を「焼き直し」、「読み替え」て継受した。

たしかに、一般的には国家は支配層総体の利益を体現する特殊な公権力であるとされる。しかしそれは、個々の支配層の利益と一致するとは限らない。国家が「特殊な公権力」といわれる所以である。国家は支配層全体の共同利害を第一義的に維持するための機構である。その意味で、たしかに国家は社会を総括する。ただしそれは、社会の総和とは一致しない、行政機構を媒介とした社会編成と統一の実現をこそ第一義とする「特殊な公権力」なのである。(15)

すでに述べたように、実際には律令制国家の成立によって王族や貴族層の土地支配は法的制約を受けることになった。「大化改新詔」で屯倉が否定の対象となっているのは、王権が国家に飛躍するためには、王権自身の個別的田地支配も否定する必要があったことを示している。(16)給田と田租徴収が直接的な給付・反対給付の関係にない班田収授制において、給田規定がもっとも重要な位置を占めるのは、基本的に奴婢をも含む男女全員に給田することが日本田令の主目的だったからである。それは、人民の国家的編成を前提とし、奴婢をも含む彼ら全員に給田することによって、天皇を頂点とする幻想的共同体を構築することであった。律令法ことに田令に関しては、日本令の制定者は異なる発展段階にある古代の日本社会に適用させるため、唐令を前提に、唐令の論理の枠内で継受しなければならなかった。

だが、その論理構成は、ことに給田規定に関しては従来考えられてきた以上に大きく異なるものであった。日本令の編纂者は、在地の土地慣行だけでは完結しえない人と土地の問題に対し、人を国家的に掌握することによって土地を把握する体制、換言すれば、人格的支配＝隷属関係を基本とする人民の国家的編成を前提に、田令に基づく国家的土地支配を構築しようとしたと考えられる。

註

（1） 吉田『律令国家と古代の社会』（岩波書店、一九八三年）。

（2） 石母田『日本の古代国家』（のち『石母田正著作集第三巻』岩波書店、一九八九年、初出は一九七一年）。石母田氏の「ライオット地代」理解を「マルクスのジョーンズ的解釈」とするのが、原秀三郎「日本古代国家論の理論的前提——石母田国家史論批判」（『歴史学研究』四〇〇号、一九七三年）である。「ライーヤトワーリー制度」ついては、小谷汪之「土地と自由——「土地神話」を超えて」（『21世紀歴史学の創造3土地と人間〈現代土地問題への歴史的接近〉』有志舎、二〇一二年）参照。小谷氏は、最近でも「石母田正の前近代アジア社会論——「ライオット地代」論を中心として」（『歴史評論』七九三号、二〇一六年）で、「ライオット地代」論に言及している。そこで氏は、石母田氏の「ライオット地代」論は、「東洋社会」を考察する場合、国家の方から「天下る」のではなく、あくまでも、剰余生産物が生み出される「生産現場」の社会関係から出発することの重要性を示しているとする。ただし、その場合も「国家的土地所有」論の枠組みにとらわれないようにする必要があるとする。

（3） 吉村「律令制国家と土地所有」（『日本古代の社会と国家』岩波書店、一九九六年、初出は一九七五年）。

（4） 大町健「古代村落と村落首長」（『日本古代の国家と在地首長制』校倉書房、一九八六年）。

（5） 吉田「律令国家と荘園」（『続律令国家と古代の社会』岩波書店、二〇一八年、初出は一九九一年）、同、前掲、註（1）著書。

（6） 鷺森浩幸『日本古代の王家・寺院と所領』（塙書房、二〇〇一年）、北村安裕『日本古代の大土地経営と社会』（同成社、二〇一五年）、磐下徹『日本古代の郡司と天皇』（吉川弘文館、二〇一六年）。このような考え方の基点になるのが、七世紀以降の通時的な大土地所有の実在を主張する、石上英一「弘福寺文書の基礎的考察」（『古代荘園史料の基礎的研究上・下』塙書房、一九九八年、初出は一九八七年）である。

（7）北村安裕「律令制下の大土地経営と国家」（前掲、註（6）著書、初出は二〇〇九年、三五頁）は、『続日本紀』慶雲三（七〇六）年三月十四日詔の「被レ賜レ地、実止有二一二畝一。由レ是踰レ峯跨レ谷、限為二境界一」の「被賜地」について、「この論理によれば、経営体の成立は「被賜地」の賜与が先行し、むしろ国家的政策を基点として成立したことになってしまう」。同詔の「経営の成立に関する部分はとくに正当性に直結する部分にあたり、事実が意図的に歪められている可能性が高い」。したがって、「山野経営の非法性を強調する国家側の主張」にすぎないとする。これは「大土地経営」論の桎梏とならざるをえない史料である。

（8）吉村「土地政策の基本的性格」（前掲、註（3）著書、初出は一九七二年）。

（9）田令8官位解免条、二四一頁。

（10）高橋崇『律令官人給与制の研究』（吉川弘文館、一九六〇年）。

（11）『類聚国史』巻一五九、田地上、校田、一〇八頁。

（12）『延喜式』民部省上、98外五位位田条（中―七八〇頁）。

（13）田令5職分田条古記（1b／三五〇）。

（14）例えば、田令4位田条古記（3b／三四九）。

（15）熊野聰『共同体と国家の歴史理論』（青木書店、一九七六年）、大町、前掲、註（4）著書、伊藤循「畿内政権論争の軌跡とそのゆくえ」（『歴史評論』六九三号、二〇〇八年）。

（16）大町、前掲、註（4）著書、三一〇頁。

あとがき

生家の敷地北西部に「地の神様」と呼ばれる小さな祠のような施設があり、母は日々簡易なお供えをしていた。幼少の頃は好奇心に任せて母のお供えにつきあったが、その後は遊ぶことが忙しく、無関心となっていった。しかし、土地それも人と土地との関係という問題に興味を持つきっかけとなった淵源の一つは、ここにあったかもしれない。

これもまた生家での話だが、たしか高校二年生のとき、たまたま兄の机の上にあった書籍を手に取り、一気に最後まで読み通してしまった。大塚久雄氏の『共同体の基礎理論』(岩波書店、一九五五年)である。高校生の私が本書をどの程度まで理解できたかは今となっては心許ないが、大学生になったら経済史の勉強をしてみたいと思うきっかけの一つになったことは間違いない。

慶應義塾大学に入学し、一般教養の日吉では七世紀の政治史の講義を聴講した程度であったが、三田に進学して前近代史料講読の授業ではじめて村山光一先生から『続日本紀』を読み解く方法を教えていただいた。初心者ながら、史料を読むとはこういうことかと感心した。修士課程に進学し、村山ゼミに入ることを許されて最初に課された課題が『令集解』田令1田長条の読解であった。一字一句を疎かにしないで読解することにより、田長条が「読めたね!」という先生のお言葉をいただけたのは、前期の授業が終わりかけていた頃であった。この経験は、私にとって大きな収穫となった。このときから、私は『令集解』の読解をあまり億劫に思わなくなった。古代における経済史の研究は、法を介して経済現象を復原するという研究方法をとらざるをえない。その意味で、律令という法を学ぶことは私にとって一生の研究テーマとなった。

村山ゼミに入った頃から学外での研究動向を知りたいと思うようになり、歴史学研究会日本古代史部会に出席するようになった。そこでは主に東京近郊の学生や院生が出席して活発に議論が展開されていたが、当時の私には議論の内容を理解するのが精一杯であった。そのような中で、吉村武彦・石上英一・加藤友康・鈴木靖民の各氏、のち東京にお戻りになった荒木敏夫氏らは、慶應から一人で出席している私に温かい声をかけてくださった。また、ここでは生涯の友人となる大町健・伊藤循両氏と知り合うことができ、博士課程は両氏のいる東京都立大学に進学することになった。

都立大学では、峰岸純夫先生の『平安遺文』講読のゼミに入れていただいた。このゼミには助手であった川口勝康氏をはじめ、服藤早苗・武田佐知子・義江明子・大町健・伊藤循・大日方克己・浅野充氏ら錚錚たるメンバーが参加されていて、大いに啓発された。峰岸ゼミに入って、古文書学では土地売券などの文書を様式論として捉えているが、それだけでなく文書の機能論を考えるようになったことが私にとって大きな成果であった。この視点は、伊藤氏と議論をする過程の中で深められ、大町氏のアドヴァイスを受けながら確立していった。さらに、文書の原本に当たることも教えられ、東京大学史料編纂所で影写本などを閲覧し、『平安遺文』の誤字をいくつもただすことができた。閲覧の際、石上英一・加藤友康氏には感謝しきれないほどお世話になった。

都立大学に進学すると、峰岸ゼミだけでなく、宮原武夫氏がマンツーマンで始められた、田名網宏先生の御自宅でのゼミにも参加させていただいた。午前は『続日本紀』の講読、午後は個別の報告を発表するというスタイルであった。昼食を田名網先生のお宅でいただき、その後報告を聞いてもらえるというこの暖かい雰囲気の研究会で、私は多くの貴重な示唆を賜った。メンバーは木村茂光氏以外先に記した方々と多く重複するが、関口裕子氏のパワーには圧倒された。田名網先生がお亡くなりになった後は、場所を転々と移動しながら、尾崎陽美・磯崎茂佳・藤堂かほる・大和田武彦・伊集院葉子・土居嗣和氏らも折々に参加されて、続田名網研究会という形態で現在も続いている。

最初に奉職した職場には、関和彦・加藤謙吉両氏がいらした。出身大学は異なるが、同じ古代史を専攻する先輩がいたことは大いに励みになった。と同時に、お二人の研究スタイルの相違を学びながら、みずからの研究スタイルを早く確立しなければならないと思った。

それにしても、現在まで研究を続けてこられたのは、続田名網研究会のおかげである。私は月に一度、義江・大町ジョイントゼミのゼミナリステンとして報告する機会を与えられ、お二人からさまざまな御教示を賜りながらレジュメを原稿化することができた。本書はその成果の一部である。もちろん、このような恵まれた条件下でありながら、ここまでしか書けなかったのかと問われれば、それは私の能力のゆえである。しかし、何とかここまでたどり着けた、というのが現在の率直な感想である。

日々の雑務に紛れ、原稿に真摯に向き合うことを避けようとする私に対し、折々に適切なアドヴァイスを与えてくださった編集者の斎藤信子さんと並木隆氏、編集の実務を担当してくださった編集工房トモリーオの高橋朋彦氏に、深甚の謝意を表したい。

最後に、私事にわたって恐縮であるが、常に私を支え続けてくれた妻洋子に謝辞を述べることをお許しいただきたい。

二〇一九年七月

松田行彦

成稿一覧

序章　問題の所在と本書の構成
新稿

第一部　日本古代における国家的土地支配

第一章　判と「毀」（原題：日本古代における国家的土地支配の特質――土地売券の判と「毀」をめぐって）
田名網宏編『古代国家の支配と構造』東京堂出版、一九八六年

第二章　「無券文」（原題：古代土地売券分析の新視点）
村山光一編『日本古代史叢説』慶應通信、一九九二年

第三章　「常地」を切る（原題：「常地」を切る――日本古代における私的土地所有の指標）
『歴史学研究』七六二号、青木書店、二〇〇二年

第四章　古代日本の「本主」
新稿

第五章　田籍と田図（原題：国家的土地支配の特質と展開）
『歴史学研究』五七三号（別冊特集　世界史認識における国家）、青木書店、一九八七年

第二部　唐日田令の条文構成と大宝田令諸条の復原

第一章　唐開元二十五年田令の復原と条文構成
『歴史学研究』八七七号、青木書店、二〇一一年
付　天一閣蔵明鈔本天聖田令復原録文
『駒場東邦研究紀要』三七号、二〇〇九年
第二章　日本田令の構成史的位置
新稿
第三章　大宝田令六年一班条（原題：大宝田令六年一班条および口分条の復原について）
『続日本紀研究』二二一号、続日本紀研究会、一九八二年
第四章　大宝田令口分条の「五年以下不レ給」（原題：同前）
同前
終章　律令制国家の成立と土地支配
新稿

著者略歴
一九五四年　静岡県に生まれる
一九九〇年　東京都立大学大学院人文科学研究科史学（日本史）専攻博士課程単位取得退学
現在　成蹊大学非常勤講師

〔主要論文〕
「六、七世紀の土地関係について」（慶應義塾大学『国史研究会年報』創刊号、一九八〇年）
「宋家鈺「唐開元田令的復原研究」訳注」（『駒場東邦研究紀要』第三六号、二〇〇八年）

古代日本の国家と土地支配

二〇一九年（令和元）十月二十日　第一刷発行

著者　松《まつ》田《だ》行《ゆき》彦《ひこ》

発行者　吉川道郎

発行所　株式会社　吉川弘文館
郵便番号一一三―〇〇三三
東京都文京区本郷七丁目二番八号
電話〇三―三八一三―九一五一（代）
振込口座〇〇一〇〇―五―二四四番
http://www.yoshikawa-k.co.jp/

印刷＝株式会社　理想社
製本＝株式会社　ブックアート
装幀＝山崎　登

ISBN978-4-642-04656-5

索　　引

I　事　　項

あ　行

か　行

さ　行

Ⅱ　史　　料

Ⅲ　研究者名

あ　行

か　行

さ　行

た　行

な　行

は　行

ま　行

や　行

ら・わ行